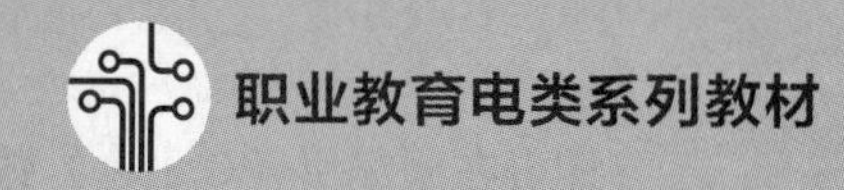

电工技术

第4版 | 附微课视频

黄军辉 李敏 / 主编
刘伟 罗旭 王鸿稷 / 副主编

ELECTRICITY

人民邮电出版社
北京

图书在版编目（CIP）数据

电工技术 : 附微课视频 / 黄军辉，李敏主编. -- 4
版. -- 北京 : 人民邮电出版社，2023.6
职业教育电类系列教材
ISBN 978-7-115-59197-5

Ⅰ. ①电… Ⅱ. ①黄… ②李… Ⅲ. ①电工技术－职
业教育－教材 Ⅳ. ①TM

中国版本图书馆CIP数据核字(2022)第067563号

内 容 提 要

本书采用项目式的编写方法，任务实施部分采用实训手册式编写。本书系统地介绍了电工技术的基本概念、基本理论、基本方法及其在实际中的应用。

本书共 7 个项目，主要内容包括认识电路元件及万用表、认识直流电路、连接单相正弦交流电路、使用电工测量仪表及安全工具、认识变压器、连接三相交流电路、连接异步电动机及控制电路等。任务实施部分工学结合，采用 Multisim、Proteus、润尼尔仿真软件设计多个电路基本原理验证性仿真实施任务，结合电工岗位标准和要求，设计电工测量仪表及安全工具的使用实施任务。校企“双元”合作开发规划教材，通过工作手册式教材的形式为 7 个项目配套对应的课程资源。

本书可作为高职高专院校电子类、信息类、电气类、机电类等专业的教材，也可作为相关工程技术人员的参考书。

◆ 主　　编　黄军辉　李　敏
　副 主 编　刘　伟　罗　旭　王鸿稷
　责任编辑　王丽美
　责任印制　王　郁　焦志炜

◆ 人民邮电出版社出版发行　　北京市丰台区成寿寺路 11 号
　邮编　100164　　电子邮件　315@ptpress.com.cn
　网址　https://www.ptpress.com.cn
　北京市艺辉印刷有限公司印刷

◆ 开本：787×1092　1/16
　印张：9.5　　　　　　2023 年 6 月第 4 版
　字数：225 千字　　　　2023 年 6 月北京第 1 次印刷

定价：59.80 元（附小册子）

读者服务热线：(010)81055256　印装质量热线：(010)81055316
反盗版热线：(010)81055315
广告经营许可证：京东市监广登字 20170147 号

第4版

前言

本书是《电工技术（第3版）》的修订版教材。为深入贯彻《国家职业教育改革实施方案》，本书在编写过程中以校企“双元”合作、工学结合、理实一体等现代职业教育理念为指导，以项目为载体、任务为驱动开展项目式课程设计，注重“岗课证”融通，融知识传授与能力培养于一体，注重学生职业知识、素养和能力的统一；同时满足素质培养等要求，体现“十四五”职业教育国家规划教材建设理念。与第3版相比，本次修订突出了以下特色。

（1）落实立德树人根本任务。本书贯彻党的二十大精神，在“相关知识”中增加了“知识点滴”栏目，结合各个项目课程内容融入爱国精神、青年使命担当、勇于探索攻坚克难工作作风、精益求精工匠精神和安全规范操作职业素养等元素。

（2）“互联网+教育”创新型一体化教材。本书配有丰富的立体化教学资源，在重要的知识点或操作步骤中嵌入二维码，读者可以通过手机扫描二维码观看视频，从而加深对知识及操作的认识和理解，完成课前预习、课后复习。教学配套资源以国家骨干专业、广东省高水平专业群、广东省品牌专业（通信技术专业）和广东省示范院校建设重点专业、广东省一流院校建设专业、广东省重点建设专业（电子信息工程技术专业）课程资源库的形式实现共享。

（3）以项目为载体，以任务为驱动。本书在介绍电路分析和电工操作知识的基础上，结合高职学生认知特点，设计了7个项目。每个项目设计任务实施引导学生参与，培养学生分析问题、解决问题的能力和团队协作精神，围绕项目和任务将各个知识点渗透于教学中，增强课程内容与职业岗位能力要求的相关性。

（4）校企合作，“双元”开发教材。本书由广东省一流院校建设教师和国家示范性虚拟仿真实验教学项目承建企业北京润尼尔网络科技有限公司、Labcenter公司大中华区总代理广州市风标电子技术有限公司的工程师共同开发。本书任务实施部分采用手册式编排，电工任务实施结合电工岗位新的工作标准和工作内容进行编排；另外，任务实施部分虚实一体，工学结合设置了多个软件仿真实例，使学生能熟练进行电路原理验证并进行电路设计及仿真实验，让学生在电路设计及仿真实验中加深对电路原理的理解。

（5）“岗课证”融合。本书在课程知识学习过程中融入了电工操作证、维修电工职业资格证书的内容，将企业相关岗位的任职要求、职业标准、工作过程作为教材主体内容，达到“岗课证”融通。

本书的参考学时为72学时，其中实训为24学时，各项目的参考学时参见下面的学时分配表。

学时分配表

项　　目	课 程 内 容	学 时 分 配	
		讲授（学时）	实训（学时）
项目一	认识电路元件及万用表	4	2
项目二	认识直流电路	12	6
项目三	连接单相正弦交流电路	12	6
项目四	使用电工测量仪表及安全工具	4	2
项目五	认识变压器	4	2
项目六	连接三相交流电路	4	2
项目七	连接异步电动机及控制电路	8	4
学时总计		48	24

本书由广东农工商职业技术学院黄军辉副教授、李敏教授任主编，广东农工商职业技术学院刘伟、罗旭和北京润尼尔网络科技有限公司王鸿稷任副主编。参加本书编写的还有广东农工商职业技术学院符气叶、张小霞、董晓倩、杨娜，广西电力职业技术学院吴慧芳和广州市信息技术职业学校余日升。全书由黄军辉、刘伟负责统稿，广东农工商职业技术学院邓要然负责全书的校对工作。广东农工商职业技术学院、北京润尼尔网络科技有限公司和广州市风标电子技术有限公司等对本书的编写给予了大力支持，在此表示衷心的感谢。

由于本书编者水平有限，书中若有疏漏与不足之处，敬请读者批评指正。

编者

2022 年 12 月

第4版

目录

项目一 认识电路元件及万用表……1
一、项目分析……1
二、相关知识……2
（一）电路基本元器件……2
（二）电工测量……8
三、任务实施……13
四、拓展知识……13
（一）指针表和数字表的选用……13
（二）万用表测量技巧……13
（三）万用表检测晶闸管……14
小结……14
习题与思考题……14
项目二 认识直流电路……15
一、项目分析……15
二、相关知识……16
（一）电路和电路模型……16
（二）电路中的主要物理量……17
（三）基尔霍夫定律……19
（四）基尔霍夫定律的应用……23
（五）简单电阻电路的分析方法……27
三、任务实施……33
任务一 通过 Multisim 仿真实验验证定律和定理……33
子任务一 验证基尔霍夫电流定律……33
子任务二 验证基尔霍夫电压定律……33
子任务三 验证戴维南定理……33
子任务四 验证叠加定理……33
任务二 通过润尼尔虚拟仿真系统验证定律和定理……33
子任务一 验证基尔霍夫电流定律……33
子任务二 验证基尔霍夫电压定律……34
子任务三 验证戴维南定理……34
子任务四 验证叠加定理……34
任务三 通过 Proteus 仿真实验验证定律和定理……34
子任务一 验证基尔霍夫电流定律……34
子任务二 验证基尔霍夫电压定律……34
子任务三 验证戴维南定理……34
子任务四 验证叠加定理……34
任务四 实际使用设备验证戴维南定理……34
四、拓展知识……34
（一）戴维南定理的应用……34
（二）叠加定理的妙用……35
（三）电阻串联、并联的实际应用……35
小结……36
习题与思考题……37
项目三 连接单相正弦交流电路……42
一、项目分析……42
二、相关知识……43
（一）正弦交流电的基本概念……43
（二）正弦交流电的三要素……44
（三）交流电的有效值……46
（四）正弦量的相量表示法……47
（五）电阻元件的交流电路……49
（六）电感元件的交流电路……51
（七）电容元件的交流电路……53
（八）RLC 串联电路的相量分析……55
（九）串联谐振电路……60
（十）相量形式的基尔霍夫定律……62
三、任务实施……64
任务一 通过 Multisim 仿真实验分析正弦稳态交流电路相量……64
任务二 通过润尼尔虚拟仿真系统分析正弦稳态交流电路相量……64
任务三 提高日光灯电路功率因数……64
任务四 通过 Proteus 仿真实验分析正弦稳态交流电路……64

任务五　测量单相交流电路……64
四、拓展知识……64
（一）复导纳的基本知识……64
（二）用复导纳分析并联电路……65
（三）功率因数的提高……66
小结……66
习题与思考题……68
项目四　使用电工测量仪表及安全工具……72
一、项目分析……72
二、相关知识……73
（一）电工绝缘保护器具……73
（二）登高作业用具……75
（三）验电器……76
（四）兆欧表……77
（五）钳形电流表……79
（六）电能表……80
（七）接地电阻测量仪……82
三、任务实施……83
任务一　正确使用电工工具……83
任务二　使用兆欧表测量绝缘电阻……83
任务三　安装和使用电能表……83
任务四　测量接地电阻……83
四、拓展知识……83
（一）单相交流电路功率的测量……83
（二）三相交流电路的测量……84
小结……85
习题与思考题……85
项目五　认识变压器……86
一、项目分析……86
二、相关知识……87
（一）变压器的分类和基本功能……87
（二）变压器的基本结构和工作原理……87
（三）变压器的铭牌、额定值及运行特性……92
（四）变压器绕组极性（同名端）的概念及判定方法……94
（五）特殊变压器……95
三、任务实施……97
任务一　用万用表判别变压器的同名端……97
任务二　测量变压器直流电阻、绝缘电阻……97
任务三　变压器的故障检修……97
四、拓展知识……97
（一）三相变压器……97
（二）电力变压器的小修项目……98
小结……99
习题与思考题……99
项目六　连接三相交流电路……101
一、项目分析……101
二、相关知识……102
（一）认识三相交流发电机……102
（二）分析计算三相动力电路……104
（三）接地及防雷……109
三、任务实施……114
任务一　通过Proteus仿真实验测量三相照明电路……114
任务二　实际使用设备测量三相照明电路……114
四、拓展知识……114
（一）电工安全基本知识……114
（二）触电急救方法……116
小结……117
习题与思考题……118
项目七　连接异步电动机及控制电路……121
一、项目分析……121
二、相关知识……122
（一）三相异步电动机的工作原理……122
（二）三相异步电动机的结构……126
（三）常用的控制电器……133
三、任务实施……141
任务一　连接电气控制电路……141
任务二　连接三相异步电动机直接起动控制电路……141
四、拓展知识……141
（一）三相异步电动机的分类……141
（二）三相异步电动机的故障分析和处理……141
（三）测量三相异步电动机六股引出线相同端头……145
小结……145
习题与思考题……145

项目一 认识电路元件及万用表

一、项目分析

人们在生活中经常用到各种电子产品，如计算机、手机、随身听、剃须刀等。不管这些电子产品是简单的还是复杂的，其电路都是由各种各样的电子元器件组成的。如何对这些器件进行识别和选用，以及如何运用各种测量仪表对电路进行特性测量，都是学习电工技术必须掌握的内容。

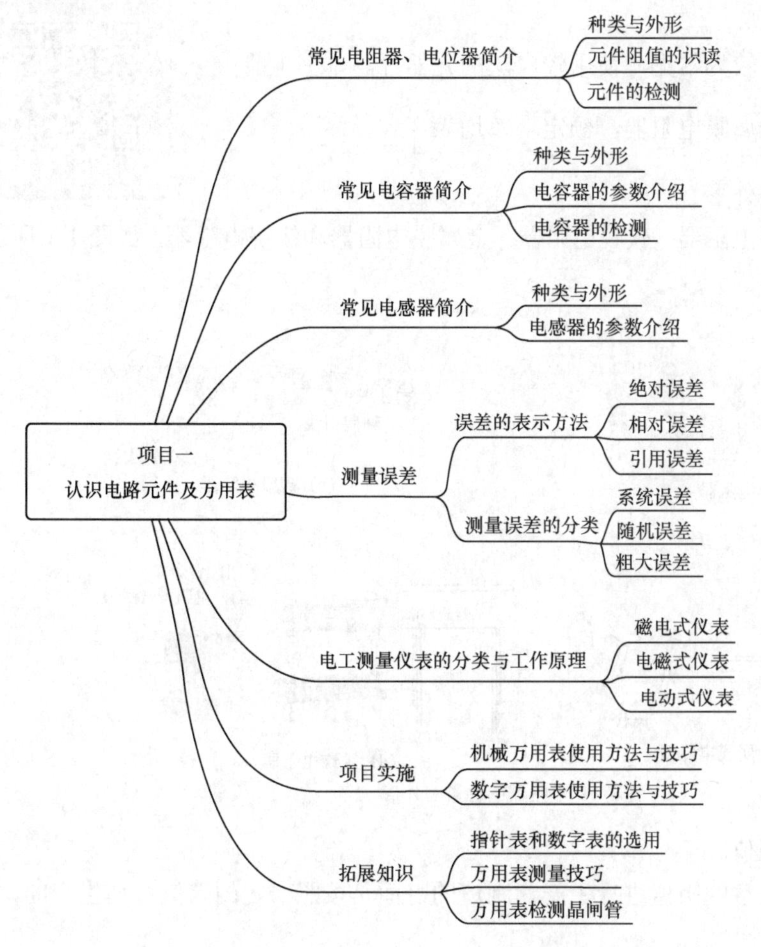

项目内容

本项目主要介绍电阻器、电容器、电感器及其特性；万用表的特点、分类和工作原理。

知识点

（1）常见电阻器、电位器的基本特性、结构与符号、分类。

（2）常见电容器的基本特性、结构与符号、分类。

（3）常见电感器的基本特性、结构与符号、分类。

（4）万用表的特点、分类和工作原理。

能力点

（1）会利用万用表测量电压、电流、电阻、电容等特性参数。

（2）掌握电阻器、电容器、电感器的使用及选用原则。

（3）能熟练、正确地使用常用万用表。

（4）拓宽国际视野，树立环保意识。

二、相关知识

（一）电路基本元器件

1. 电阻器

电阻器是电子电路中较为常见、使用较广泛的元器件。本书电路中使用的电阻器为普通的金属膜电阻器，额定功率均为$\frac{1}{4}$W。

（1）电阻器的种类与外形。

电阻器分为普通色环电阻器、碳膜电阻器、金属膜电阻器和线绕电阻器，如图1-1所示。

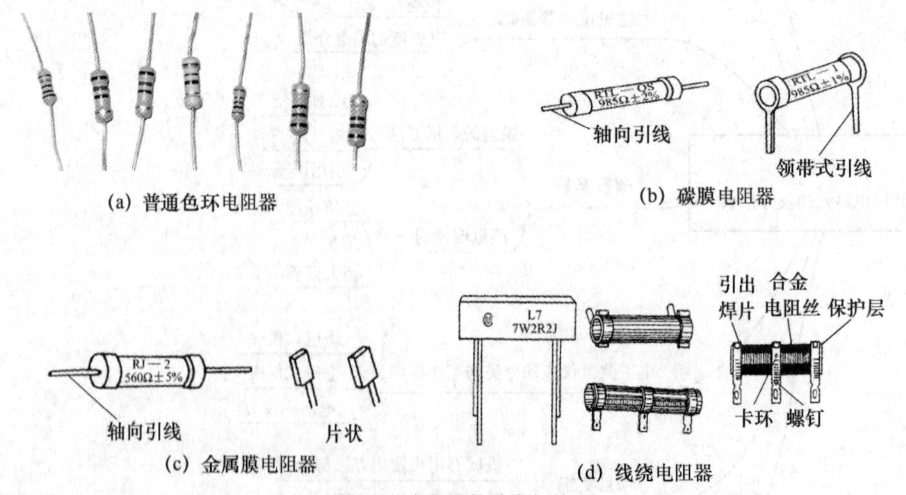

图1-1　电阻器的种类与外形

（2）电阻器的标称阻值。

电阻器并不是按照任意的阻值进行生产、制造的，而是按照一定的阻值系列生产的，这样的电阻阻值称为标称阻值。常见的电阻阻值系列如表 1-1 所示。

表 1-1　　常见的电阻阻值系列

阻值系列	允许误差	误差等级	标称阻值/Ω
E-24	±5%	I	1.0，1.1，1.2，1.3，1.5，1.6，1.8，2.0，2.2，2.4，2.7，3.0，3.3，3.6，3.9，4.3，4.7，5.1，5.6，6.2，6.8，7.5，8.2，9.1
E-12	±10%	II	1.0，1.2，1.5，1.8，2.2，2.7，3.3，3.9，4.7，5.6，6.8，8.2

（3）电阻器的额定功率。

常见电阻器的额定功率有$\frac{1}{8}$W、$\frac{1}{4}$W、$\frac{1}{2}$W、1W、2W、3W、5W 和 10W。

选择电阻器的功率时应考虑该电阻器在电路中通过的电流的大小。若电路电流较大而选用了较小功率的电阻器，则电阻器可能被烧毁。一般的电子电路常用$\frac{1}{4}$W 的电阻器。

某些纯电阻用电器另外规定了额定功率，如热水器、电热器等的功率为 1 500W 等。当然，读者不能将之视为一般意义上的电阻器。

（4）电阻器的误差等级。

常用电阻器误差等级（允许误差）有 I 级（±5%）、II 级（±10%）、III级（±20%）。

阻值误差不大于 2%的电阻器为精密电阻器；阻值误差不小于 5%的电阻器为普通电阻器。

（5）电阻器的标注法。

电阻器的阻值标注一般有直标法、文字符号法和色标法。普通电阻器最常用的标注方法为色标法。

色环电阻器分为四色环和五色环。

① 四色环就是用 4 条色环表示阻值的大小。不同颜色的色环代表不同的数码，如表 1-2 所示。

表 1-2　　色环颜色对应的数码

颜色	棕	红	橙	黄	绿	蓝	紫	灰	白	黑
数码	1	2	3	4	5	6	7	8	9	0

a．各条色环表示的意义如下。

第一条色环：阻值的第一位数字。

第二条色环：阻值的第二位数字。

第三条色环：阻值乘数的 10 的幂。

第四条色环：误差（常用金色、银色表示：金色表示误差为±5%，银色表示误差为±10%）。

b．四色环电阻器标注举例。

电阻器色环顺序为：棕—绿—红—金

1　5　10^2　±5%

则表示该电阻器阻值为 $15\times10^2\Omega = 1\ 500\Omega = 1.5\text{k}\Omega$，允许误差为±5%。

电阻器色环顺序为：蓝—灰—棕—银

6　8　10^1±10%

则表示该电阻器阻值为：$68\times10^1\Omega=680\Omega$，允许误差为±10%。

② 五色环电阻器用5条色环表示阻值的大小。

a．每条色环代表的意义具体如下。

第一条色环：阻值的第一位数字。

第二条色环：阻值的第二位数字。

第三条色环：阻值的第三位数字。

第四条色环：阻值乘数的10的幂。

第五条色环：误差（常见的是棕色，表示误差为±1%）。

有些五色环电阻器两头的金属帽上都有色环，其中远离相对集中的四条色环的那条色环表示误差，是第五条色环，与之对应的另一头金属帽上的是第一条色环，读数时从此环读起，之后的第二条、第三条色环是次高位、次次高位，第四条色环表示10的多少次方。

b．五色环电阻器标注举例。

电阻器色环顺序为：红—黑—黑—黑—棕

2　0　0　10^0　±1%

则表示该电阻器阻值为：$200\times10^0\Omega=200\Omega$，允许误差为±1%。

电阻器色环顺序为：棕—黑—黑—红—棕

1　0　0　10^2　±1%

则表示该电阻器阻值为$100\times10^2\Omega=10\,000\Omega=10\text{k}\Omega$，允许误差为±1%。

电阻器色环顺序为：黄—紫—红—橙—棕

4　7　2　10^3　±1%

则表示该电阻器阻值为$472\times10^3\Omega=472\,000\Omega=472\text{k}\Omega$，允许误差为±1%。

一般来说，四色环电阻器其金、银色环在最后，误差为±（5%～10%），属于普通电阻器。五色环电阻器其棕色环在最后，误差为±1%，精度相对较高，属于精密电阻器。

（6）普通电阻器的检测方法。

对电阻器的检测主要是看其实际阻值与标称阻值是否相符。

对电阻器阻值的检测要用万用表的欧姆挡，欧姆挡的量程应视电阻器阻值的大小而定。一般情况下应使表针落到刻度盘的中间段，以提高测量精度。这是因为万用表的欧姆挡刻度线是非线性的，而中间段分度较细，因此会更准确。

2. 电位器

电位器是一种可改变电阻值大小的调节器件。因其调节时会改变电路的电压大小，故称电位器。电位器一般有3个引脚，两边的两个引脚之间的阻值固定（该值决定了电位器的标称值），中间引脚与两边两个引脚之间的阻值受调节旋钮的作用而发生变化，从而达到调节的目的。

（1）电位器的种类与外形。

电位器的种类与外形如图1-2所示。

（2）电位器的阻值标注。

电位器的阻值标注方法常用的有直接标注法和数字标注法。一般的电位器通常采用直接标注法，如图1-2（c）所示的旋转式电位器阻值为470kΩ。

微调式电位器常常采用3位数字的标注法，如102，503，105等。

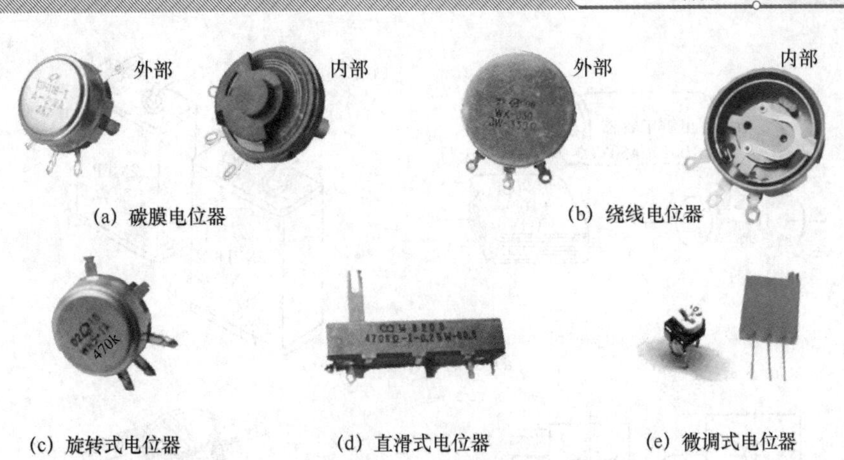

(a) 碳膜电位器　(b) 绕线电位器

(c) 旋转式电位器　(d) 直滑式电位器　(e) 微调式电位器

图 1-2　电位器的种类与外形

注意，这 3 位数字不能直接读，如 102 并不是表示 102Ω，而是前面两位数字为有效数值，第三位数字为 10 的幂，即 102 应读为 $10\times10^2\Omega = 1000\Omega = 1\text{k}\Omega$。其实就是前面两个数字照读，第三个数字是多少，就在后面添加多少个 0，单位为欧姆，简称欧。

如 503 应解读为 $50\text{—}\underbrace{0\text{–}0\text{–}0}_{3\text{个}0}$，即阻值为 50 000Ω = 50kΩ。

105 则表示 1 000 000Ω，即 1MΩ。

（3）电位器的检测。

电位器的检测主要是标称阻值的检测，以及滑动触点与电阻体接触是否良好的检测。

滑动触点与电阻体接触是否良好的检测方法如下。

将万用表调至欧姆挡（根据标称阻值的大小选好量程），两表笔分别接电位器的一个固定引脚与滑动触点引脚，然后慢慢地旋转电位器的调节旋钮。这时表针应平稳地向一个方向移动，阻值没有“跌落”和“跳跃”现象，表明滑动触点与电阻体接触良好。检测时注意表笔与引脚不应有断开现象，否则将影响测量结果的准确性。

3. 电容器

电容器是由两个导体中间隔以介质（绝缘物质）组成的，导体称为电容器的极板。给电容器加上电源后，两极板上分别聚集起等量异号的电荷，带正电荷的极板称为正极板，带负电荷的极板称为负极板。此时，在介质中建立了电场，并储存了电场能。当电源断开后，电荷在一段时间内仍聚集在极板上，所以电容器是一种能够储存电场能的元件。

常见电容器如图 1-3 所示。其中，电解电容器有“+”“−”极性，在实物上和图形符号上都有标注。

（1）电容器的图形符号。

无极性电容器：C_2 0.1μF。极性电容器：+ C_1 47μF。

（2）电容器的种类与外形。

电容器的种类与外形如图 1-4 所示。

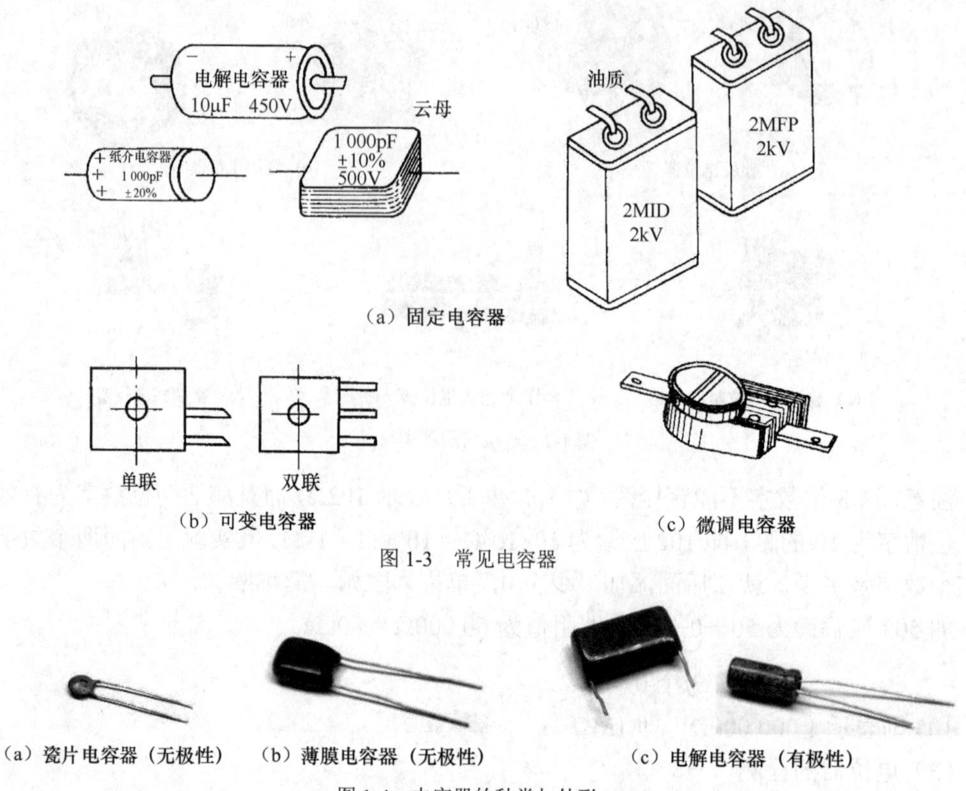

（a）固定电容器

（b）可变电容器　　（c）微调电容器

图 1-3　常见电容器

（a）瓷片电容器（无极性）　（b）薄膜电容器（无极性）　（c）电解电容器（有极性）

图 1-4　电容器的种类与外形

（3）电容器的额定电压。

电容器的额定电压表示电容器接入电路后，能长期、连续可靠地工作而不被击穿所能承受的最高工作电压（耐压值）。使用电容器时绝对不允许超过这个耐压值，否则就会被击穿而损坏。

电容器的额定电压有 6.3V、10V、16V、25V、32V、50V、63V、100V、160V、250V、400V、450V、500V、630V、1 000V、1 200V、1 500V、1 600V、1 800V、2 000V 等。

（4）电容器的标注。

① 直标法。直标法是将电容器的主要参数（标称电容量、额定电压及允许偏差）直接标注在电容器上，一般用于电解电容器或体积较大的无极性电容器。

例如，某电解电容器表面标注为 220μF/100V，则表示该电容器的标称电容量为 220μF，耐压值为 100V。

② 数字标注法。数字标注法一般用 3 位数字表示电容器的标称电容量。其中，前两位数字为有效数字，第三位数字为 10 的幂（即表示有效数字后有多少个 0），单位为 pF。数字标注法一般用在瓷片电容器的标注上。例如，102 表示 10×10^2pF，即 1 000pF；104 表示 10×10^4pF = 100 000pF，即 0.1μF；105 表示 10×10^5pF，即 1μF。

③ 字母与数字混合标注法。此标注法是用 2～4 位数字表示有效值，用 p、n、M、μ、G、m 等字母表示有效数字后面的量级。进口电容器在标注数值时不用小数点，而是将整数部分写在字母之前，将小数部分写在字母之后。例如，4p7 表示 4.7pF；M1 表示 0.1μF；8n2 表示 8 200pF；G1 表示 100μF；3m3 表示 3 300μF。

（5）电解电容器极性的识别。

① 新出厂的电解电容器有两个引脚，长脚为正极，短脚为负极。

② 观察电解电容器表面的标注，标有长条细线的引脚为负极，另外一个引脚为正极。

（6）电容器质量的检测。

万用表不能精确测量电容器的电容量，但可以用来大致判别电容器性能的好坏。电容器的检测应使用万用表的欧姆挡，并且必须根据电容量的大小，选择合适的量程进行测量，才能正确判断。欧姆挡量程选用的基本原则：被测电容器电容量越大，欧姆挡量程越小。一般情况下，测量 470μF 以上电容量的电容器时，可选用 R×10 挡或 R×1 挡；测量 47～470μF 的电容器时，可选用 R×100 挡；测量 4.7～47μF 的电容器时，可选用 R×1k 挡；测量 0.01～4.7μF 的电容器时，可选用 R×10k 挡。对于 0.01μF 以下的小容量电容器，用万用表不能准确检测。

电容器的具体检测方法如下。

将万用表黑表笔接电容器正极（若为无极性电容器则无须考虑正、负极），红表笔接电容器负极。在表笔接触电容器引脚时，如果万用表指针很快向顺时针方向（R 为“0”的方向）偏转一个角度，然后逐渐退回到原来的“∞”位置，说明电容器的漏电电阻很小，电容器性能良好，能够正常使用。若万用表不能回到“∞”位置，说明电容器存在漏电现象。表针距离“∞”位置越远，说明电容器漏电越严重。

若表针停留在“0”值附近，说明电容器已经被击穿，短路了。

检测时，若发现表针不动，则说明电容器断路。

知识点滴

观看纪录片《超级电容》，了解我国超级电容的发展现状及其在新能源汽车的应用情况。

超级电容电池的广泛应用，将推动无轨电车的规模应用。从储能系统来看，将近一半的混合动力大客车直接采用超级电容电池，剩余的比例分别是锂离子电池、镍氢电池等。超级电容电池已成为新能源客车主流储能方案。

4．电感器

凡能产生电感作用的元件统称为电感器。电感器一般由骨架、绕组、铁芯、屏蔽罩等组成。常用电感器如图 1-5 所示。电感器的图形符号如图 1-6 所示。

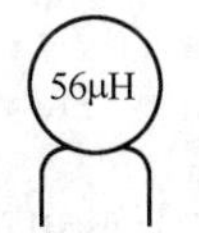

(a)固定电感器

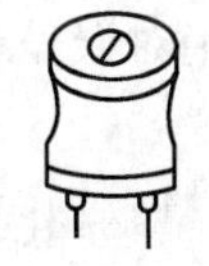

(b)微调电感器

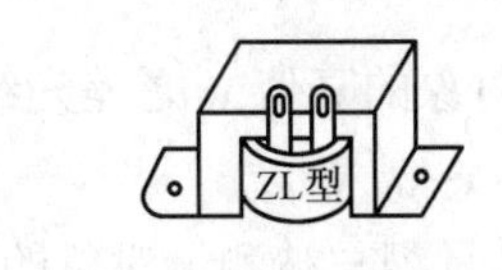

(c)滤波扼流圈

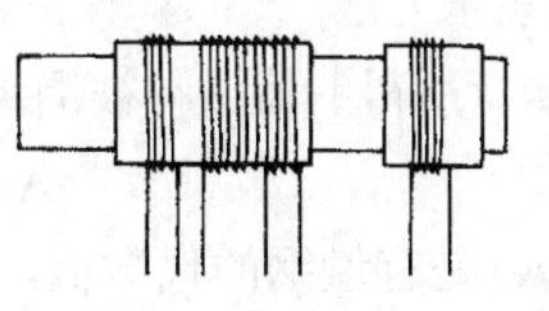

(d) 收音机用天线线圈

图 1-5　常用电感器

i_L　L　+　u　−

图 1-6　电感器的图形符号

电感器在电路中常用“L”加数字表示，如 L_6 表示编号为 6 的电感器。电感线圈是将绝缘的导线在绝缘的骨架上绕一定的圈数制成的。当直流电通过线圈时，直流电阻就是导线本身的电阻，压降很小；当交流电通过线圈时，线圈两端将会产生自感电动势，自感电动势的方向与外加电压的方向相反，阻碍交流电流通过。所以电感器的特性是通直流阻交流，频率越高，线圈阻抗越大。电感器在电路中可与电容器组成振荡电路。电感器标注方法一般有直标法和色标法，其中色标法与电阻器的色标法类似。例如，棕-黑-棕-金表示 100H（允许误差为±5%）的电感器。

（1）电感的单位。

电感的基本单位是亨利，简称为亨，用 H 表示。

换算关系：$1H = 10^3mH = 10^6\mu H$。

（2）电感器的基本性能参数。

电感量：电感量也称自感系数，是表示电感器产生自感应能力的物理量。

品质因数：线圈中储存能量与消耗能量的比值称为品质因数。

分布电容：线圈匝与匝之间、线圈与底座之间具有的电容称为分布电容。

稳定性：电感量随温度、湿度等变化的程度。

（二）电工测量

1. 电气标准器

测量就是用专门的仪器或设备通过实验和计算求得被测量的值。测量是一个相对的过程，必须以电气标准器为基准进行测量。通常把充当测量仪表测量标准的设备称为电气标准器。实用的电气标准器主要有标准电阻器、标准电池、标准电感器、标准电容器等。

需要说明的是，实际的测量仪表内部并不含电气标准器，只用电气标准器对其进行校准即可。例如，在使用模拟万用表换挡测量电阻器阻值时，总是需要将两表笔短接，然后将指针调零。这是因为两表笔短接，其阻值为 0，以它为基准可正确进行测量。又如，用数字万用表测量的电压范围为 0～10V，其内部信号范围假定为 0～5V，可采用如下方法校准：将标准电池（1V）作为输入，调整内部电路使内部输入信号为 0.5V 即可。

2. 测量误差

通过建立实际电路的电路模型、求解电路得到的结果为理论值，用电工测量仪表测量得到的结果为测量值。一般情况下，测量值与理论值有一定的出入，称为误差。在科学实验和工程实践中，任何测量结果都会有误差，而误差的大小又直接影响测量的准确度。人们不可能完全消除误差，但可以通过掌握误差规律，采取各种方式控制或减小误差，从而得到更精确的测量结果。

（1）测量误差的表示方法。

① 绝对误差。测量所得的值 x 与被测量对象的真值 x_0 之差为绝对误差Δx。

$$\Delta x = x - x_0$$

可见，绝对误差Δx 是有量纲的代数值，其量纲与被测量对象的量纲相同，其大小和正负分别表示测量值偏离真值的程度和方向。

例 1.1 一被测电流的真值为 2A，用电流表测得的值为 2.1A，则测量的绝对误差为

$$\Delta x = I_x - I_0 = 2.1 - 2 = 0.1(\text{A})$$

绝对误差和测量值具有相同的单位，绝对误差为正值表示正误差，即测量值比真值大 0.1A。

② 相对误差。相对误差是绝对误差 Δx 与被测量对象的真值 x_0 之比的百分数，即

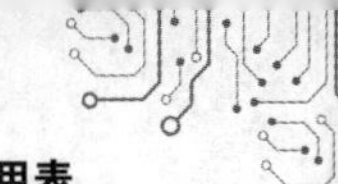

$$\gamma_0 = \frac{\Delta x}{x_0} \times 100\%$$

由于被测量对象的真值无法得到，在误差很小、要求不太严格的场合，可用实际测量值x来代替，即

$$\gamma_0 = \frac{\Delta x}{x} \times 100\%$$

相对误差无量纲，常用于描述测量的准确度。相对误差越小，测量的准确度就越高。

③ 引用误差。引用误差是绝对误差Δx与测量仪表的满刻度值x_m之比的百分数，即

$$\gamma_m = \frac{\Delta x}{x_m} \times 100\%$$

在描述测量仪表的准确度时，往往关注的是仪表在整个测量范围内的测量误差，而不仅是针对某一个测量值的误差。因此，采用引用误差或整个量程的最大引用误差来描述测量仪表的准确度比采用相对误差更方便、更全面。电工测量仪表就是按照最大引用误差来划分准确等级的。

目前，我国直读式电工测量仪表的准确度分为0.1、0.2、0.5、1.0、1.5、2.5、5.0这7级。如果仪表为S级，则说明该仪表的引用误差不超过$S\%$，并由此可知，绝对误差$|\Delta x| \leqslant x_m S\%$，而相对误差$|\gamma_0| \leqslant \frac{x_m}{x} S\%$。当测量值较大时（$x$接近满刻度$x_m$），相对误差的数值较小，测量结果比较准确。当测量值较小时，相对误差就有可能取得较大值，测量的准确度就较差。因此，为了取得较准确的测量结果，除了选用准确度等级较高的仪表外，还要注意选择合适的仪表量程。只有当被测量值比较接近满刻度值（$x \geqslant \frac{2}{3} x_m$）时，才能取得较准确的测量结果。

例 1.2　某待测量电流为80mA，现有0.5级量程为0～300mA和1.0级量程为0～100mA的两个电流表，问采用哪一个电流表测量更准确？

解：用0.5级量程为0～300mA的电流表测量80mA电流时，可能出现的最大绝对误差为

$$|\Delta x_1| = x_m S\% = 300 \times 0.5\% = 1.5(\text{mA})$$

可能出现的最大相对误差为

$$|\gamma_1| = \frac{x_m}{x} S\% = \frac{300}{80} \times 0.5\% = 1.875\%$$

而选用1.0级量程为0～100mA的电流表测量80mA电流时，可能出现的最大绝对误差为

$$|\Delta x_2| = x_m S\% = 100 \times 1.0\% = 1(\text{mA})$$

可能出现的最大相对误差为

$$|\gamma_2| = \frac{x_m}{x} S\% = \frac{100}{80} \times 1.0\% = 1.25\%$$

可见，采用1.0级量程为0～100mA的电流表测量更准确。

上述例题说明，选择合适的仪表量程，对保证较高的测量准确度是很重要的。

（2）测量误差的分类。

根据误差的性质及其产生的原因，测量误差可以分为系统误差、随机误差和粗大误差

这 3 类。

① 系统误差。在相同的条件下，多次测量同一个量时，误差的绝对值和符号保持恒定，或测试条件改变时，按一定规律随条件变化的误差，称为系统误差。

系统误差产生的原因：仪表工作原理不完善；仪表本身的材料、零部件、工艺、加工精度等方面有缺陷；测试时，仪表的安装或摆放的方法不正确及使用仪表的方法不正确；环境因素的影响；测量人员的不良习惯等。

为了减小系统误差，我们可以通过以下 3 个方面来考虑。

a．仔细分析、研究、测量方法所依据的理论是否严密，是否由于采用了简化或近似公式而引入了较大的误差，是否采用了不合理的测量方法。对这些不合理的问题要及时进行改正，以期减小系统误差。

b．合理地选用准确度较高的测量仪表，定期对仪表进行校验以保证其准确度，并确定它们的修正值。另外，根据仪表的使用技术条件安放仪表，注意防止测量仪表的互相干扰以及环境变化的影响。做好仪表的调校工作。

c．提高测量人员的工作能力，保证读数和记录的熟练和准确。

② 随机误差。在相同的条件下，多次测量同一个量时，每一次测量的误差的大小和符号都是随机的、不可预知的，这一类误差称为随机误差。

随机误差是由许多复杂因素的微小变化的总和引起的。例如，电磁场的微变、零件的摩擦、间隙、热起伏、空气扰动、气压及湿度的变化、测量人员感觉器官的变化等都可能是随机误差产生的原因。就一次测量而言，随机误差是没有规律的、不可预测的，无法通过修正测量值等方法来消除。

③ 粗大误差。在测量时，有可能会出现与实际明显不符的测量值。使测量值明显偏离被测量对象的真值的误差称为粗大误差，含有粗大误差的测量值被称为坏值。

粗大误差产生的原因有测错、读错、记错、测量仪表或系统故障，不具备实验条件等。可以通过发现坏值并将其剔除的方法来消除粗大误差。

3. 电工测量仪表的分类

实际电工测量仪表种类繁多，通常用的直读式电工测量仪表常按照以下几种方式进行分类。

（1）电工测量仪表按被测量的种类分类，如表 1-3 所示。

表 1-3　电工测量仪表按被测量的种类分类

序号	被测量的种类	仪表名称	符号
1	电流	电流表、毫安表	Ⓐ、(mA)
2	电压	电压表、千伏表	Ⓥ、(kV)
3	功率	功率表、千瓦表	(W)、(kW)
4	电能	电能表	[kW·h]
5	相位差	相位表	(φ)

续表

序号	被测量的种类	仪表名称	符号
6	频率	频率表	Hz
7	电阻	欧姆表、兆欧表	Ω、MΩ

（2）电工测量仪表按工作原理分类，如表 1-4 所示。

表 1-4　电工测量仪表按工作原理分类

仪表	被测量的种类	电流的种类与频率	符号
磁电式	电流、电压、电阻	直流电	
整流式	电流、电压	工频及较高频率的交流电	
电磁式	电流、电压	直流电及工频交流电	
电动式	电流、电压、电功率、功率因数、电能	直流电及工频与较高频率的交流电	

（3）根据电工测量仪表测量电流的种类分类。

电工测量仪表根据电流的种类可分为直流仪表（用－或 DC 表示）、交流仪表（用～或 AC 表示）和交直流仪表（用⩦表示）。

（4）根据电工测量仪表的准确度等级分类。

电工测量仪表按测量的准确度级别不同分为 0.1、0.2、0.5、1.0、1.5、2.5、5.0 这 7 级。一般 0.1 级和 0.2 级仪表为标准仪器，以校准其他工作仪表，而实验中多用 0.5 级～2.5 级仪表。

4．直读式电工测量仪表的工作原理

直读式电工测量仪表是用标度盘和指针指示电量的仪表，又称为模拟仪表。因仪表以电磁力为基础，故也称为电磁机械式仪表。按照工作原理，直读式仪表主要分为磁电式、电磁式、电动式等几种。它们的主要作用是将被测电量转换成仪表活动部分的偏转角位移。为了将被测电量转换成角位移，电工测量仪表通常由测量机构和测量线路两部分组成。测量机构是电工测量仪表的核心部分，仪表的偏转角位移是靠它实现的。下面对常用的磁电式、电磁式、电动式仪表的结构和工作原理做简单介绍。

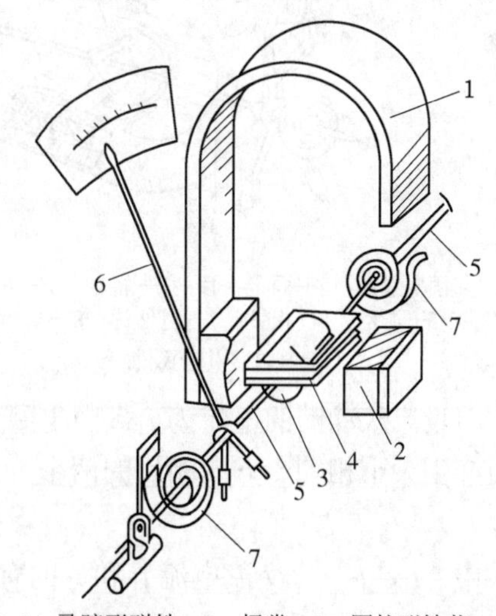

1—马蹄形磁铁；2—极掌；3—圆柱形铁芯；
4—活动线圈；5—轴；6—指针；7—螺旋弹簧

图 1-7　磁电式仪表

（1）磁电式仪表。

磁电式仪表的测量机构包括固定部分和活动部分，如图 1-7 所示。固定部分由马蹄形磁铁、极掌及圆柱形铁芯组成。活动部分由活动线圈、轴、指针及螺旋弹簧组成。

当被测参数的电流流过活动线圈时，在磁场的作用下，线圈的两有效边受到大小相等、方向相反的电磁力，产生电磁转动力矩。电磁转动力矩带动指针旋转，同时螺旋弹簧被扭紧

而产生阻力矩。当弹簧的阻力矩和转动力矩达到平衡时，活动部分停止转动，指针也就指在某一对应位置。

磁电式仪表的灵敏度、准确度高，刻度均匀，阻尼良好，构造精细，消耗的功率小。但磁电式仪表只能测量直流电流，而且由于活动线圈绕线很细，故载流量小，同时结构复杂，成本较高。

（2）电磁式仪表。

电磁式仪表是利用可动铁片与通有电流的固定线圈之间或被此线圈磁化的固定铁片之间的作用力而制成的。如图 1-8 所示，固定部分由固定线圈和线圈内侧的固定铁片组成；可动部分由固定在转轴上的可动铁片、游丝、指针、阻尼片和平衡锤组成。

当线圈中通入电流时，产生磁场，铁芯被磁化，固定铁片和可动铁片相互排斥而使转轴转动。电磁式仪表能进行交、直流电路测量，可测量较大的电流和电压，结构简单、牢固，价格低廉。但其刻度不均匀，容易受到外界磁场的影响，准确度较差，一般用于电力工程中的电流、电压测量。

（3）电动式仪表。

如图 1-9 所示，电动式仪表主要由定圈、动圈、指针、游丝、空气阻尼器（含阻尼片和外盒）组成。其中动圈通常放在定圈里边，由较细的导线绕成。

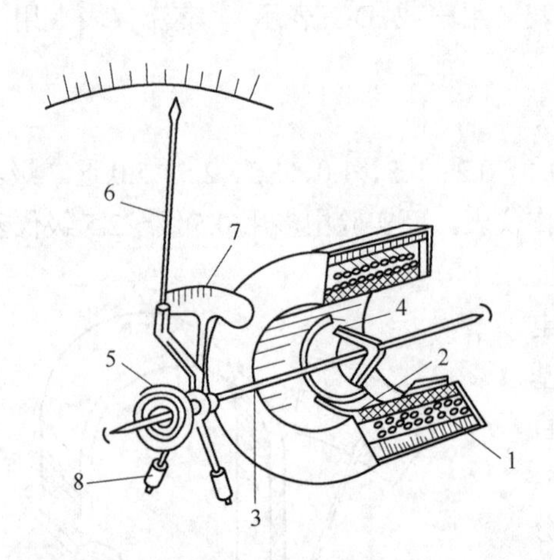

1—固定线圈；2—固定铁片；3—转轴；4—可动铁片；
5—游丝；6—指针；7—阻尼片；8—平衡锤

图 1-8　电磁式仪表

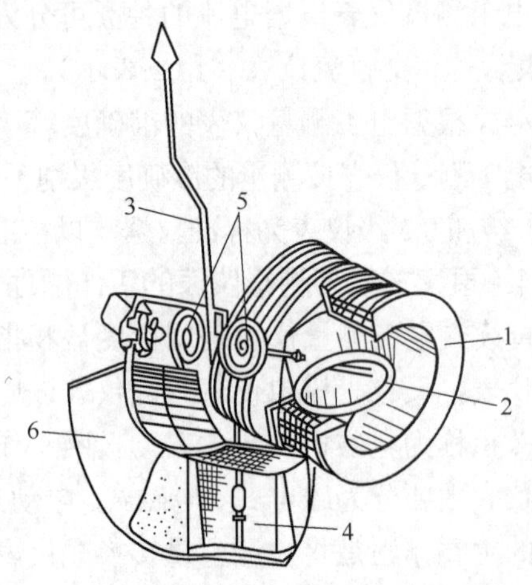

1—定圈；2—动圈；3—指针；4—阻尼片；
5—游丝；6—外盒

图 1-9　电动式仪表

设流入动圈的电流为 I_1；当定圈通有电流 I_2 时，在其内部产生均匀的磁场，使动圈的两边产生大小相等、方向相反的两个力，并产生转动力矩 T，即

$$T = K_1 I_1 I_2 \cos\varphi$$

式中，I_1、I_2——交流电流 i_1 和 i_2 的有效值；

φ——i_1 和 i_2 之间的相位差；

K_1——弹簧系数。

在转动力矩 T 的作用下，动圈和指针发生偏转。

产生阻力矩的装置是连在转轴上的螺旋弹簧。当螺旋弹簧产生的阻力矩与转动力矩达到平衡时，可动部分便停止转动，测出被测数据。

电动式仪表能测量交、直流电路的电流、电压和功率，但刻度不均匀，受外界磁场影响较大，测量电流、电压时本身能耗大，过载能力较弱，价格偏高。

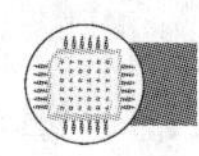

三、任务实施

学习万用表的使用方法和常用电子元器件的测量方法。具体内容见附带的《实训手册》。

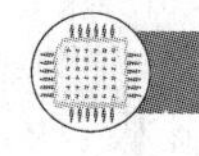

四、拓展知识

（一）指针表和数字表的选用

指针表（即机械万用表）读取精度较差，但指针摆动的过程比较直观，在其摆动时，有时也能比较客观地反映被测量的大小，例如，测电视机数据总线（serial data line，SDL）在传送数据时会轻微抖动；数字表（即数字万用表）读数直观，但数字变化的过程看起来很杂乱，不太容易观察。

指针表内一般有两块电池，一块低电压的 1.5V，一块高电压的 9V 或 15V，黑表笔相对红表笔来说是正端。数字表则常用一块 6V 或 9V 的电池。在电阻挡，指针表的表笔输出电流相对数字表来说要大很多，用 $R\times1\Omega$ 挡可以使扬声器发出响亮的“哒”声，用 $R\times10k\Omega$ 挡甚至可以点亮发光二极管（light emiitting diode，LED）。

在电压挡，指针表内阻相对数字表来说比较小，测量精度较差。在某些高电压微电流的场合甚至无法测准，原因是内阻会对被测电路造成影响（例如，在测电视机显像管的加速极电压时测量值会比实际值低很多）。数字表电压挡的内阻很大，至少为兆欧级，对被测电路影响很小。但极高的输出阻抗使其易受感应电压的影响，在一些电磁干扰比较强的场合测出的数据可能是虚的。

总之，在相对大电流、高电压的模拟电路测量中适合使用指针表，如电视机、音响功率放大器（功放）。在低电压、小电流的数字电路测量中适合使用数字表，如寻呼机、手机等。但这不是绝对的，要根据情况选用指针表和数字表。

（二）万用表测量技巧

在实训项目中介绍了测电容、电阻等方面的技巧，下面介绍使用万用表（若不作说明，则指指针表）测二极管、三极管、稳压管好坏的技巧。在路测量二极管、三极管、稳压管好坏：因为在实际电路中，三极管的偏置电阻或二极管、稳压管的周边电阻一般都比较大，大都在几百、几千欧姆以上，这样，我们就可以用万用表的 $R\times10\Omega$ 或 $R\times1\Omega$ 挡来在路测量 PN 结的好坏。在路测量时，用 $R\times10\Omega$ 挡测 PN 结应有较明显的正反向特性（如果正反向电阻相差不太明显，可改用 $R\times1\Omega$ 挡来测量），一般正向电阻用 $R\times10\Omega$ 挡测量时表针应指在 200Ω 左右，用 $R\times1\Omega$ 挡测量时表针应指在 30Ω 左右（不同表型可能略有出入）。如果测量的正向电阻太大或反向电阻太小，都说明这个 PN 结有问题，这个“管子”也就有问题。这种方法在维修时使用特别有效，可以非常快速地找出坏管，甚至可以测出尚未完全坏掉但特性变差的管子。例如，当用小阻值挡测量某个 PN 结时正向电阻过大，如果把它取下来用常用的 $R\times1k\Omega$ 挡再测，可能是正常的，其实这个管子的特性已经变差了，不能正常工作或工作不稳定了。

（三）万用表检测晶闸管

晶闸管分为单向晶闸管和双向晶闸管两种，都有3个电极。单向晶闸管有阴极（k）、阳极（a）、控制极（g）。双向晶闸管等效于两只单向晶闸管反向并联，即其中一只单向晶闸管的阳极与另一只的阴极相连，其引出端称t2极；而其阴极与另一只的阳极相连，其引出端称t2极，剩下则为g极。

单、双向晶闸管的判别：先任意测量两个电极，若正、反测指针均不动，可能是a极、k极或g极、a极（对于单向晶闸管），也可能是t2极、t1极或t2极、g极（对于双向晶闸管）。若其中有一次测量指示为几十至几百欧，则必为单向晶闸管，且红表笔所接为k极，黑表笔所接为g极，剩下为a极。若正、反测均为几十至几百欧，则必为双向晶闸管；再将旋钮拨至$R\times1\Omega$或$R\times10\Omega$挡复测，其中必有一次阻值稍大，阻值稍大的这次红表笔所接为g极，黑表笔所接为t1极，余下的是t2极。

性能的差别：将旋钮拨至$R\times1\Omega$挡，对于单向晶闸管，红表笔接k极，黑表笔同时接通g极、a极，在保持黑表笔不脱离a极状态下断开g极，指针应指示几十至一百欧，此时晶闸管已被触发，且触发电压低（或触发电流小），然后瞬时断开，再接通a极，指针应退回∞位置，则表明晶闸管良好。

对于双向晶闸管，红表笔接t1极，黑表笔同时接g极、t2极，在保证黑表笔不脱离t2极的前提下断开g极，指针应指示几十至一百多欧（视晶闸管电流大小、厂家而异），然后将两表笔对调，重复上述步骤测一次，指针指示还要比上一次稍大十几至几十欧，则表明晶闸管良好，且触发电压（或电流）小。

若保持接通a极或t2极时断开g极，指针立即退回∞位置，则说明晶闸管触发电流太大或损坏。进一步测量，对于单向晶闸管，闭合开关，灯应点亮，断开开关时，灯仍不熄灭，否则说明晶闸管损坏。对于双向晶闸管，闭合开关，灯应点亮，断开开关时，灯应不熄灭。将电池反接，重复上述步骤，均应是同一结果，才能说明该元件完好，否则说明已损坏。

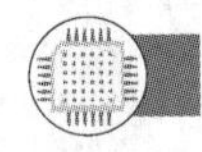

小　结

通过对常用元器件概况的学习，掌握普通的金属膜电阻器的基本特性，常见电阻器、电位器的结构与符号；掌握常见电容器、电感器的基本特性；了解万用表的特点、分类和工作原理，并能利用万用表对电路元件进行测量，判定基本元件的好坏及测出参数大小等。

习题与思考题

（1）请正确说明电阻器元件色环标注法的含义。

（2）说明基本元件（电阻器、电容器、电感器）在电路中通常的作用。

（3）如何理解测量误差？何谓绝对误差？何谓相对误差？

（4）简述电工测量仪表的分类。

（5）简述机械万用表的使用步骤。

项目二 认识直流电路

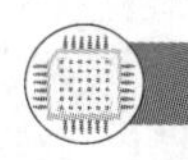

一、项目分析

在现代科学技术的应用中，电工技术的应用占了相当重要的地位。在人们使用的各种电气和电子设备中，其主要的设备都由各种不同的电路组成。因此，掌握电路的分析和计算方法显得十分重要。

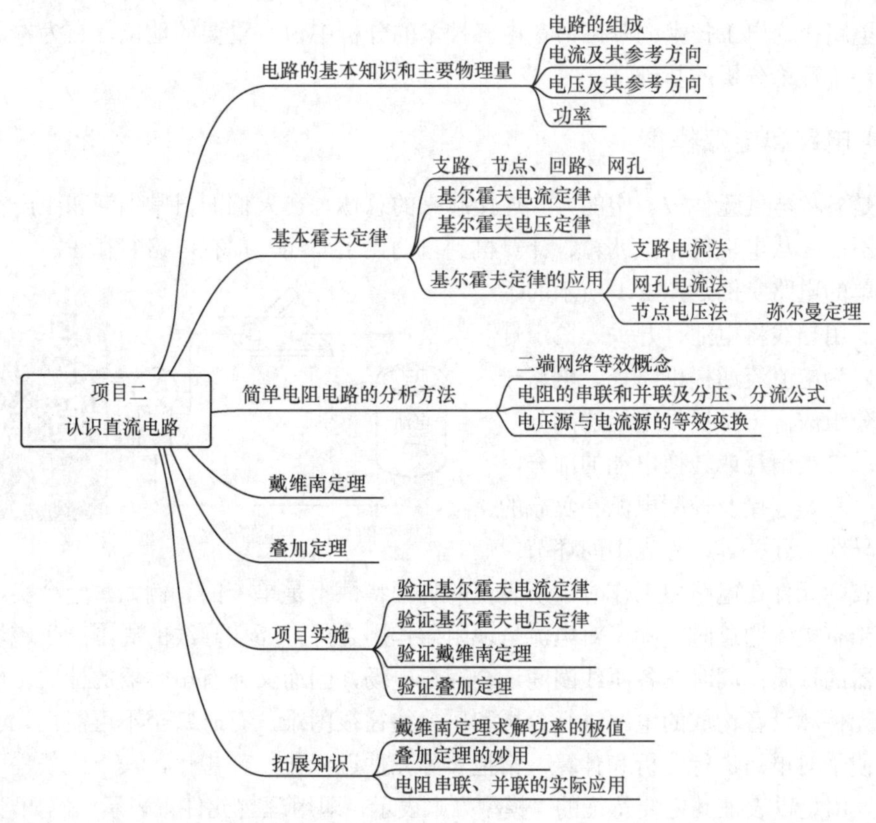

项目内容

本项目将介绍直流电路的基本定律和分析方法。将这些方法稍加扩展，也适用于交流电路和电子电路的分析。

知识点

（1）电压、电流的基本概念及其参考方向与功率的计算。

（2）等效的概念。

（3）电阻的串联、并联及简单的混联电路。

（4）基尔霍夫定律及其应用。

（5）电位的计算。

（6）戴维南定理。

（7）叠加定理。

能力点

（1）会根据实验目的和原理导出实验方案。

（2）能熟练设计实际测量线路及相关仪表的接线图。

（3）能拟订实验步骤，制作记录实验数据的表格。

（4）会使用直流稳压电源、电压表、电流表和万用表。

（5）了解国内集成电路发展现状，增强使命担当，培养家国情怀。

二、相关知识

直流电路作为电工技术的基础，在电工技术的分析中占有重要的地位，它为本课程的后续内容提供了理论分析的基础。

（一）电路和电路模型

电路是各种电气元件按一定的方式连接起来的总体。在人们的日常生活和生产实践中，电路无处不在，从电视机、电冰箱、计算机到自动化生产线，都有电路的存在。

最简单的电路实例是图 2-1 所示的手电筒电路：用导线将电池、开关、白炽灯连接起来，为电流流通提供路径。电路一般由 3 部分组成：一是提供电能的部分，称为电源；二是消耗或转换电能的部分，称为负载；三是连接及控制电源和负载的部分，如导线、开关等，称为中间环节。

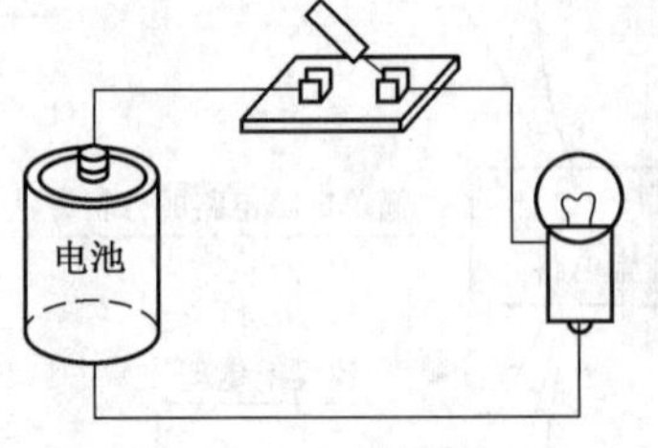

图 2-1　手电筒电路

电路的组成及各部分功能

一个实际元件在电路中工作时，所表现的物理特性不是单一的。例如，一个实际的线绕电阻器，当有电流通过时，除了对电流呈现阻碍作用之外，还在导线的周围产生磁场，因而兼有电感器的性质；同时在各匝线圈间还会存在电场，因而又兼有电容器的性质。所以，直接对实际元件和设备构成的电路进行分析和研究往往很困难，有时甚至不可能。

为了便于对电路进行分析和计算，常把实际元件近似化、理想化，在一定条件下忽略其次要性质，用足以表征其主要特征的“模型”来表示，即用理想元件来表示。例如，“电阻元件”就是电阻器、电烙铁、电炉等实际电路元器件的理想元件，即模型。因为在低频电路中，这些实际电路元器件所表现的主要特征是把电能转换为热能，因此可用“电阻元件”这样一个理想元件来反映消耗电能的特征。同样，在一定条件下，“电感元件”是线圈的理想元件，“电容元件”是电容器的理想元件。

由理想元件构成的电路，称为实际电路的“电路模型”。图 2-2 所示为手电筒实际电路的电路模型。在图 2-2 中，U_S 表示电源，S 表示开关，R 表示耗能元件。

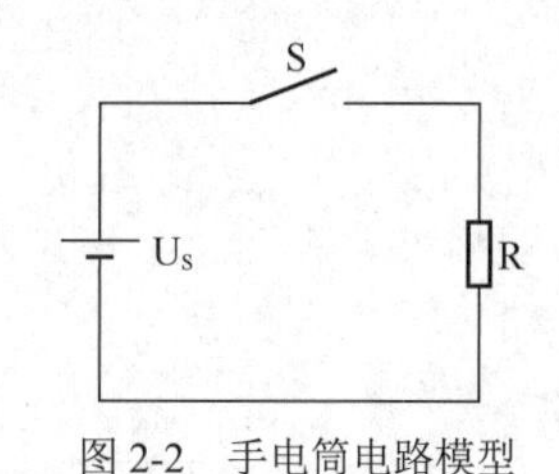

图 2-2　手电筒电路模型

知识点滴

通过搜索网络资源，了解我国集成电路发展现状，并简述我国目前取得的成就和遇到的问题分别是什么。

集成电路是指采用一定的工艺，把电路中所需的电子元器件及布线互连在一起，制作在一小块半导体晶片上，然后封装在一个管壳内，成为具有所需电路功能的微型结构。集成电路技术包括芯片制造技术与设计技术，主要体现在加工设备、加工工艺、封装测试、批量生产及设计创新的能力上。集成电路行业已作为我国“十四五”规划重点发展行业。

（二）电路中的主要物理量

研究电路的基本规律，首先应掌握电路中的主要物理量：电流、电压和功率。

1. 电流及其参考方向

电流是电路中既有大小又有方向的基本物理量，其定义为在单位时间内通过导体横截面的电荷量，其单位为安培（A），简称安。

电流主要分为两类：一类为大小和方向均不随时间变化的电流，叫作恒定电流，简称直流（英文缩写为 DC），用大写字母 I 表示；另一类为大小和方向均随时间变化的电流，叫作变动电流，用小写字母 i 或 $I(t)$ 表示。其中一个周期内电流的平均值为零的变动电流称为交变电流，简称交流（英文缩写为 AC），也用 i 表示。

几种常见的电流波形如图 2-3 所示，图 2-3（a）所示为直流电流的波形，图 2-3（b）所示为交流电流的波形。

电流的实际方向规定为正电荷运动的方向。

在分析电路时，由于对复杂电路无法确定电流的实际方向，或电流的实际方向在不断地变化，因此就引入了“参考方向”的概念。

参考方向是一个假想的电流方向。在分析电路前，需先任意规定未知电流的参考方向，并用实线箭头标于电路图上，如图 2-4 所示，图中方框表示一般二端元件。特别注意：图中实线箭头和电流符号 i 缺一不可。

若计算结果（或已知）$i>0$，则电流的实际方向与电流的参考方向一致；若 $i<0$，则电流的实际方向和电流的参考方向相反。这样，就可以在选定的参考方向下，根据电流值的正负来确定某一时刻电流的实际方向。

2. 电压及其参考方向

电压也是电路中既有大小又有方向（极性）的基本物理量。直流电压用大写字母 U 表示，交流电压用小写字母 u 表示。

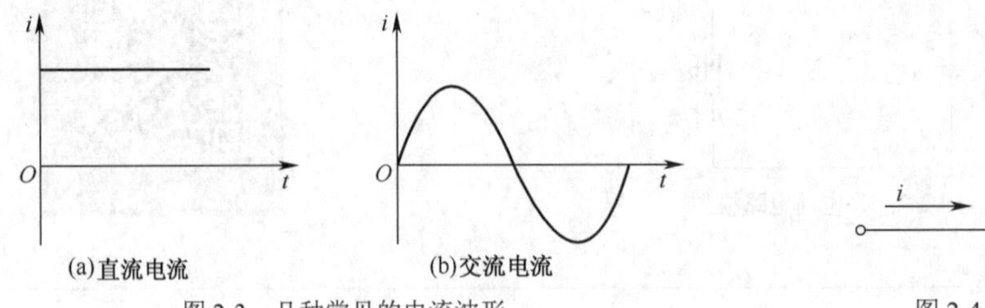

图 2-3　几种常见的电流波形

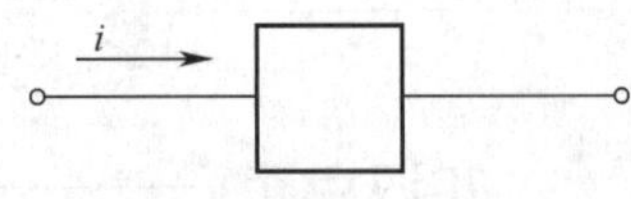

图 2-4　电流的参考方向

电路中 A、B 两点间电压的大小，等于电场力将单位正电荷从点 A 移动到点 B 所做的功。若电场力做正功，则电压 u 的实际方向为从点 A 到点 B。电压的单位为伏特（V），简称伏。

在电路中任选一点为电位参考点，则某点到参考点的电压就叫作这一点（相对于参考点）的电位。如点 B 的电位记作 V_B。当选择点 O 为参考点时，有

$$V_B = U_{BO} \tag{2-1}$$

电压是针对电路中某两点而言的，与路径无关，所以有

$$U_{AB}=U_{AO}-U_{BO} \tag{2-2}$$

这样，A、B 两点间的电压就等于该两点电位之差。所以，电压又叫电位差。引入电位的概念之后，电压的实际方向是高电位点指向低电位点的方向。

在分析电路时，也需要对未知电压任意规定电压“参考方向”，其标注方法如图 2-5 所示。可以采用实线箭头标注的方法，如图 2-5（a）所示，也可以采用图 2-5（b）所示的标注方法，即参考极性标注法中，“+”号表示参考高电位端（正极），“−”号表示参考低电位端（负极）；在图 2-5（c）所示的标注方法中，参考方向是由点 A 指向点 B 的。选定参考方向后，才能对电路进行分析计算。当 $u>0$ 时，该电压的实际方向与所标的参考方向相同；当 $u<0$ 时，该方向的实际极性与所标的参考方向相反。

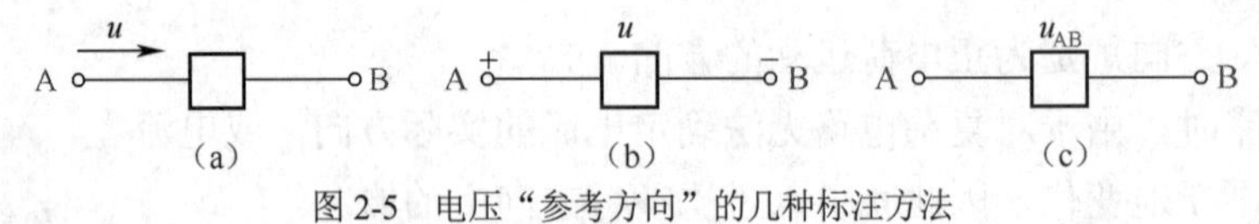

图 2-5　电压“参考方向”的几种标注方法

例 2.1　在图 2-6 所示的电路中，方框泛指电路中的一般元件，试分别指出图中各电压的实际极性。

u=24V　a + − b　(a)　　u=−12V　a + − b　(b)　　u=15V　a b　(c)

图 2-6　例 2.1 图

解：各电压的实际方向如下。

① 在图 2-6（a）中，点 a 为高电位，因 u=24V＞0，故所标参考方向与实际方向相同。

② 在图 2-6（b）中，点 a 为高电位，因 u=−12V＜0，故所标参考方向与实际方向相反。

③ 在图 2-6（c）中，实际方向不能确定，虽然 u=15V＞0，但图中没有标出参考方向。

当元件上电流的参考方向是从电压的参考高电位指向参考低电位的方向时，称为关联参考方向，否则称为非关联参考方向，如图 2-7 所示。

(a)关联参考方向 (b)非关联参考方向

图 2-7 关联参考方向与非关联参考方向

3. 功率

功率是指单位时间内电路元件上能量的变化量，它是具有大小和正负值的物理量。功率的单位是瓦特（W）。

在电路分析中，通常用电流 i 与电压 u 的乘积来描述功率。

在 u、i 为关联参考方向下，元件上吸收的功率为

$$p=ui \tag{2-3}$$

在 u、i 为非关联参考方向下，元件上吸收的功率为

$$p=-ui \tag{2-4}$$

不论 u、i 是否是关联参考方向，若 $p>0$，则该元件吸收功率（供自己消耗），为耗能元件；若 $p<0$，则该元件输出功率（供给其他元件），为储能元件。

以上有关元件功率的讨论同样适用于一段电路。

例 2.2 试求图 2-8 所示电路中元件吸收的功率。

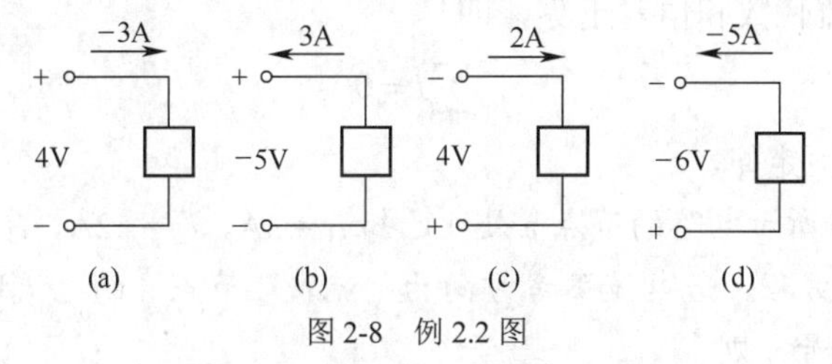

图 2-8 例 2.2 图

解：①在图 2-8（a）中，所选 u、i 为关联参考方向，元件吸收的功率为

$$p=ui=4\times(-3)=-12(\text{W})$$

此时元件输出的功率为 12W。

② 在图 2-8（b）中，所选 u、i 为非关联参考方向，元件吸收的功率为

$$p=-ui=-(-5)\times 3=15(\text{W})$$

此时元件吸收的功率为 15W。

③ 在图 2-8（c）中，所选 u、i 为非关联参考方向，元件吸收的功率为

$$p=-ui=-4\times 2=-8(\text{W})$$

此时元件输出的功率为 8W。

④ 在图 2-8（d）中，所选 u、i 为关联参考方向，元件吸收的功率为

$$p=ui=(-6)\times(-5)=30(\text{W})$$

此时元件吸收的功率为 30W。

（三）基尔霍夫定律

基尔霍夫定律

电路的基本元件按一定的连接方式连接起来，组成一个完整的电路，如图 2-9 所示。电路分析方法的根本依据：元件的约束关系，电路的约束关系——基尔霍夫定律。

1. 几个有关的电路名词

在介绍基尔霍夫定律之前，先结合图 2-9 所示电路，介绍几个相关的电路名词。

（1）支路。

电路中具有两个端钮且通过同一电流的每个分支（至少含一个元件），叫支路。在图2-9中，afc、ab、bc、aeo均为支路。

（2）节点。

3条或3条以上支路的连接点叫作节点。在图2-9中，点a、b、c、o都是节点。

（3）回路。

电路中由若干条支路组成的闭合路径叫作回路。在图2-9中，回路aboea是由10Ω、12Ω、2Ω的电阻器及12V电压源这几个元件组成的。

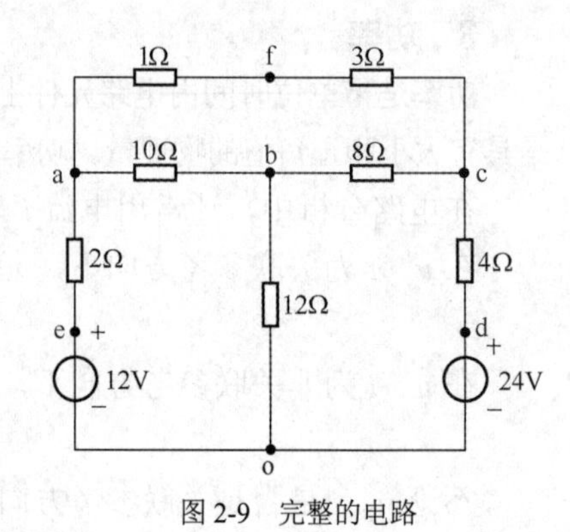

图2-9　完整的电路

（4）网孔。

内部不含有支路的回路称为网孔。在图2-9中，回路aboea既是回路，也是网孔，但回路afcoa就不是网孔。

2. 基尔霍夫电流定律

基尔霍夫电流定律（Kirchhoff current law，KCL）的内容是：任一时刻，流入电路中的任一节点的各支路电流代数和恒等于零，即

$$\sum i = 0 \tag{2-5}$$

KCL源于电荷守恒定律。

例2.3　在图2-10所示电路的节点a处，已知$i_1 = 3\text{A}$，$i_2 = -2\text{A}$，$i_3 = -4\text{A}$，$i_4 = 5\text{A}$，求i_5。

解：根据KCL列方程，若电流参考方向为"流入"节点a的电流取"+"号，则"流出"节点a的电流取"−"号，则

$$i_1 - i_2 - i_3 + i_4 - i_5 = 0$$

将电流本身的实际数值代入上式，得

$$3 - (-2) - (-4) + 5 - i_5 = 0$$

$$i_5 = 14(\text{A})$$

应用KCL时应注意以下几点。

（1）KCL还可以推广应用于电路中任一假设的闭合面（广义节点）。例如，在图2-11所示电路中，把NPN型晶体管围成的闭合面视为一个广义节点，由KCL得

$$i_b + i_c - i_e = 0$$

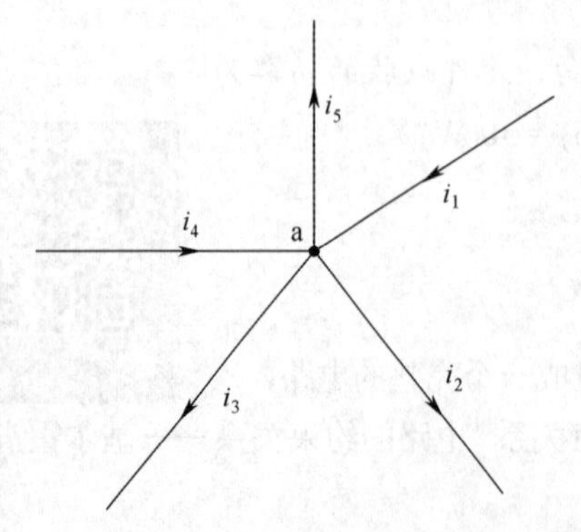

图2-10　例2.3图

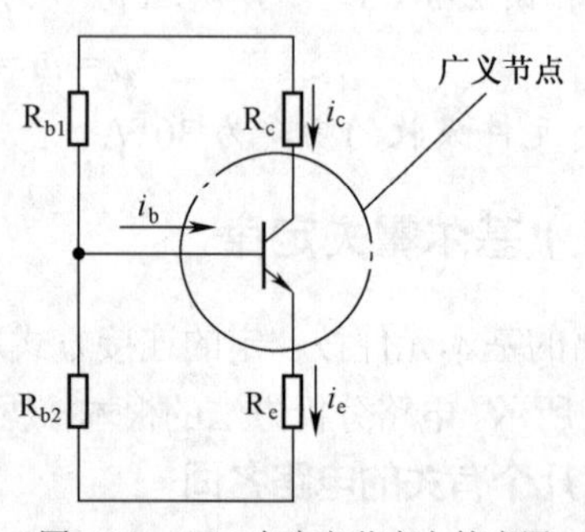

图2-11　KCL在广义节点上的应用

（2）在应用 KCL 解题时，实际使用了两套“+”“−”符号：①在公式$\sum i=0$中，以各电流的参考方向决定的“+”“−”号；②电流值本身的“+”“−”号。这就是 KCL 定义中电流代数和的真正含义。

3. 基尔霍夫电压定律

基尔霍夫电压定律（Kirchhoff voltage law，KVL）的内容是：任一时刻，沿电路中的任何一个回路，所有支路的电压代数和恒等于零，即

$$\sum u=0 \tag{2-6}$$

KVL 源于能量守恒定律。

例 2.4　在图 2-12 所示的电路中，已知 $U_1=3\text{V}$，$U_2=-4\text{V}$，$U_3=2\text{V}$。试应用 KVL 求电压 U_x 和 U_y。

解：方法一。

在图 2-12 所示的电路图中，任意选择回路的绕行方向，并标注于图中（图 2-12 所示的回路Ⅰ，回路Ⅱ）。

根据 KVL 列方程。当回路中的电压参考方向与回路绕行方向一致时，该电压前取“+”号，否则取“−”号。

回路Ⅰ：　$-U_1+U_2+U_x=0$

回路Ⅱ：　$U_2+U_x+U_3+U_y=0$

将各已知电压值代入 KVL 方程，得

回路Ⅰ：　$-3+(-4)+U_x=0$

解得　$U_x=7\text{V}$

回路Ⅱ：　$(-4)+7+2+U_y=0$

解得　$U_y=-5\text{V}$

可以看出，KVL 和 KCL 一样，在实际应用中也使用了两套“+”“−”符号：①在公式$\sum u=0$中，以各电压的参考方向与回路的绕行方向是否一致决定的“+”“−”号；②电压值本身的“+”“−”号。这就是 KVL 定义中电压代数和的真正含义。

方法二。

利用 KVL 的另一种形式，用“箭头首尾衔接法”，直接求回路中唯一的未知电压，其方法如图 2-13 所示。

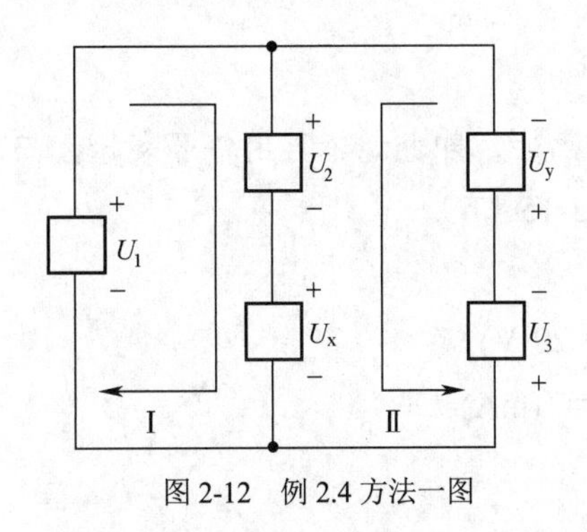

图 2-12　例 2.4 方法一图

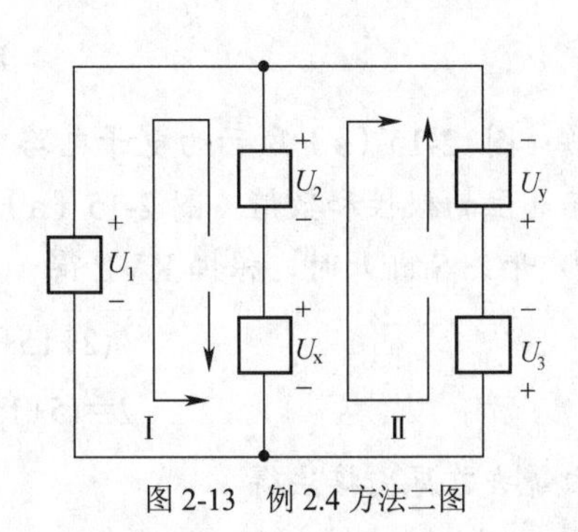

图 2-13　例 2.4 方法二图

回路Ⅰ：　　$U_x=-U_2+U_1=-(-4)+3=7(\text{V})$

回路Ⅱ：　　$U_y=-U_3-U_x-U_2=-2-7-(-4)=-5(\text{V})$

例 2.5　电路如图 2-14 所示，试求 U_{ab} 的表达式。

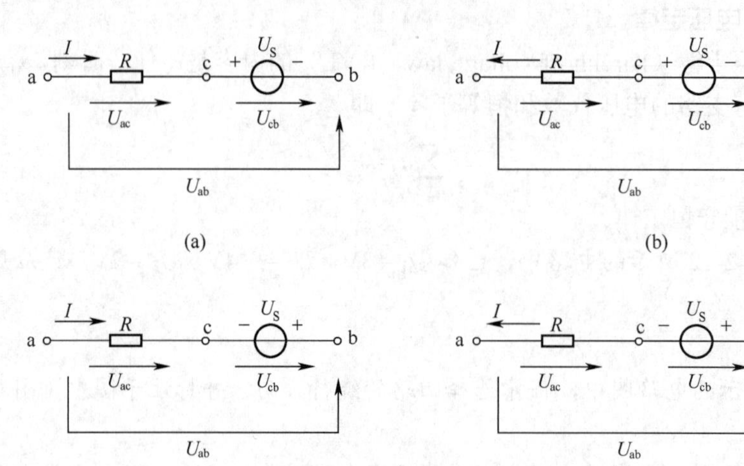

图 2-14　例 2.5 图

解：应用 KVL 的箭头首尾衔接法，分别列出下列方程。

因为　　$U_{ab}=U_{ac}+U_{cb}$

图 2-14（a）:　　$U_{ac}=IR,\ U_{cb}=U_S$　　所以　　$U_{ab}=IR+U_S$

图 2-14（b）:　　$U_{ac}=-IR,\ U_{cb}=U_S$　　所以　　$U_{ab}=-IR+U_S$

图 2-14（c）:　　$U_{ac}=IR,\ U_{cb}=-U_S$　　所以　　$U_{ab}=IR-U_S$

图 2-14（d）:　　$U_{ac}=-IR,\ U_{cb}=-U_S$　　所以　　$U_{ab}=-IR-U_S$

例 2.6　电路如图 2-15（a）所示，试求开关 S 断开和闭合两种情况下点 a 的电位。

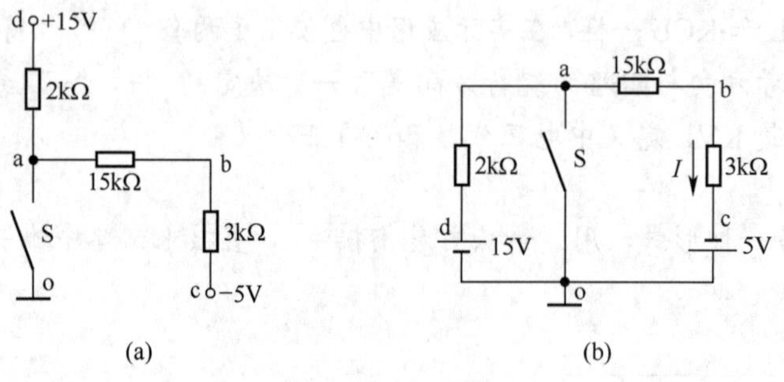

图 2-15　例 2.6 图

解：图 2-15（a）所示为电子电路中的一种习惯画法，即电源不再用符号表示，而改为标出其电位的极性和数值。图 2-15（a）可改画为图 2-15（b）。

① 开关 S 断开时，根据 KVL 得

$$(2+15+3)I=(5+15)=20(\text{V})$$

$$I=(5+15)/(2+15+3)=1(\text{mA})$$

由箭头首尾衔接法得

$$
\begin{aligned}
V_{a} &= U_{ao} = U_{ab} + U_{bc} + U_{co} \\
&= (15+3)\,I - 5 \\
&= 18 \times 1 - 5 \\
&= 13(\mathrm{V})
\end{aligned}
$$

或

$$
\begin{aligned}
V_{a} &= U_{ao} = U_{ad} + U_{do} \\
&= 2\,(-I) + 15 \\
&= 13(\mathrm{V})
\end{aligned}
$$

② 开关 S 闭合时，得

$$V_a=0$$

（四）基尔霍夫定律的应用

1. 支路电流法

支路电流法是以支路电流为未知数，根据 KCL 和 KVL 列方程的一种方法。

可以证明，对于具有 b 条支路、n 个节点的电路，应用 KCL 只能列 $n-1$ 个节点方程，应用 KVL 只能列 $l=b-(n-1)$个回路方程。

应用支路电流法的一般步骤如下：

① 在电路图上标出所求支路电流参考方向，再选定回路绕行方向；

② 根据 KCL 和 KVL 列方程组；

③ 联立方程组，求解未知量。

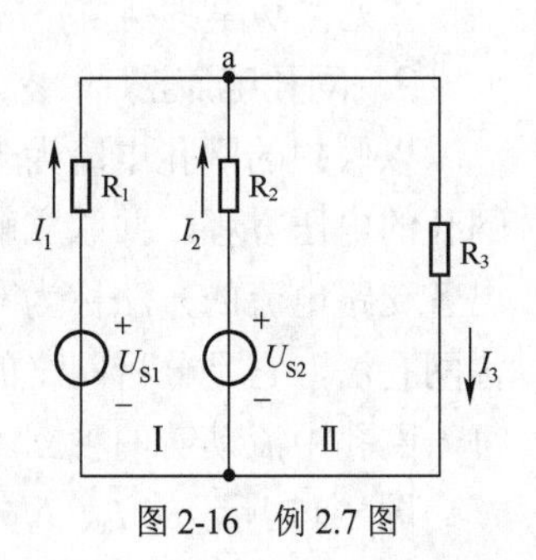

图 2-16 例 2.7 图

例 2.7 在图 2-16 所示的电路中，已知 R_1=10Ω，R_2=5Ω，R_3=5Ω，U_{S1}=13V，U_{S2}=6V，试求各支路电流及各元件上的功率。

解：① 先任意选定各支路电流的参考方向和回路的绕行方向，并标于图上。

② 根据 KCL 列方程

节点 a: $I_1+I_2-I_3=0$

③ 根据 KVL 列方程

回路Ⅰ: $R_1I_1-R_2I_2+U_{S2}-U_{S1}=0$

回路Ⅱ: $R_2I_2+R_3I_3-U_{S2}=0$

④ 将已知数据代入方程，整理得

$$
\begin{aligned}
I_1+I_2-I_3&=0 \\
10I_1-5I_2&=7(\mathrm{V}) \\
5I_2+5I_3&=6(\mathrm{V})
\end{aligned}
$$

⑤ 联立求解得

$$I_1=0.8\mathrm{A}，I_2=0.2\mathrm{A}，I_3=1\mathrm{A}$$

⑥ 各元件上的功率计算

$$P_{S1}=-U_{S1}I_1=-13\times0.8=-10.4(\mathrm{W})$$

即电压源 U_{S1} 发出功率 10.4W；

$$P_{S2}=-U_{S2}I_2=-6\times0.2=-1.2(\mathrm{W})$$

即电压源 U_{S2} 发出功率 1.2W；

$$P_{R_1}=I_1^2R_1=0.8^2\times10=6.4(\text{W})$$

即电阻 R_1 上消耗的功率为 6.4W；

$$P_{R_2}=I_2^2R_2=0.2^2\times5=0.2(\text{W})$$

即电阻 R_2 上消耗的功率为 0.2W；

$$P_{R_3}=I_3^2R_3=1^2\times5=5(\text{W})$$

即电阻 R_3 上消耗的功率为 5W。

⑦ 电路功率平衡验证。

电路中电压源发出的功率为

$$10.4+1.2=11.6(\text{W})$$

电路中电阻消耗的功率为

$$6.4+0.2+5=11.6(\text{W})$$

即
$$\sum P_{\text{out}}=\sum P_{\text{in}} \tag{2-7}$$

可见，功率平衡。

$$P_{S1}+P_{S2}+P_{R_1}+P_{R_2}+P_{R_3}=(-10.4-1.2+6.4+0.2+5)=0$$

即
$$\sum P=0 \tag{2-8}$$

可见，功率平衡。

2. 网孔电流法

以假想的网孔电流为未知数，应用 KVL 列出各网孔的电压方程，并联立解出网孔电流，再进一步求出各支路电流的方法称为网孔电流法。网孔电流法简称网孔法，它是分析网络的基本方法之一。假想的在每一网孔中流动着的独立电流称为网孔电流。

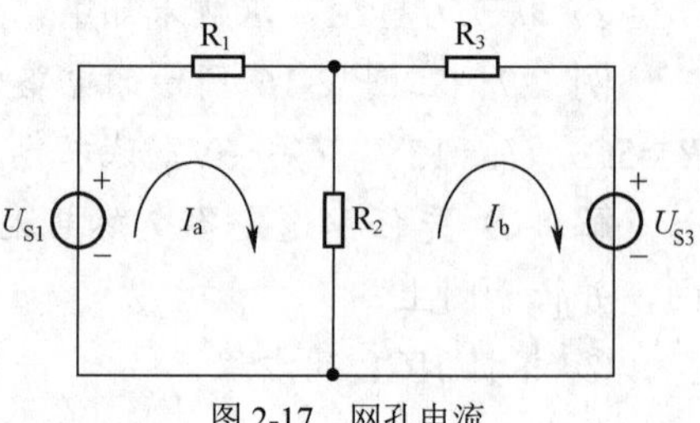

图 2-17　网孔电流

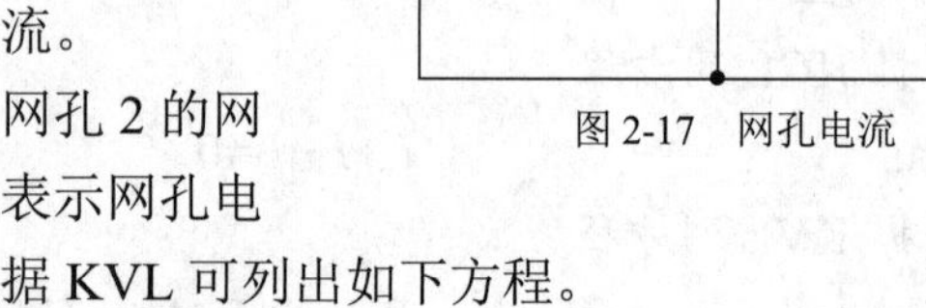

图 2-17 所示的 I_a、I_b 分别为网孔 1 和网孔 2 的网孔电流。图 2-17 所示的顺时针箭头既可以表示网孔电流的参考方向，也可以表示绕行方向。根据 KVL 可列出如下方程。

网孔 1：
$$I_aR_1+(I_a-I_b)R_2-U_{S1}=0$$

网孔 2：
$$I_bR_3+(I_b-I_a)R_2+U_{S3}=0$$

整理得

$$(R_1+R_2)I_a-R_2I_b=U_{S1}$$
$$-R_2I_a+(R_2+R_3)I_b=-U_{S3}$$

写出一般式为

$$\begin{cases}R_{11}I_a+R_{12}I_b=U_{S1}\\R_{21}I_a+R_{22}I_b=U_{S2}\end{cases} \tag{2-9}$$

式中，R_{11}——$R_{11}=R_1+R_2$ 为网孔 1 的所有电阻之和；

R_{22}——$R_{22}=R_2+R_3$ 为网孔 2 的所有电阻之和，R_{11} 和 R_{22} 分别称为网孔 1、2 的自阻，自阻总是正的；

R_{12}、R_{21}——$R_{12}=R_{21}=-R_2$代表相邻两网孔（网孔 1、网孔 2）之间的公共支路的电阻，称为互阻，互阻的正负，取决于流过公共支路的网孔电流的方向，与之相同为正，相反为负；

U_{S1}、U_{S2}——网孔 1、网孔 2 中所有电压源电位升（从负极到正极）的代数和，当电压源沿本网孔电流的参考方向电位上升时，U_S为正，否则为负。

例 2.8 试用网孔法求图 2-18 所示电路中各支路电流。

解：设各支路电流和网孔电流的参考方向如图 2-18 所示。

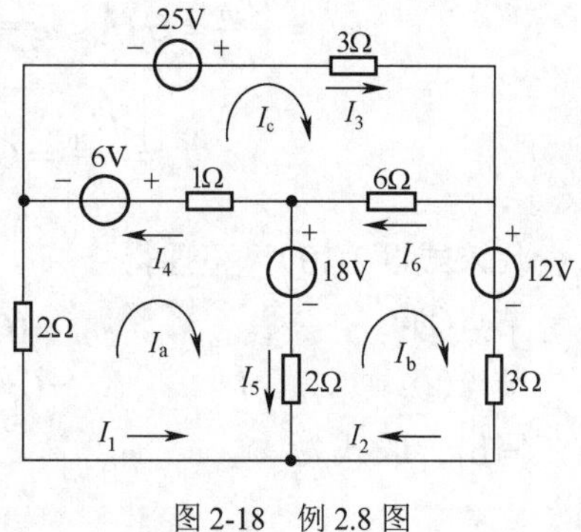

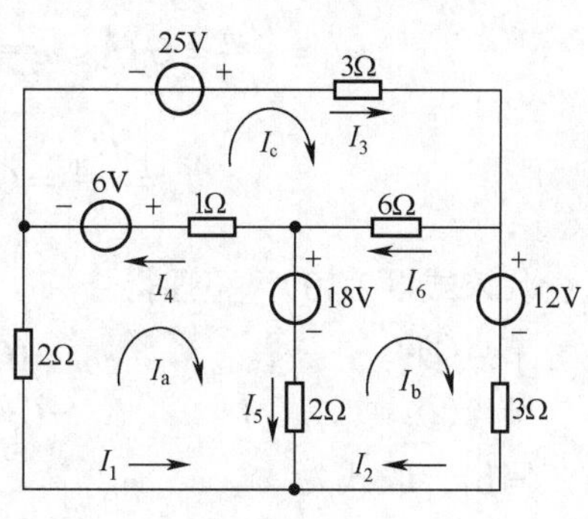

图 2-18 例 2.8 图

根据网孔电流的一般形式，可得

$$(2+1+2)I_a-2I_b-1I_c=6-18=-12(\text{V})$$
$$-2I_a+(2+6+3)I_b-6I_c=18-12=6(\text{V})$$
$$-1I_a-6I_b+(1+3+6)I_c=25-6=19(\text{V})$$

联立求解得

$$I_a=-1\text{A}；\ I_b=2\text{A}；\ I_c=3\text{A}$$

各支路电流分别为

$$I_1=-I_a=1\text{A}；\ I_2=I_b=2\text{A}；\ I_3=I_c=3\text{A}$$
$$I_4=I_c-I_a=4\text{A}；\ I_5=I_a-I_b=-3\text{A}；\ I_6=I_c-I_b=1\text{A}$$

例 2.9 试用网孔法求图 2-19 所示电路中的支路电流 I。

解：设网孔电流的参考方向如图 2-19 所示。观察图 2-19，最右边支路中含有一个电流源，右边网孔的电流为已知，即 $I_b=2\text{A}$，不再根据网孔方程的一般式列方程。

图 2-19 例 2.9 图

网孔方程为

$$(20+30)I_a+30I_b=40(\text{V})$$

因为 $I_b=2\text{A}$

解得 $I_a=-0.4\text{A}$

则支路电流为

$$I=I_a+I_b=-0.4+2=1.6(\text{A})$$

从本例可以看出，当含有电流源的支路不是相邻网孔的公共支路时，本网孔的电流为已知，从而简化了计算。

3. 节点电压法

（1）节点电压法的概念及示例。

以节点电压为未知数，应用 KCL 列出各节点的电流方程，并联立解出节点电压，再进一步求出各支路电流的方法称为节点电压法。节点电压法简称节点法，是电路分析中的一种重要方法。

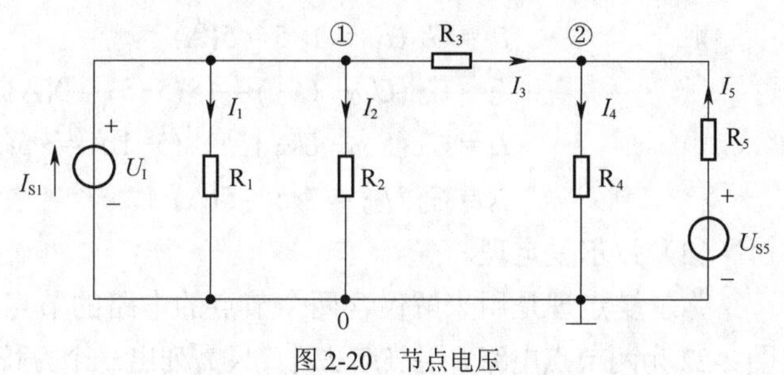

图 2-20 节点电压

电路中，任意选择一节点为参考点，其他节点与参考点之间的电压便是节点电压。图 2-20 所示电路共有 3 个节点，编号分别为 0、①、②。设

节点 0 为参考点，则节点①、②的电压分别为 U_{10}、U_{20}。根据 KCL 列出

节点①：$$I_{S1}-I_1-I_2-I_3=0 \tag{2-10}$$

节点②：$$I_3-I_4+I_5=0$$

将

$$I_1=\frac{U_{10}}{R_1}=G_1U_{10},\ I_2=\frac{U_{10}}{R_2}=G_2U_{10},\ I_3=\frac{U_{10}-U_{20}}{R_3}=G_3(U_{10}-U_{20})$$

$$I_4=\frac{U_{20}}{R_4}=G_4U_{20},\ I_5=\frac{U_{20}-U_{S5}}{R_5}=G_5(U_{20}-U_{S5})$$

代入式（2-10），整理得

节点①：$$(G_1+G_2+G_3)U_{10}-G_3U_{20}=I_{S1}$$

节点②：$$-G_3U_{10}+(G_3+G_4+G_5)U_{20}=G_5U_{S5}$$

写出一般式为

$$\begin{cases}G_{11}U_{10}+G_{12}U_{20}=I_{S1}\\G_{21}U_{10}+G_{22}U_{20}=I_{S2}\end{cases} \tag{2-11}$$

式中，G_1、G_2、G_3、G_4、G_5——电阻 R_1、R_2、R_3、R_4、R_5 的电导，单位为西门子（S）；

G_{11}——$G_{11}=G_1+G_2+G_3$ 为节点①的所有电导之和，也叫节点①的自导；

G_{22}——$G_{22}=G_3+G_4+G_5$ 为节点②的所有电导之和，也叫节点②的自导，自导总是正的；

G_{12}、G_{21}——$G_{12}=G_{21}=-G_3$，G_{12}、G_{21} 代表相邻两节点①、②之间的所有公共支路的电导之和，称为互导，互导总是负的；

I_{S1}、I_{S2}——节点①、②中所有电流源电流的代数和。电流源的电流流入节点时，前面取正号，否则取负号，如果是电压源和电阻串联支路，则变成电流源与电阻并联，再取正、负号。

例 2.10 电路如图 2-21 所示，已知电路中各电导均为 1S，$I_{S2}=5A$，$U_{S4}=10V$，试求 U_{10}、U_{20} 和各支路电流。

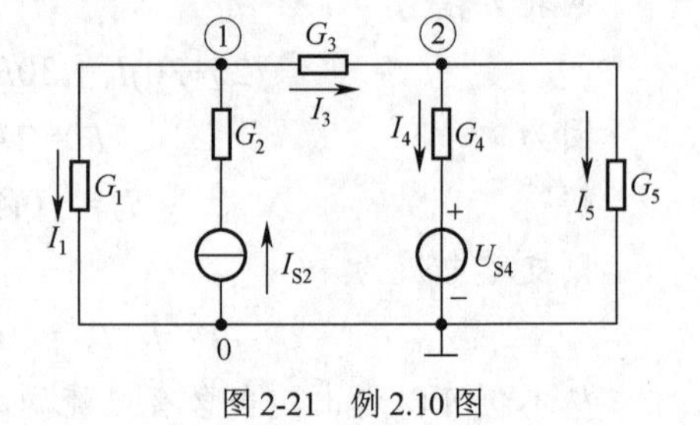

图 2-21　例 2.10 图

解：以节点 0 为参考点，据节点法的一般式，列方程

$$(G_1+G_3)U_{10}-G_3U_{20}=I_{S2}$$
$$-G_3U_{10}+(G_3+G_4+G_5)U_{20}=G_4U_{S4}$$

注意，与电流源串联的电阻不起作用，列方程时不计入。将已知数据代入上式得

$$2U_{10}-1U_{20}=5(\text{A})$$
$$-1U_{10}+3U_{20}=10(\text{A})$$

解得　$U_{10}=5\text{V}$，$U_{20}=5\text{V}$

则　$I_1=G_1U_{10}=1\times5=5(\text{A})$

$I_3=G_3(U_{10}-U_{20})=1\times(5-5)=0(\text{A})$

$I_4=G_4(U_{20}-U_{S4})=1\times(5-10)=-5(\text{A})$

$I_5=G_5U_{20}=1\times5=5(\text{A})$

（2）弥尔曼定理。

弥尔曼定理是用来解仅含两个节点的电路的节点法。图 2-22 为两节点电路。用节点法时，只需列出一个方程，即

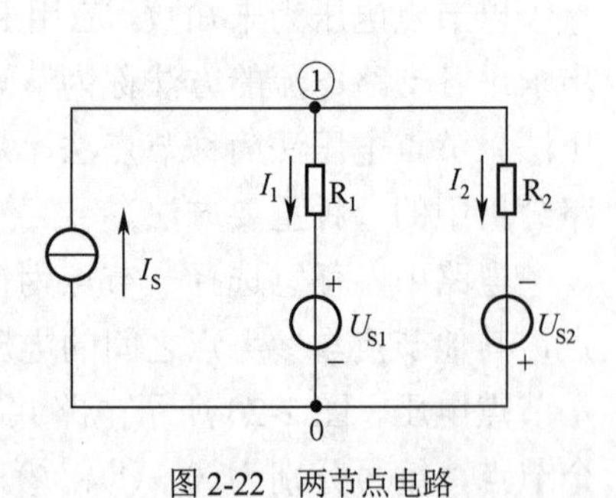

图 2-22　两节点电路

$$\left(\frac{1}{R_1}+\frac{1}{R_2}\right)U_{10}=I_S+\frac{U_{S1}}{R_1}-\frac{U_{S2}}{R_2}$$

$$U_{10}=\frac{I_S+\dfrac{U_{S1}}{R_1}-\dfrac{U_{S2}}{R_2}}{\dfrac{1}{R_1}+\dfrac{1}{R_2}}$$

推广到一般情况，得

$$U_{10}=\frac{\sum G_iU_{Si}}{\sum G_i} \tag{2-12}$$

式（2-12）称为弥尔曼定理。

例 2.11 试求图 2-23 所示电路中的各支路电流。

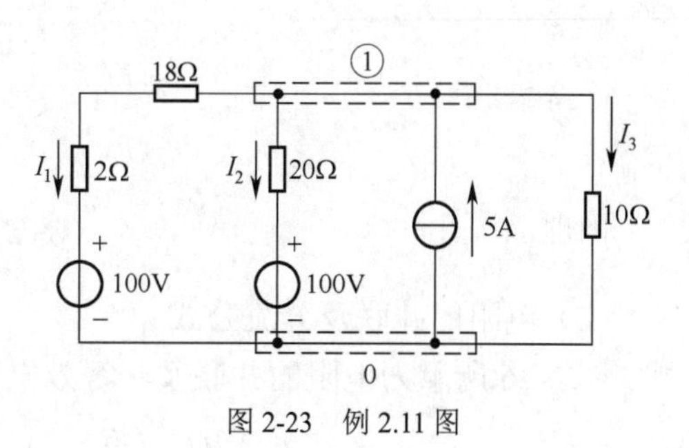

图 2-23 例 2.11 图

解：以 0 节点为参考点，有

$$U_{10}=\frac{\dfrac{100}{18+2}+\dfrac{100}{20}+5}{\dfrac{1}{18+2}+\dfrac{1}{20}+\dfrac{1}{10}}=\frac{15}{0.2}=75(\text{V})$$

选定各支路电流的参考方向如图 2-23 所示，则

$$I_1=\frac{75-100}{2+18}=-1.25(\text{A})$$

$$I_2=\frac{75-100}{20}=-1.25(\text{A})$$

$$I_3=\frac{75}{10}=7.5(\text{A})$$

（五）简单电阻电路的分析方法

1. 二端网络等效的概念

（1）二端网络。

网络是指复杂的电路。网络 A 通过两个端钮与外电路连接，叫二端网络，如图 2-24（a）所示。

（2）等效的概念。

当二端网络 A 与二端网络 A_1 的端钮的伏安特性相同时，即 $I=I_1$，$U=U_1$，则称 A 与 A_1 是两个对外电路等效的网络，如图 2-24（b）所示。

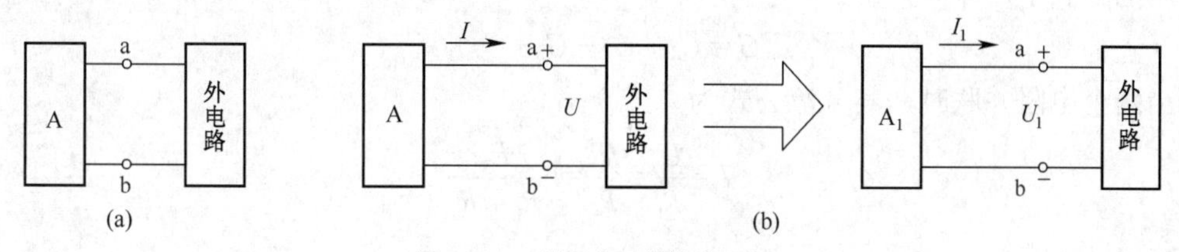

图 2-24 二端网络及其等效网络

2. 电阻的串联和并联及相应的分压、分流公式

（1）电阻的串联及分压公式。

图2-25所示为电路的串联及其等效电路。

根据KVL得 $U = U_1 + U_2 = (R_1 + R_2)I = RI$

式中，$R = R_1 + R_2$ 称为串联电路的等效电阻。

同理，当有 n 个电阻串联时，其等效电阻为

$$R = R_1 + R_2 + \cdots + R_n \tag{2-13}$$

当有两个电阻串联时，其分压公式为

$$U_1 = IR_1 = \frac{U}{R_1 + R_2} R_1$$

所以

$$U_1 = \frac{R_1}{R_1 + R_2} U$$

同理

$$U_2 = \frac{R_2}{R_1 + R_2} U$$

（2）电阻的并联及分流公式。

图2-26所示为电阻的并联及其等效电路。根据KCL得

$$I = I_1 + I_2 = \frac{U}{R_1} + \frac{U}{R_2} = \left(\frac{1}{R_1} + \frac{1}{R_2}\right)U = \frac{1}{R}U$$

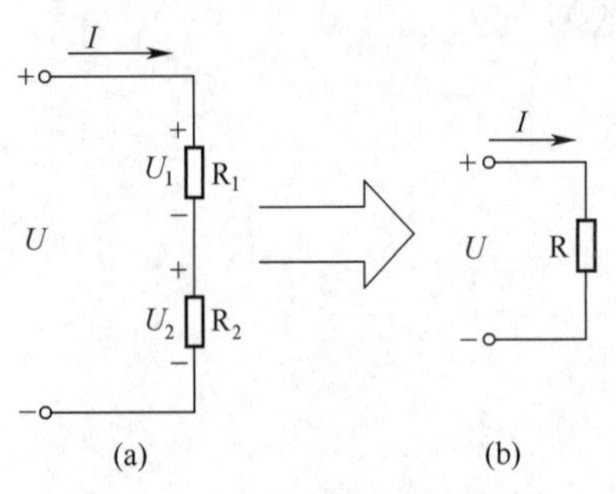

图2-25　电阻的串联及其等效电路

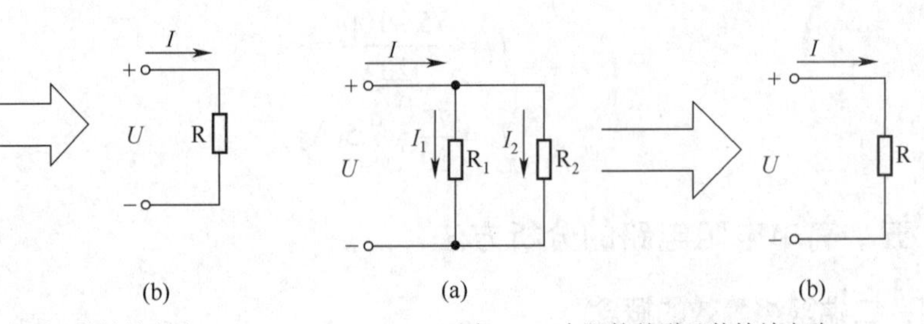

图2-26　电阻的并联及其等效电路

式中，$\frac{1}{R} = \frac{1}{R_1} + \frac{1}{R_2}$（或 $R = \frac{R_1 R_2}{R_1 + R_2}$）中的 R 称为并联电路的等效电阻。

同理，当有 n 个电阻并联时，其等效电阻的计算公式为

$$\frac{1}{R} = \frac{1}{R_1} + \frac{1}{R_2} + \cdots + \frac{1}{R_n} \tag{2-14}$$

用电导表示，即

$$G = G_1 + G_2 + G_3 + \cdots + G_n$$

当两个电阻并联时，其分流公式为

$$I_1 = \frac{U}{R_1} = \frac{IR}{R_1} = I\frac{R_2}{R_1 + R_2}$$

所以

$$I_1=\frac{R_2}{R_1+R_2}I \qquad (2\text{-}15)$$

同理
$$I_2=\frac{R_1}{R_1+R_2}I$$

例 2.12 如图 2-27 所示，有一满偏电流 $I_g=100\mu A$，内阻 $R_g=1\,600\Omega$ 的表头，若要将其改成能测量 1mA 的电流表，问需并联的分流电阻为多大？

解： 要改装成 1mA 的电流表，应使 1mA 的电流通过电流表时，表头指针刚好指向满偏值。

根据 KCL

$$I_R=I-I_g=1\times10^{-3}-100\times10^{-6}=900(\mu A)$$

根据并联电路的特点，有

$$I_R R=I_g R_g$$

则

$$R=\frac{I_g}{I_R}R_g=\frac{100}{900}\times1\,600\approx177.8(\Omega)$$

即在表头两端并联一个 177.8Ω 的分流电阻，可将电流表的量程扩大为 1mA。

例 2.13 电路如图 2-28 所示，试求开关 S 断开和闭合两种情况下点 b 的电位。

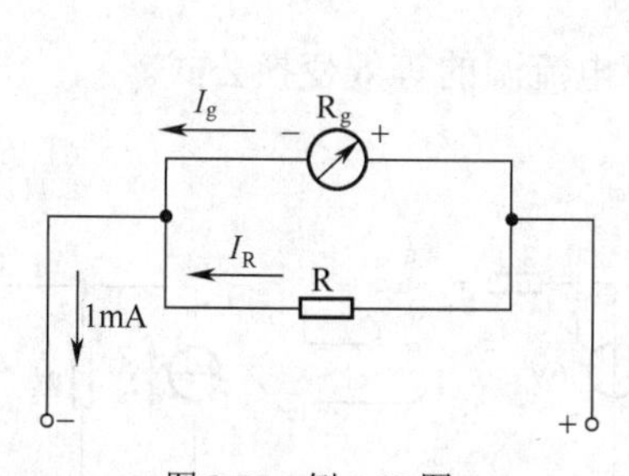

图 2-27 例 2.12 图

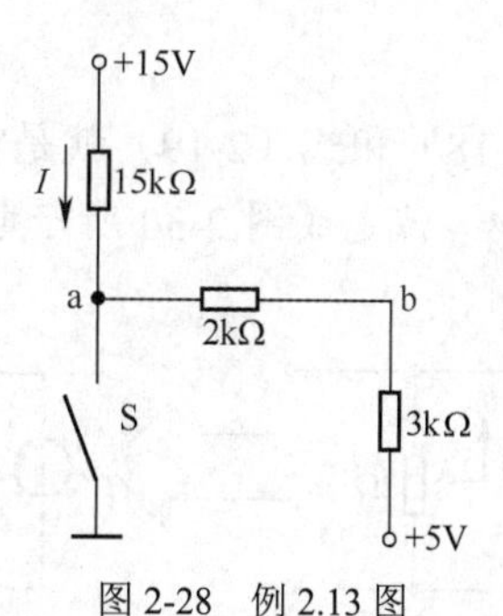

图 2-28 例 2.13 图

解： ① 开关 S 闭合前

$$I=(15-5)/(15+2+3)=0.5(\text{mA})$$
$$V_b-5=3\cdot I$$
$$V_b=3\times0.5+5=6.5(\text{V})$$

② 开关 S 闭合后

$$V_b-V_a=2\times5/(2+3)=2(\text{V})$$

由于
$$V_a=0$$
所以
$$V_b=2\text{V}$$

3. 实际电压源与实际电流源的等效变换

图 2-29（a）所示的实际电压源是由理想电压源 U_S 和内阻 R_S 串联组成的；图 2-29（b）所示的实际电流源是由理想电流源 I_S 和内阻 R_S' 并联组成的。两者等效变换的条件如下。

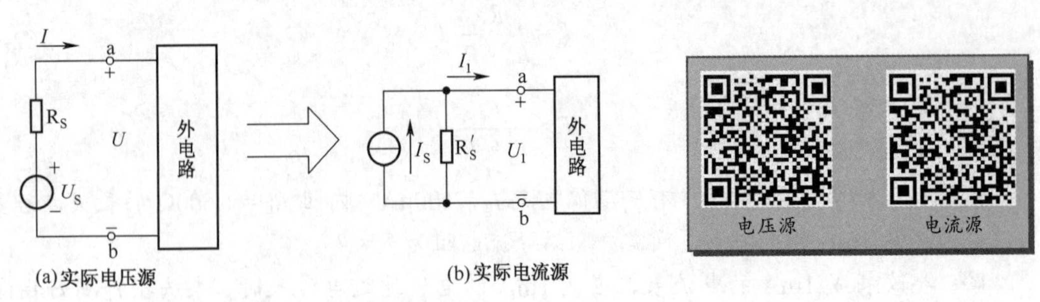

(a)实际电压源　　(b)实际电流源

图 2-29　实际电压源与实际电流源

由图 2-29（a）得

$$U = U_S - IR_S \tag{2-16}$$

由图 2-29（b）得

$$I_1 = I_S - U_1 / R'_S$$

所以

$$U_1 = I_S R'_S - I_1 R'_S \tag{2-17}$$

根据等效的概念，当这两个二端网络相互等效时，有 $I = I_1$，$U = U_1$，比较式（2-16）和式（2-17）得出

$$U_S = I_1 R'_S \tag{2-18}$$

$$R_S = R'_S \tag{2-19}$$

式（2-18）和式（2-19）就是实际电压源与实际电流源的等效变换公式。

例 2.14　试完成图 2-30 所示电路的等效变换。

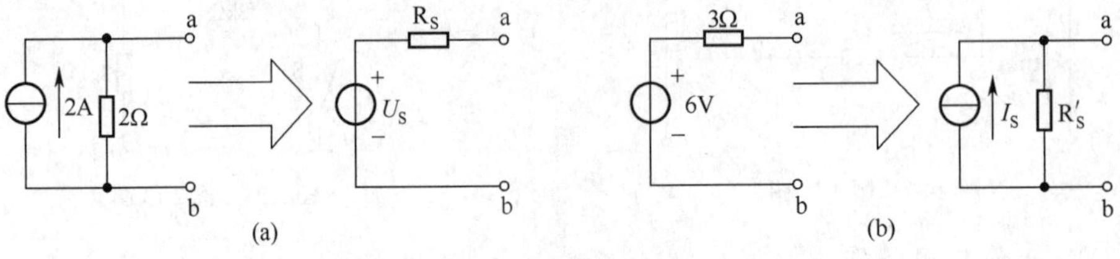

(a)　　(b)

图 2-30　例 2.14 图

解：如图 2-30（a）所示，已知 I_S=2A，R'_S=2Ω，则

$$U_S = I_S R'_S = 2 \times 2 = 4(\text{V})$$

$$R_S = R'_S = 2\Omega$$

如图 2-30（b）所示，已知 U_S=6V，R_S=3Ω，则

$$I_S = \frac{U_S}{R_S} = \frac{6}{3} = 2(\text{A})$$

$$R'_S = R_S = 3\Omega$$

例 2.15　试用电源变换的方法求图 2-31 所示的电路中电阻 R_3 上的电流 I_3。

解：将 R_3 看成外电路，对 a、b 端钮左边的二端网络进行等效变换。

将实际电压源等效为实际电流源，如图 2-31（b）所示。

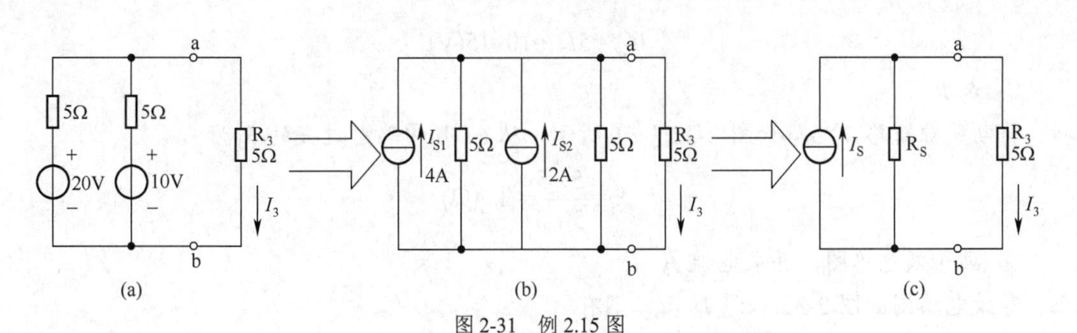

图 2-31　例 2.15 图

$$I_{S1}=20/5=4(A)，\ I_{S2}=10/5=2(A)$$

合并等效，如图 2-31（c）所示。

设合并后的电流源为 I_S，则有

$$I_S=I_{S1}+I_{S2}=4+2=6(A)$$

设合并后的电阻为 R_S，则有

$$R_S=\frac{5\times5}{5+5}=2.5(\Omega)$$

对上一步，用分流公式计算 I_3，得

$$I_3=\frac{R_S I_S}{R_S+R_3}=\frac{2.5\times6}{2.5+5}=2(A)$$

4. 戴维南定理

戴维南定理的内容是：一个由电压源、电流源及电阻构成的二端网络，可以用一个电压源 U_{oc} 和一个电阻 R_i 的串联电路来等效（见图 2-32）。U_{oc} 等于该二端网络的开路电压，R_i 等于该二端网络中所有电压源短路、所有电流源开路时的等效电阻。R_i 称为戴维南等效电阻。

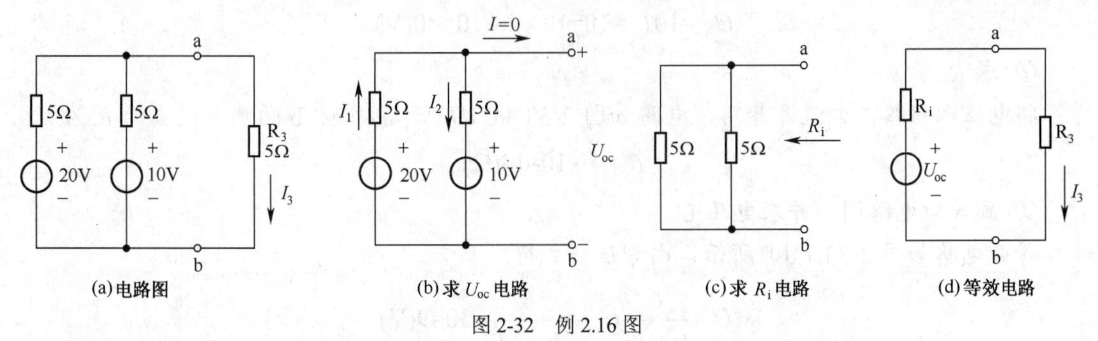

(a)电路图　(b)求 U_{oc} 电路　(c)求 R_i 电路　(d)等效电路

图 2-32　例 2.16 图

例 2.16　用戴维南定理计算例 2.15 电路中的电流 I_3。

解：① 求开路电压 U_{oc}。

将图 2-32（a）所示电路中的 a、b 两端开路，得电路如图 2-32（b）所示。

由于 a、b 断开，$I=0$，则 $I_1=I_2$，根据 KVL 有

$$5I_1+5I_2+10-20=0$$

$$I_2=1A$$

$$U_{oc}=5I_2+10=15(\text{V})$$

② 求 R_i。

将电压源短路，电路如图 2-32（c）所示，从 a、b 两端看过去的 R_i 为

$$R_i=\frac{5\times5}{5+5}=2.5(\Omega)$$

③ 画等效电路图，并求电流 I_3。

等效电路图如图 2-32（d）所示，则有

$$I_3=\frac{U_{oc}}{R_i+R_3}=\frac{15}{2.5+5}=2\,(\text{A})$$

提示：请与例 2.15 比较，从中体会两种方法的特点。

例 2.17 用戴维南定理计算图 2-33（a）所示电路中的电压 U。

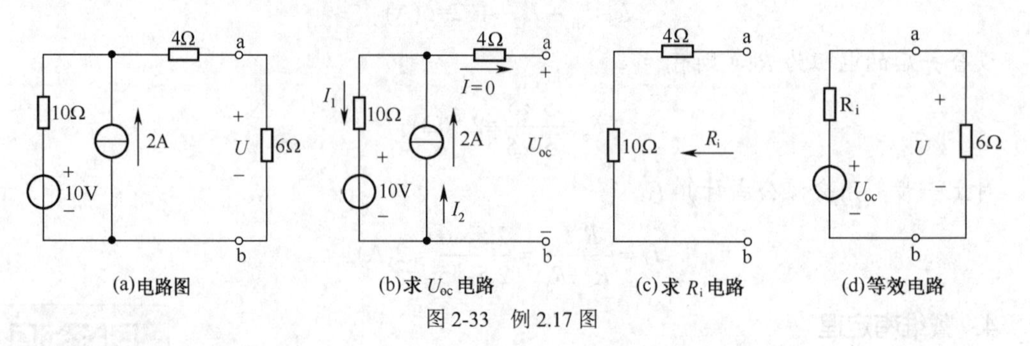

图 2-33 例 2.17 图

解： ① 求开路电压 U_{oc}。

将图 2-33（a）所示电路中 a、b 两端开路，电路如图 2-33（b）所示。

由于 a、b 断开，$I=0$，$I_1=I_2=2\text{A}$，即流过 10Ω 电阻的电流为 2A，方向自上而下。根据 KVL 有

$$U_{oc}=10I_1+10=10\times2+10=30(\text{V})$$

② 求 R_i。

将电压源短路，电流源开路，电路如图 2-33（c）所示，从 a、b 两端看过去的 R_i 为

$$R_i=4+10=14(\Omega)$$

③ 画等效电路图，并求电压 U。

等效电路如图 2-33（d）所示，由分压公式得

$$U=\frac{6}{6+R_i}U_{oc}=\frac{6}{6+14}\times30=9(\text{V})$$

5. 叠加定理

叠加定理的内容是：当线性电路中有几个电源共同作用时，各支路的电流（或电压）等于各个电源单独作用在该支路产生的电流（或电压）的代数和。

例 2.18 用叠加定理求例 2.17 中的电压 U。

解： ① 设电压源单独作用。

令 2A 电流源不作用，即等效为开路，电路如图 2-34（b）所示。根据分压公式得

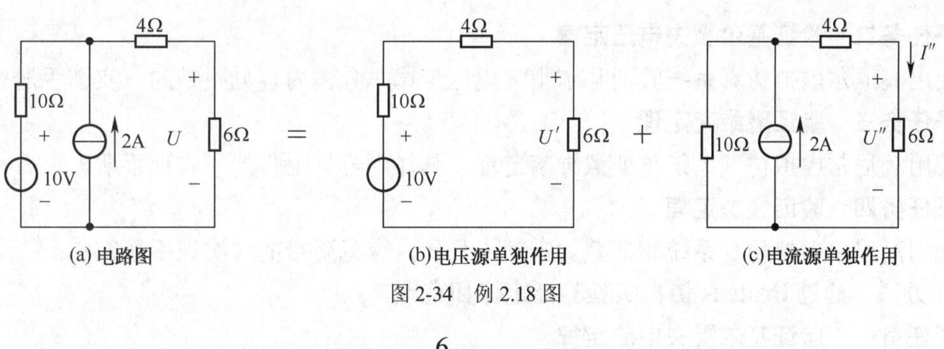

图 2-34 例 2.18 图

$$U'=\frac{6}{10+4+6}\times 10=3(\text{V})$$

② 设电流源单独作用。

令 10V 电压源不作用，即等效为短路，电路图如图 2-34（c）所示。根据分流公式得

$$I''=\frac{10}{4+6+10}\times 2=1(\text{A})$$

所以 $$U''=6I''=6\times 1=6(\text{V})$$

③ 叠加。

$$U=U'+U''=3+6=9(\text{V})$$

注 意

① 应用叠加定理对电路进行分析，可以分别看出各个电源对电路的影响，尤其是交、直流共同存在的电路。

② 戴维南定理和叠加定理的应用条件：只适用于线性电路（线性电路是指只含有线性电路元件的电路）。

③ 由于功率不是电压或电流的一次函数，所以不能用叠加定理来计算功率。

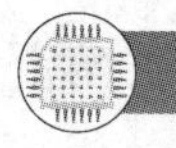

三、任务实施

任务一 通过 Multisim 仿真实验验证定律和定理

子任务一 验证基尔霍夫电流定律

使用 Multisim 软件验证基尔霍夫电流定律。具体内容见附带的《实训手册》。

子任务二 验证基尔霍夫电压定律

使用 Multisim 软件验证基尔霍夫电压定律。具体内容见附带的《实训手册》。

子任务三 验证戴维南定理

使用 Multisim 软件验证戴维南定理。具体内容见附带的《实训手册》。

子任务四 验证叠加定理

使用 Multisim 软件验证叠加定理。具体内容见附带的《实训手册》。

任务二 通过润尼尔虚拟仿真系统验证定律和定理

子任务一 验证基尔霍夫电流定律

使用润尼尔虚拟仿真系统验证基尔霍夫电流定律。具体内容见附带的《实训手册》。

子任务二　验证基尔霍夫电压定律

使用润尼尔虚拟仿真系统验证基尔霍夫电压定律。具体内容见附带的《实训手册》。

子任务三　验证戴维南定理

使用润尼尔虚拟仿真系统验证戴维南定理。具体内容见附带的《实训手册》。

子任务四　验证叠加定理

使用润尼尔虚拟仿真系统验证叠加定理。具体内容见附带的《实训手册》。

任务三　通过 Proteus 仿真实验验证定律和定理

子任务一　验证基尔霍夫电流定律

使用 Proteus 软件验证基尔霍夫电流定律。具体内容见附带的《实训手册》。

子任务二　验证基尔霍夫电压定律

使用 Proteus 软件验证基尔霍夫电压定律。具体内容见附带的《实训手册》。

子任务三　验证戴维南定理

使用 Proteus 软件验证戴维南定理。具体内容见附带的《实训手册》。

子任务四　验证叠加定理

使用 Proteus 软件验证叠加定理。具体内容见附带的《实训手册》。

任务四　实际使用设备验证戴维南定理

使用实训设备验证戴维南定理。具体内容见附带的《实训手册》。

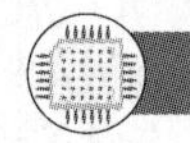

四、拓展知识

（一）戴维南定理的应用

戴维南定理又叫等效电压源定理，内容是两端有源网络可等效为一个电压源，其电动势等于网络的开路电压，内阻等于从网络两端看，除电源以外网络的电阻。

在电路分析中，有些问题如果直接用电路中的电源去求解很烦琐，但如果运用戴维南定理，就可以简化某些电路的计算。例如，可运用戴维南定理得到功率的极值。

例 2.19　在图 2-35 所示的电路图中，当电阻值 R_2 取多少时，R_2 消耗的功率最大？最大值为多少？

解： 当 R_2 变化时，很难判断 R_2 上消耗的功率怎样变化。但是，如果把 R_1 和电源合在一起作为并联等效电源，如图 2-35（b）所示，则 R_2 就是等效电源的外电阻。由于等效电源的内电阻 $r'=\dfrac{R_1 r}{R_1+r}$，电动势 $E'=\dfrac{R_1}{R_1+r}E$，所以当 $R_2=r'=\dfrac{R_1 r}{R_1+r}$ 时，等效电源的输出功率最大，即 R_2 上消耗的功率最大，最大值为

$$P_{2\max}=\frac{E'^2}{r'}=\frac{\left(\dfrac{R_1}{R_1+r}E\right)^2}{\left(\dfrac{R_1 r}{R_1+r}\right)}=\frac{R_1E^2}{(R_1+r)r}$$

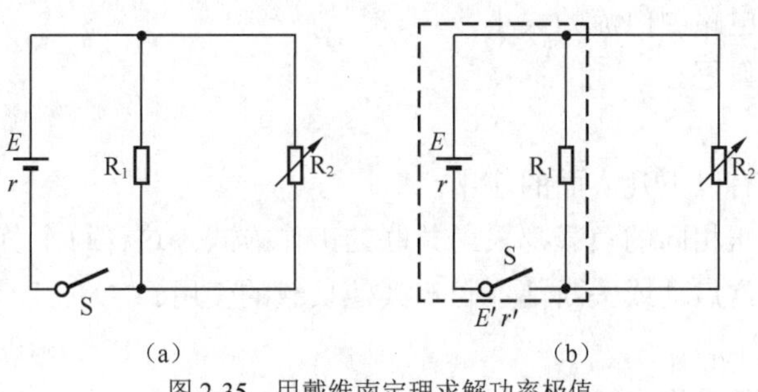

图 2-35　用戴维南定理求解功率极值

(二)叠加定理的妙用

叠加定理作为电路分析的一种非常重要的解题方法，是每个学习电气专业的人必须掌握的基本知识。该定理的内容较为简单，其一般的应用方法也不难掌握。只要在运用时注意“其适用的条件，不起作用电源的处理及求代数和时正负的确定”等几个问题就可以。它对电路中一些特殊问题的求解往往具有独特的妙用。

例 2.20　在图 2-36 所示的电路中，电流 $I_4=4\text{A}$。当将恒压源 U_S 的极性对调，而恒流源 I_S 保持不变时，电流 $I_4=8\text{A}$，求当两个电源 U_S 和 I_S 单独作用时的 I_4' 和 I_4''。

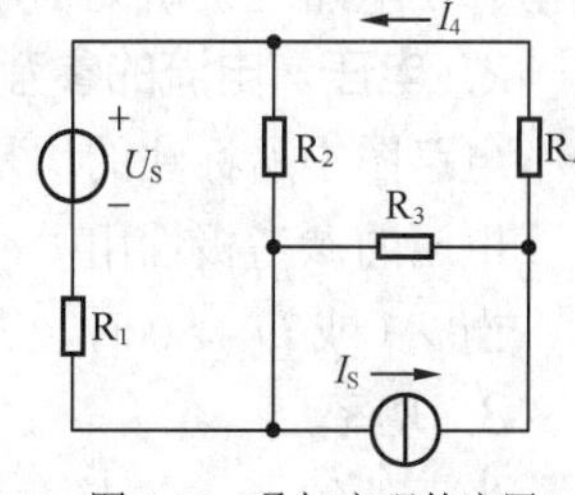

图 2-36　叠加定理的应用

分析：由于电路中的所有参数均未知，因此无法由电路直接列式求解。又因为所求问题涉及电源的单独作用，所以一般想到是否可以用叠加定理。

解：设电流 I_4' 和 I_4'' 的方向与电流 I_4 相同，据原电路用叠加定理得

$$I_4'+I_4''=4\text{A} \tag{2-20}$$

又因为当恒压源 U_S 极性对调，单独作用时，电流将由 I_4' 变为 $-I_4'$，而 I_4'' 保持不变(因恒流源 I_S 未变)。因此，同理，由叠加定理得

$$-I_4'+I_4''=8\text{A} \tag{2-21}$$

将式(2-20)、式(2-21)二式联立方程组，解得 $I_4'=-2\text{A}$，$I_4''=6\text{A}$。

思路：当电路中的参数未知时，一般可根据题目中的已知关系，利用叠加定理求解。另外，若题目已涉及电源的单独作用，则应想到使用叠加定理。

(三)电阻串联、并联的实际应用

1. 电阻的串联

电阻的串联主要有以下几方面的应用。

(1)用几个电阻串联以获得较大的电阻。

(2)采用几个电阻串联可以构成分压器，使同一电源能提供几种不同数值的电压，如图 2-37 所示。

(3)当负载的额定电压低于电源电压时，可用串联电阻的方法将负载接入电源。

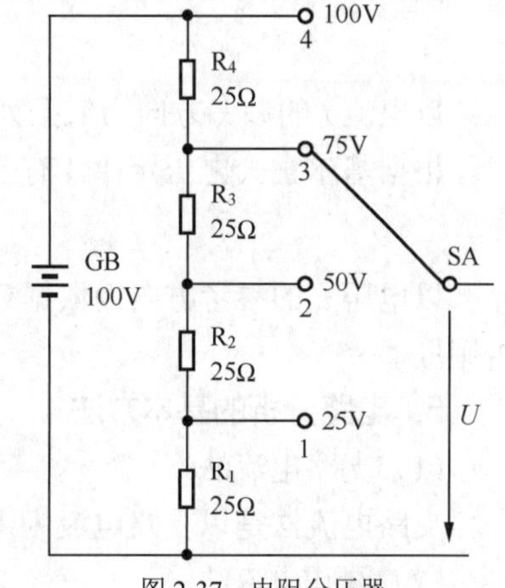

图 2-37　电阻分压器

（4）限制和调节电路中电流的大小。

（5）扩大电压表量程。

2. 电阻的并联

电阻的并联主要有以下几方面的应用。

（1）凡是额定电压相同的负载都采用并联的工作方式。这样每个负载都是可独立控制的回路，任一负载的正常启动或关断都不影响其他负载的使用。

（2）获得较小电阻。

（3）扩大电流表的量程。

小　结

1. 研究电路的一般方法

理想电路元件是指实际电路元件的理想化模型，由理想电路元件构成的电路，称为电路模型。在电路理论研究中，都用电路模型来代替实际电路加以研究。

2. 电压、电流的参考方向

电路图中所标注的均是参考方向，以参考方向为依据列方程。

电压的参考极性用“+”“−”标注，电流的参考方向用“→”标注。

当 u（或 i）>0 时，表明实际方向与参考方向一致，u（或 i）<0 时则相反。

3. 功率

当元件的 u、i 选择关联参考方向时，有

$$p=ui$$

当元件的 u、i 选择非关联参考方向时，有

$$p=-ui$$

若 $p>0$，则该元件吸收功率，为耗能元件；若 $p<0$，则该元件输出功率，为储能元件。

电路中功率是平衡的，即

$$\sum p=0$$

4. 基尔霍夫定律

根据基尔霍夫电流定律，有

$$\sum i=0$$

以电流 i 的参考方向为依据列方程，流入节点的电流前取“+”，否则取“−”。

根据基尔霍夫电压定律，有

$$\sum u=0$$

以电压 u 的参考方向为依据列方程，当 u 的参考方向与绕行方向一致时，该电压前取“+”，否则取“−”。

5. 电路分析的基本方法

（1）支路电流法。

支路电流法是以支路电流为未知数，根据 KCL 和 KVL 列方程求解的一种方法。

（2）网孔电流法。

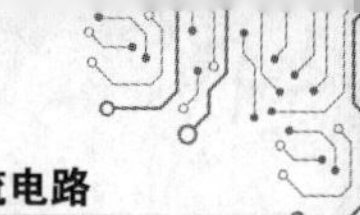

以假想的网孔电流为未知数，应用 KVL 列出各网孔的电压方程，并联立解出网孔电流，再进一步求出各支路电流的方法称为网孔电流法。一般式为

$$R_{11}I_{a}+R_{12}I_{b}=U_{S11}$$

$$R_{21}I_{a}+R_{22}I_{b}=U_{S22}$$

（3）节点电压法。

以节点电压为未知数，应用 KCL 列出各节点的电流方程，并联立解出节点电压，再进一步求出各支路电流的方法称为节点电压法。一般式为

$$G_{11}U_{10}+G_{12}U_{20}=I_{S1}$$

$$G_{21}U_{10}+G_{22}U_{20}=I_{S2}$$

6. 等效变换

（1）等效是对外电路等效。

（2）无源二端网络的等效。

电阻的串联

$$R=R_{1}+R_{2}+\cdots+R_{n}$$

电阻的并联

$$\frac{1}{R}=\frac{1}{R_{1}}+\frac{1}{R_{2}}+\cdots+\frac{1}{R_{n}}$$

（3）有源二端网络的等效。

① 实际电压源与实际电流源的等效。

$$U_{S}=I_{S}R'_{S}，\ R_{S}=R'_{S}$$

② 等效电压源定理（戴维南定理）。

任何一个线性有源二端网络，都可以用一个电压源 U_{oc} 和一个电阻 R_{i} 的串联电路等效，U_{oc} 等于该二端网络的开路电压，R_{i} 等于该二端网络去掉独立电源后的等效电阻。

习题与思考题

1. 填空题

（1）电路的组成部分有________、________和________。

（2）电流的实际方向规定为________________________。

（3）电路中的电压和电位，其中____________是一个相对量，与参考点的选取有关；而________是一个绝对量，与参考点的选取无关。

（4）电路如图 2-38 所示，U_{ac}=____V。若选 b 点为参考点，则 a 点的电位 V_{a}=____V。

（5）各支路电流如图 2-39 所示，则 I=____A。

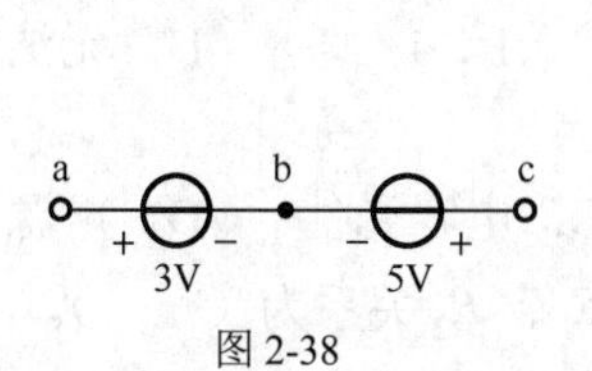

图 2-38

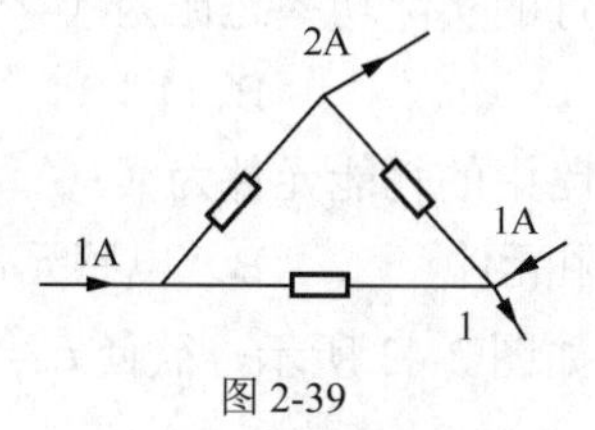

图 2-39

（6）如图2-40所示，已知电路中元件，________（吸收/放出）功率，该元件为________（耗能/储能）元件。

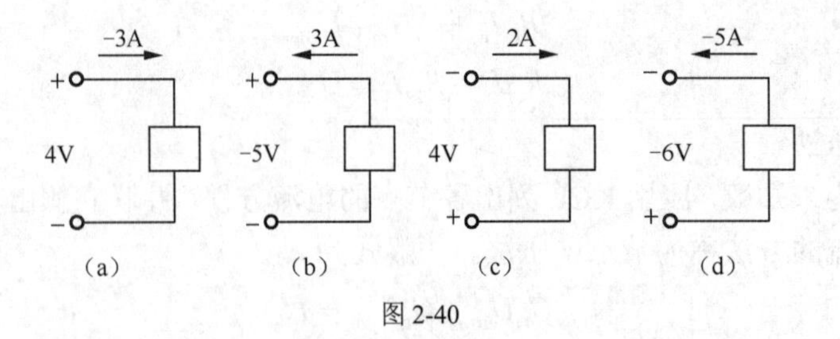

图2-40

（7）各支路电流如图2-41（a）、图2-41（b）所示，则I=____A。

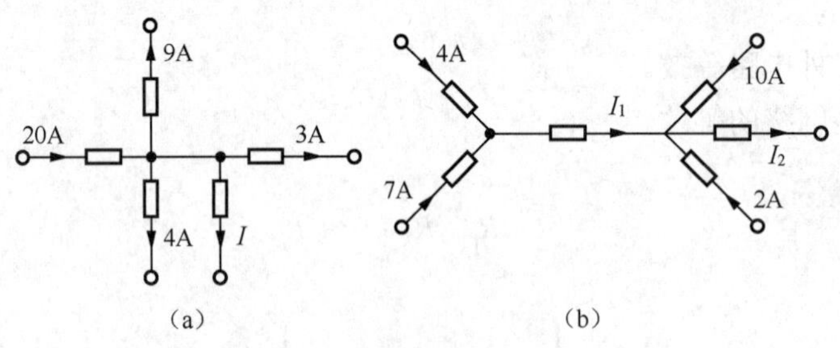

图2-41

2. 判断题

（1）串联电路中，阻值越大的电阻，分得的电压也越大。（　）

（2）并联电路中，阻值越大的电阻，分得的电流越小。（　）

（3）测电流、电压时，不能带电换量程。（　）

（4）交流电流表和电压表所指示的都是有效值。（　）

（5）叠加定理同样适用于线性电路的功率叠加。（　）

（6）叠加定理适用于线性电路的叠加，也同样适用于非线性电路的叠加。（　）

3. 选择题

（1）在图2-42所示的电路中，当电阻R_2增加时，电流I将（　）。

A．增加　　B．减小　　C．不变　　D．无法判断

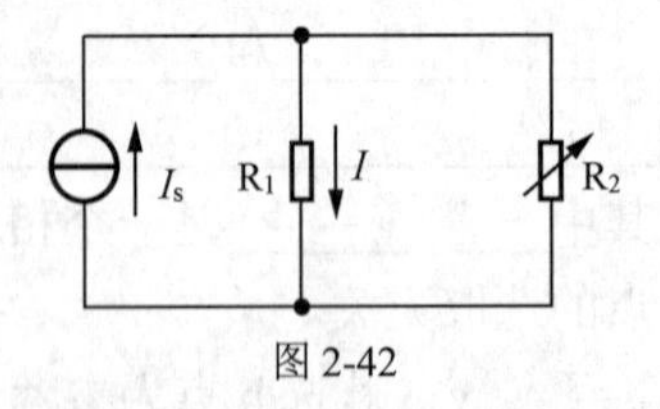

图2-42

（2）两只白炽灯的额定电压均为220V，额定功率分别为100W、25W，串联在220V电路中，两只白炽灯的实际功率之比为（　）。

A．4∶1　　B．1∶1　　C．1∶4　　D．无法判断

（3）通常电路中的耗能元件为（　）。

A．电阻元件　　B．电感元件　　C．电容元件　　D．电源元件

（4）电路图如图2-43所示，欲使$I_1 = I/4$，则R_1、R_2关系为（　）。

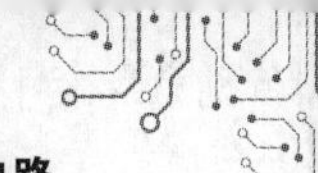

A．$R_1 = 4R_2$　　B．$R_1 = R_2/4$　　C．$R_1 = 3R_2$　　D．$R_1 = R_2/3$

（5）在图 2-44 所示的电路中，下列关系式中，正确的是（　　）。

A．$I_1 - I_2 + I_3 = 0$　　B．$I_1 - I_2 - I_3 = 0$

C．$I_1 + I_2 + I_3 = 0$　　D．$I_1 + I_2 - I_3 = 0$

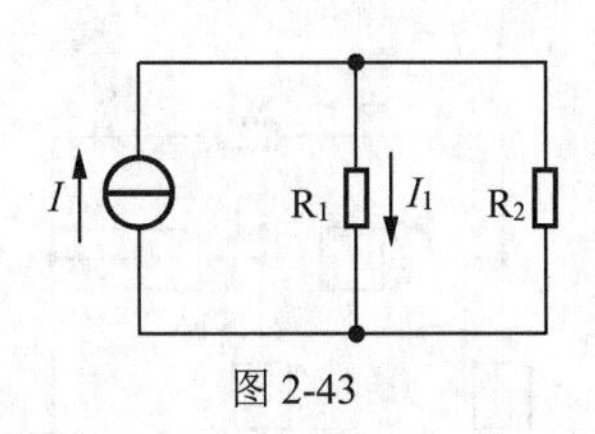

图 2-43

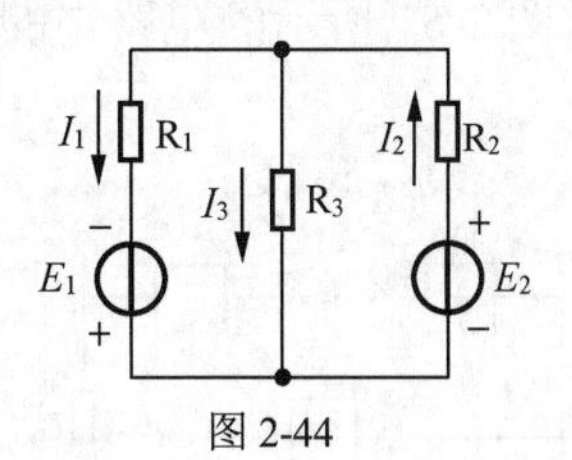

图 2-44

（6）在图 2-45 所示的电路中，下列关系中正确的是（　　）。

A．$I_1R_1 - E_1 - I_3R_3 = 0$

B．$I_2R_2 + E_2 + I_3R_3 = 0$

C．$I_1R_1 + E_1 + I_3R_3 + E_2 = 0$

（7）在如图 2-46 所示的电路中，A、B 两端的电压 U 为（　　）V。

A．−18　　B．2　　C．18　　D．−2

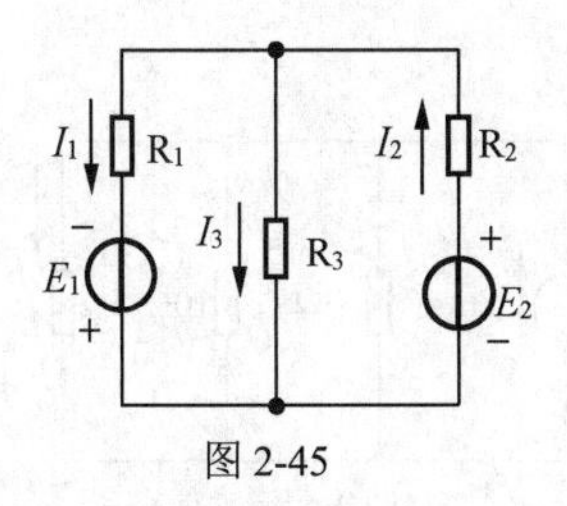

图 2-45

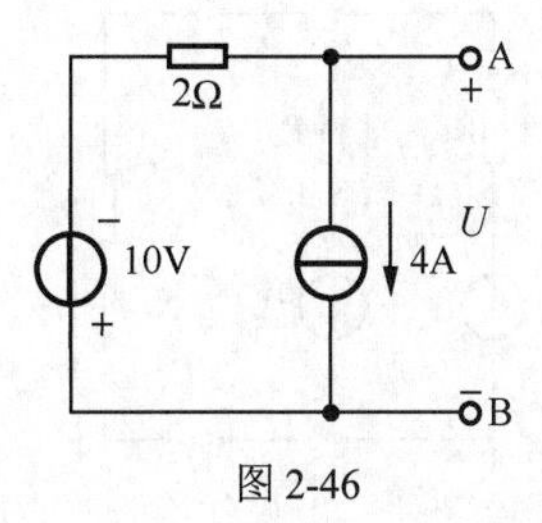

图 2-46

（8）设电路的电压与电流参考方向如图 2-47 所示，已知 $U<0$，$I>0$，则电压与电流的实际方向为（　　）。

A．a 点为高电位，电流由 a 至 b　　B．a 点为高电位，电流由 b 至 a

C．b 点为高电位，电流由 a 至 b　　D．b 点为高电位，电流由 b 至 a

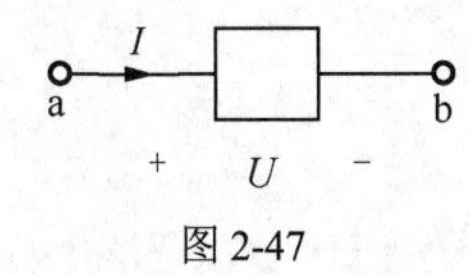

图 2-47

4．计算题

（1）试求图 2-48 所示的电路吸收的功率，并说明该元件是储能元件还是耗能元件。

（a）$U = 20\text{V}$，$I = 2\text{A}$。

（b）$U = 36\text{V}$，$I = -2\text{A}$。

（2）试求图 2-49 所示的电路吸收的功率，并说明该元件是储能元件还是耗能元件。

（a）$U = -24\text{V}$，$I = 1\text{A}$。

（b）$U = 18\text{V}$，$I = 2\text{A}$。

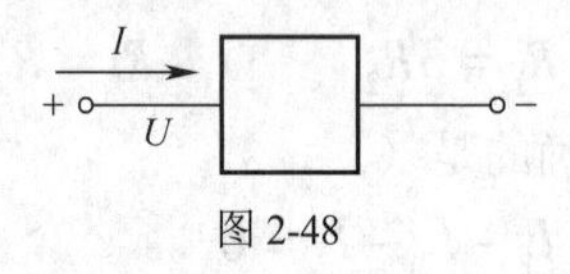

图 2-48

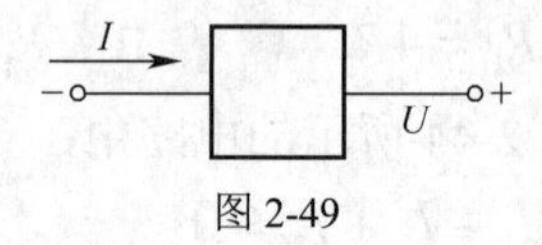

图 2-49

（3）如图 2-50 所示，求 U_1、U_2 及 6Ω 电阻上吸收的功率。

（4）试求图 2-51 所示的电路中的 i_1、i_2、i_3 及 5Ω 电阻上吸收的功率。

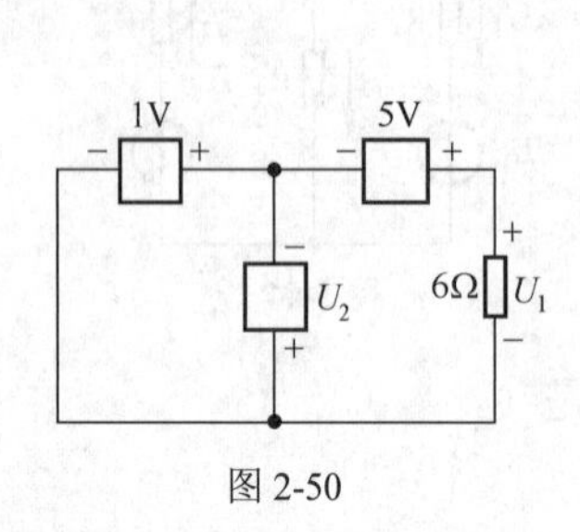

图 2-50

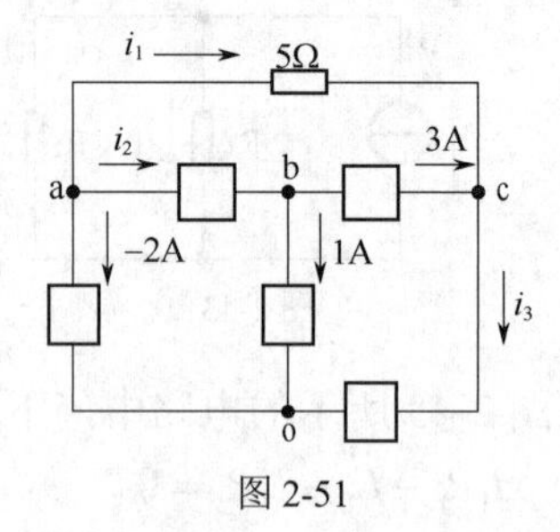

图 2-51

（5）如图 2-52 所示，已知 $U_{S1}=26\text{V}$，$U_{S2}=10\text{V}$，$R_1=2\Omega$，$R_2=2\Omega$，$I_1=5\text{A}$，试求 U_{ab}、I_2、I_3、R_3。

（6）试求图 2-53 所示的电路中的 U、I。

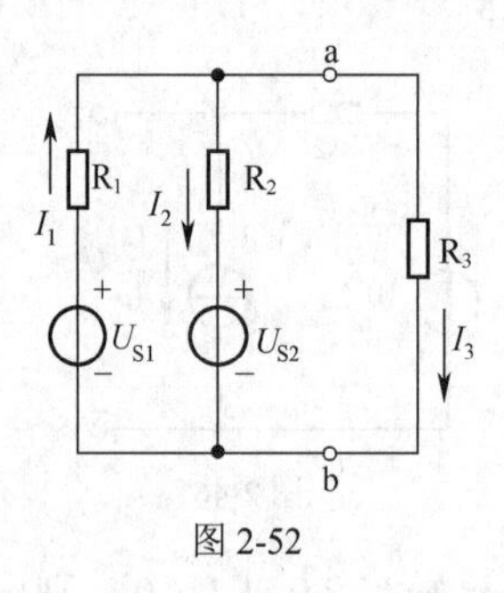

图 2-52

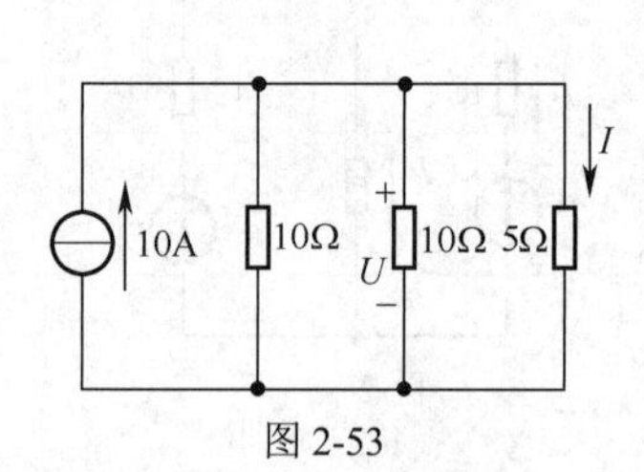

图 2-53

（7）如图 2-54 所示，已选定点 o 为电位参考点，已知 $V_a=30\text{V}$。

（a）求点 b 电位 V_b。

（b）求电阻 R_{ab} 和 R_{ao}。

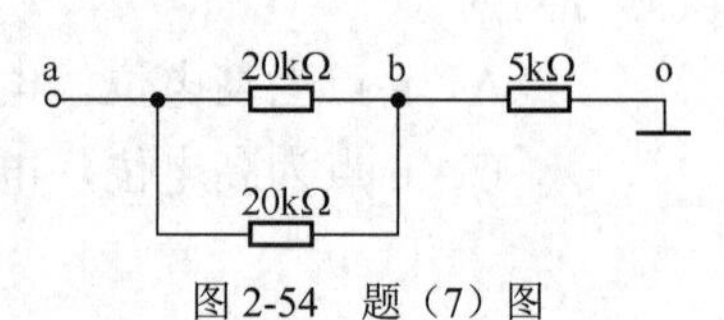

图 2-54 题（7）图

（8）如图 2-55 所示，已知 $R_1=3\Omega$，$R_2=2\Omega$，$U_{S1}=6\text{V}$，$U_{S2}=14\text{V}$，$I=3\text{A}$，求点 a 的电位。

（9）试用网孔电流法重做第（5）题。

（10）试用网孔电流法重做第（6）题。

（11）用节点法求图 2-56 所示的电路中各支路电流，已知 $I_{S1}=10\text{A}$，$I_{S2}=5\text{A}$，$R_1=2\Omega$，$R_2=3\Omega$，$R_3=6\Omega$，$R_4=2\Omega$。

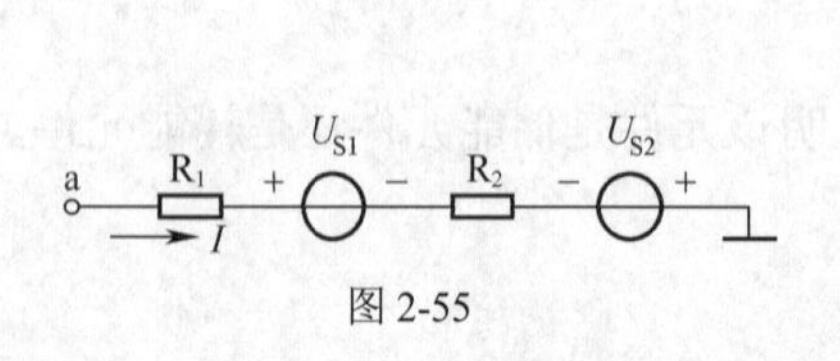

图 2-55

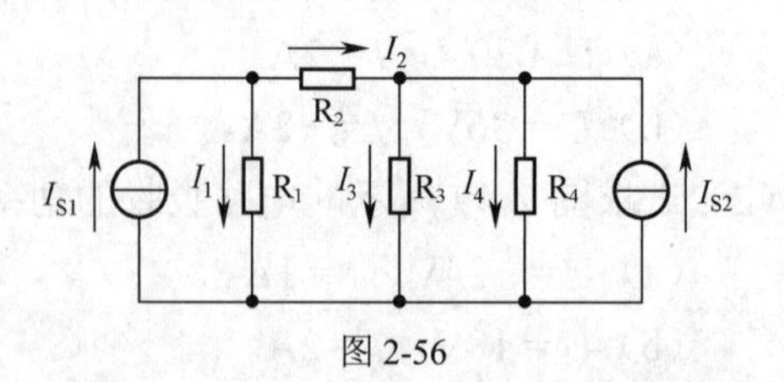

图 2-56

（12）现有一个内阻 R_g=2 500Ω、电流 I_g=100μA 的表头，如图 2-57 所示。现要求将表头电压量程扩大为 2.5V、50V、250V，求所需串联的电阻的阻值 R_1、R_2、R_3。

（13）现有一个内阻 R_g=2 500 Ω、电流 I_g=100μA 的表头，如图 2-58 所示。现要求将表头电流量程扩大为 1mA、10mA、1A，求所需并联的电阻的阻值 R_1、R_2、R_3。

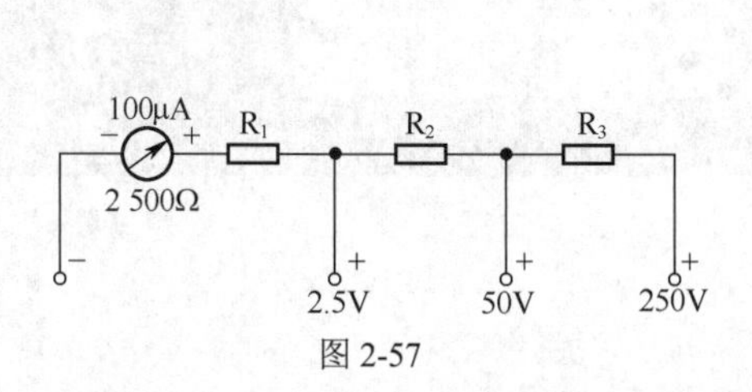

图 2-57

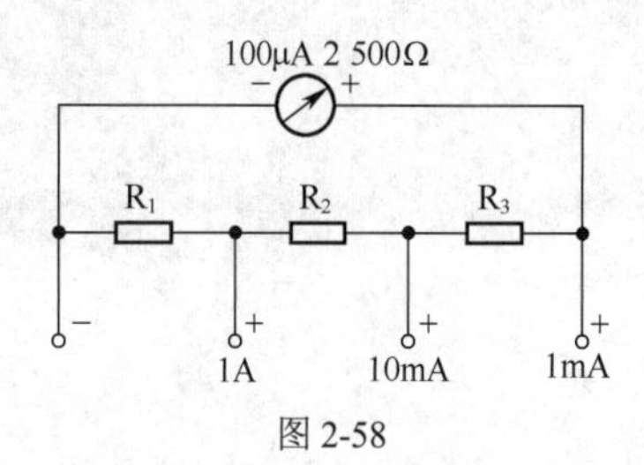

图 2-58

（14）将图 2-59（a）、图 2-59（b）所示的电路中的电压源与电阻串联组合等效变换为电流源与电阻并联组合；将图 2-59（c）、图 2-59（d）所示电路中的电流源与电阻的并联组合等效为电压源与电阻的串联组合。

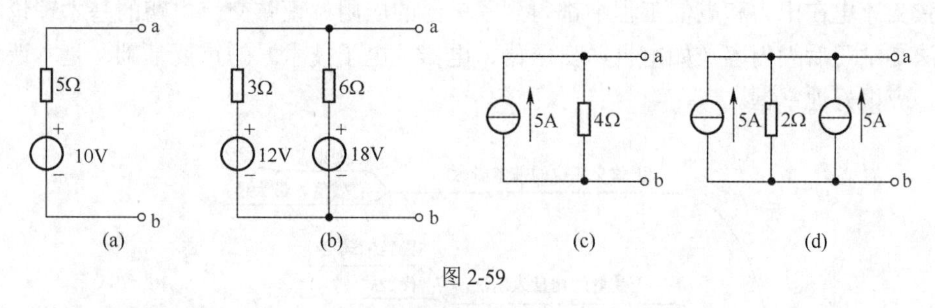

图 2-59

（15）试用戴维南定理化简图 2-60 所示的电路。

（16）试用戴维南定理求图 2-61 所示的电路中的电流 I。

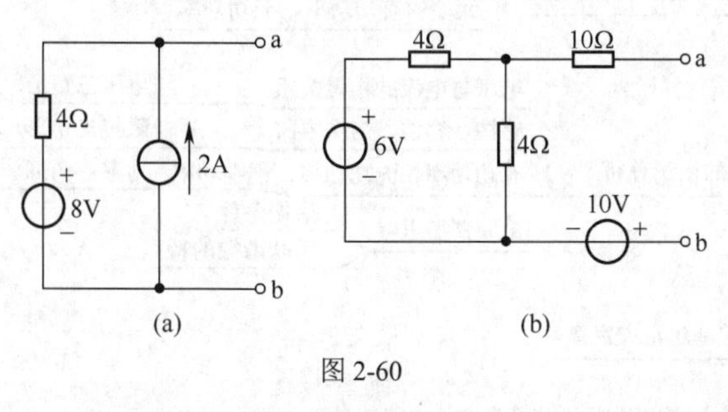

图 2-60

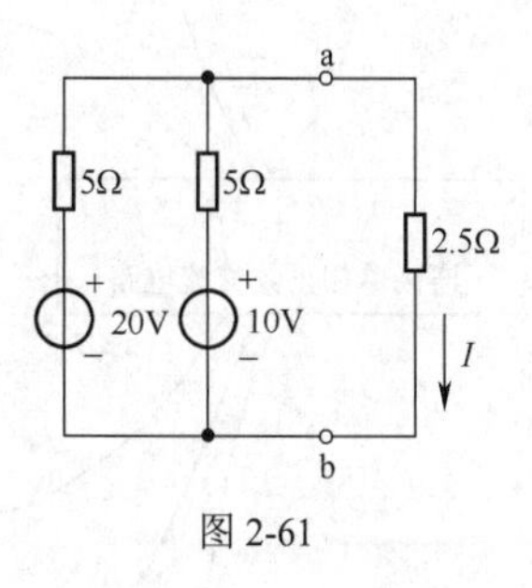

图 2-61

（17）试用叠加定理求图 2-62 所示的电路中的电流 I。

（18）试用叠加定理求图 2-63 所示的电路中的电流 I。

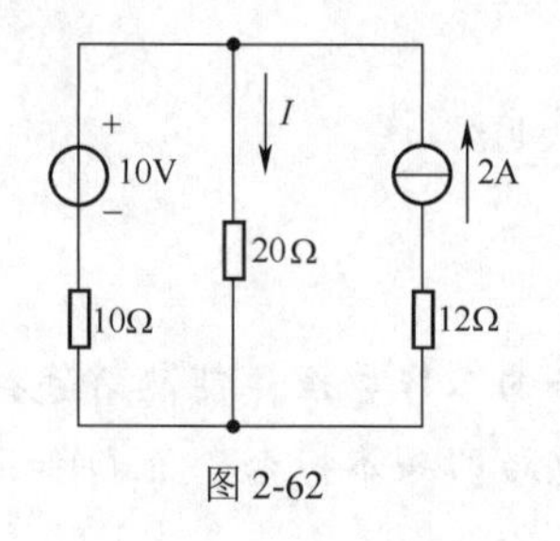

图 2-62

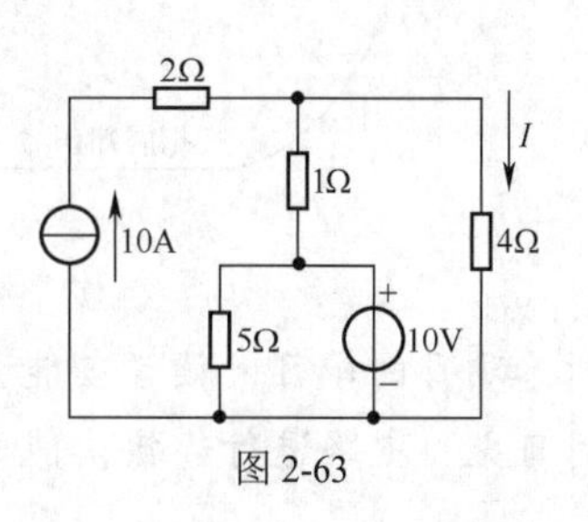

图 2-63

项目三 连接单相正弦交流电路

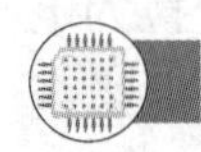

一、项目分析

正弦交流电在电力和电信工程中都得到了广泛的应用。正弦交流电路的基本理论和基本分析方法是学习后续内容（如电机、变压器、电器及电子技术）的重要基础，是本课程的重要内容，应很好地掌握。

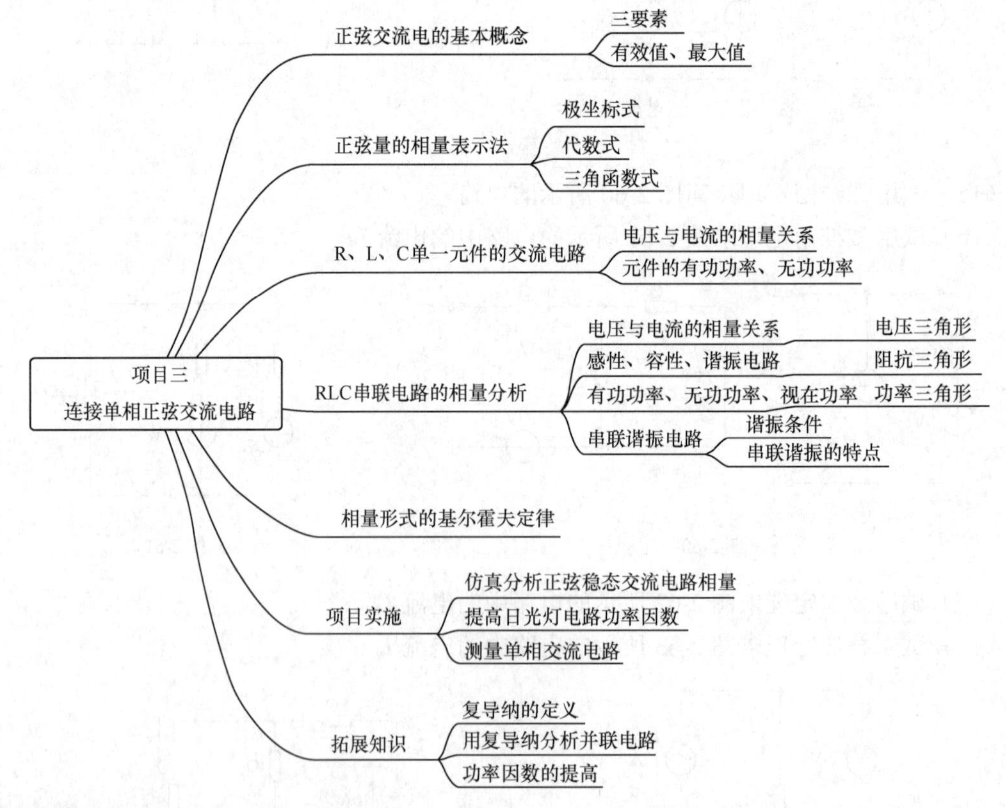

项目内容

通过对本项目的学习，读者应能分析日光灯电路的工作原理，能熟练连接日光灯电路；通过对日光灯电路进行连接，能学会正弦交流电路的基本概念，能判断正弦交流电路中电压、电流相量之间的关系，理解功率的概念，学会利用感性负载电路提高功率因数的方法。

知识点

（1）正弦量的三要素、相位差和有效值的概念。

（2）正弦量的解析式、波形图、相量、相量图表达方式及其相互转换的方法。

（3）R、L、C 单一元件在正弦交流电路中的基本规律。

（4）RC 串联电路的相量分析方法。

（5）电路的有功功率、无功功率与视在功率的计算方法。

（6）复阻抗串联、并联电路的计算。

能力点

（1）掌握正弦交流电路的基本特性和基本分析方法。

（2）能分析正弦交流电路中的电阻器、电感器和电容器元件的电压和电流的关系以及功率关系。

（3）学会用功率表、电压表、电流表测定交流电路元件参数的方法。

（4）养成实事求是的习惯，以辩证思维看待问题，树立产品意识。

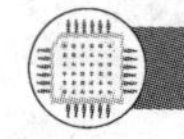

二、相关知识

（一）正弦交流电的基本概念

在直流电路中，电流、电压、电动势等方向都不随时间而变化，如图 3-1（a）所示。实际上在很多情况下，电路中电流、电压、电动势都是随时间而变化的，有时不仅大小随时间变化，方向也可能不断反复、交替地变化着。当电流、电压、电动势的大小和方向随时间做周期性变化时，这样的电流、电压、电动势统称为交流电。图 3-1（b）所示为一个做周期性变化的电流 i 的波形。

常用的交流电是随时间以正弦规律变化的，称为正弦交流电。图 3-1（c）所示为一个正弦交流电压 u 的波形。在正弦交流电路中，几个同频率的正弦函数相加或相减，其和或差仍为正弦函数，因而电路的计算比较简单。此外，正弦交流电的电流、电压波形变化平滑，无突变部分，且在变化过程中不易产生过电压、过电流，从而使得电动机、变压器等电气设备在正弦交流电的作用下具有较好的性能。

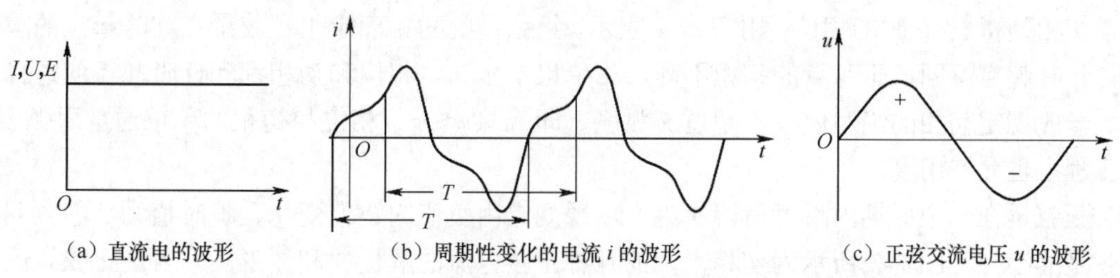

（a）直流电的波形　（b）周期性变化的电流 i 的波形　（c）正弦交流电压 u 的波形

图 3-1　直流电、周期性变化的电流 i、正弦交流电压 u 的波形

（二）正弦交流电的三要素

图 3-2 所示为两个随时间以正弦规律变化的电流 i_1 和 i_2 的波形。由图可见，i_1 与 i_2 虽然都是按正弦规律变化的，但在变化过程中，变化的起点不同，变化的起伏不同，变化的快慢也不同。以上 3 方面反映了正弦交流电的变化规律，分别用最大值、频率、初相位（又称初相）这 3 个物理量来表征，称为正弦交流电的三要素。

正弦交流电的三要素

1．瞬时值、最大值

正弦交流电在变化过程中任一瞬间所对应的数值，称为瞬时值，用小写字母 e、u、i 表示。瞬时值中最大的数值称为正弦交流电的最大值或幅值，用大写字母 E、U、I 和字母下标“m”表示，如 I_m、U_m 表示电流、电压的幅值。图 3-2 所示为两个振幅不同的正弦交流电流的波形。

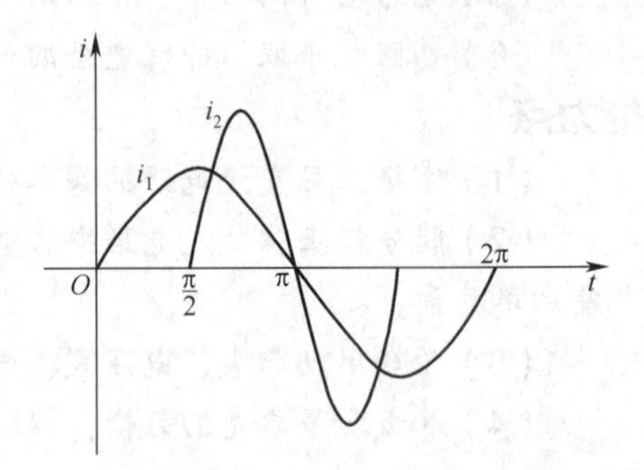

图 3-2　振幅不同的正弦交流电流的波形

2．周期、频率和角频率

周期 T 是正弦交流电循环变化一周所需要的时间，单位是秒（s）。频率是每秒循环变化的次数，单位为赫兹（Hz）。按定义有

$$f = \frac{1}{T} \tag{3-1}$$

在不同的技术领域中，频率有不同的数值。我国和大多数国家都采用 50Hz 作为电力系统的供电频率，而有些国家（如美国、日本等）采用 60Hz。这种频率称为工业频率，简称工频。声音的频率（音频）为 20Hz～20kHz；无线广播电台的发射频率比较高，中频为 500～1 600kHz，短波段可高达 20MHz。

一个周期所对应的电角度为 360°，用弧度（rad）表示是 2π。若正弦交流电的频率为 f，则每秒内变化的电角度为 $2\pi f$，称为角频率，用 ω 表示。

$$\omega=2\pi f \tag{3-2}$$

可见，周期、频率、角频率都能用来表示正弦交流电变化的快慢，知道其中一个量，就可以确定出另外两个量。

3．初相

在正弦量的解析式中，角度（$\omega t + \psi$）为正弦量的相位角，简称相位。它是一个随时间变化的量，不仅可以确定正弦量瞬时值的大小和方向，而且能描述正弦量变化的趋势。

初相是指 $t = 0$ 时的相位，用符号 ψ 表示。正弦量的初相确定了正弦量在计时起点的瞬时值。计时起点不同，正弦量的初相不同，相位也不相同。相位和初相都和计时起点的选择有关。一般规定初相的绝对值$|\psi|$不超过 π 弧度，即$-\pi \leqslant \psi \leqslant \pi$。相位和初相的单位通常用弧度，但工程上也允许用度。

正弦量在一个周期内瞬时值两次为零，现规定由负值向正值变化且瞬时值为零的点叫作正弦量的零点。图 3-3 所示为初相不同的几种正弦电流的解析式和波形图。若选正弦量的零点为计时起点（即 $t = 0$），则初相 $\psi = 0$，如图 3-3（a）所示。若零点在计时起点左边，则初

相为正，$t=0$ 时，正弦量之值为正，如图 3-3（b）、图 3-3（c）所示。若零点在计时起点右边，则初相为负，$t=0$ 时，正弦量之值为负，如图 3-3（d）所示。

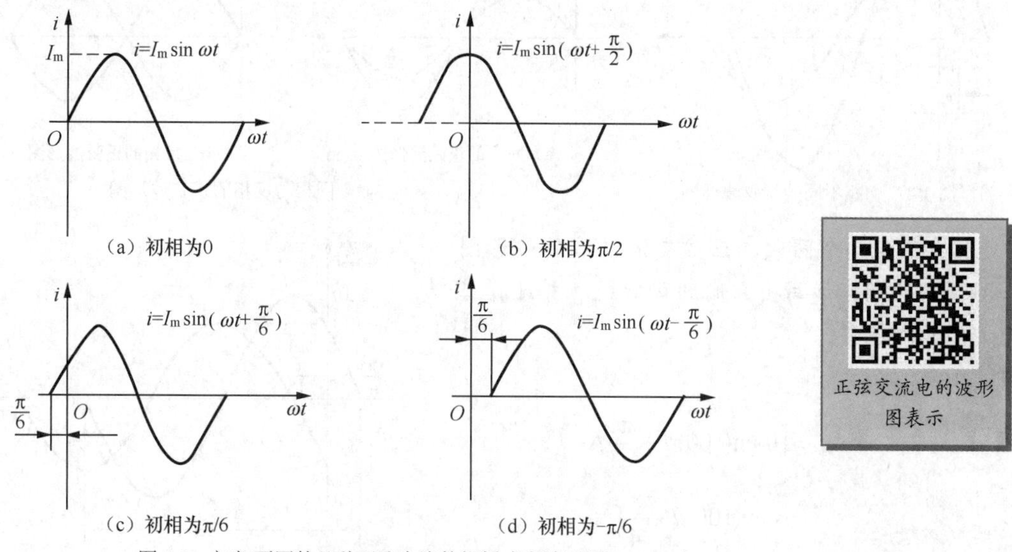

图 3-3　初相不同的几种正弦电流的解析式和波形图

正弦量的瞬时值与参考方向是对应的，改变参考方向，瞬时值将异号，所以正弦量的初相、相位以及解析式都与所标的参考方向有关。由于

$$-I_m \sin(\omega t+\psi_i)=I_m \sin(\omega t+\psi_i \pm \pi)$$

所以改变参考方向，就是将正弦量的初相加上（或减去）π，而不影响振幅和角频率。因此，确定初相既要选定计时起点，又要选定参考方向。

4．相位差

两个同频率正弦量的相位之差，称为相位差，用 φ 表示。例如，若有

$$u=U_m \sin(\omega t+\psi_u)$$
$$i=I_m \sin(\omega t+\psi_i)$$

则两个正弦量的相位差

$$\varphi=\omega t+\psi_u-(\omega t+\psi_i)$$

正弦交流电的相位差

上式表明，同频率正弦量的相位差等于它们的初相之差，不随时间改变，是常量，与计时起点的选择无关。如图 3-4 所示，相位差就是相邻两个零点（或正峰值）之间所间隔的电角度。

在图 3-4 中，u 与 i 之间有一个相位差，u 比 i 先到达零值或峰值，$\varphi=\psi_u-\psi_i>0$，则称 u 比 i 在相位上超前 φ，或者说 i 比 u 滞后 φ。因此相位差是描述两个同频率正弦量之间的相位关系，即到达某个值的先后次序的一个特征量。规定其绝对值不超过 180°，即 $|\varphi| \leqslant 180°$。

当 $\varphi=0$，即两个同频率正弦量的相位差为 0 时，两个正弦量将同时到达零值或峰值，称这两个正弦量为同相，波形如图 3-5（a）所示。

当 $\varphi=\pi$，即两个同频率正弦量的相位差为 180°，这样一个正弦量达到正峰值时，另一个正弦量刚好在负峰值，称这两个正弦量为反相，波形如图 3-5（b）所示。

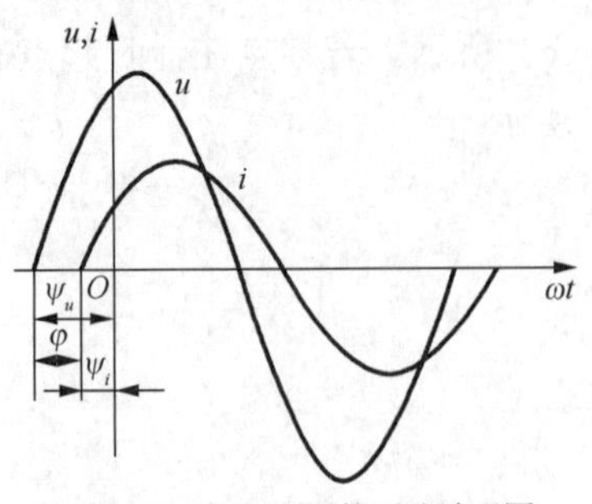

图 3-4　初相不同的正弦波形图

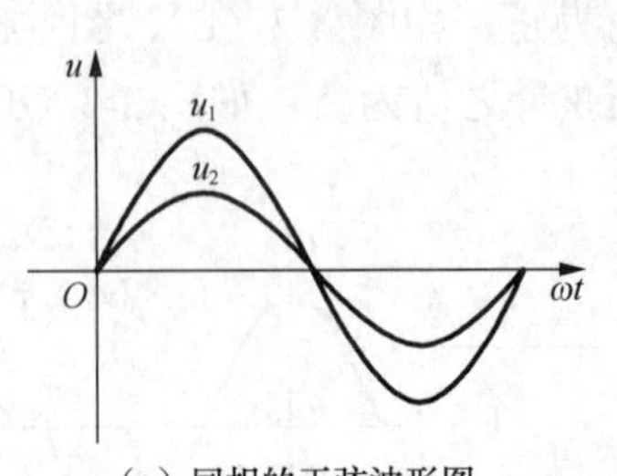

（a）同相的正弦波形图

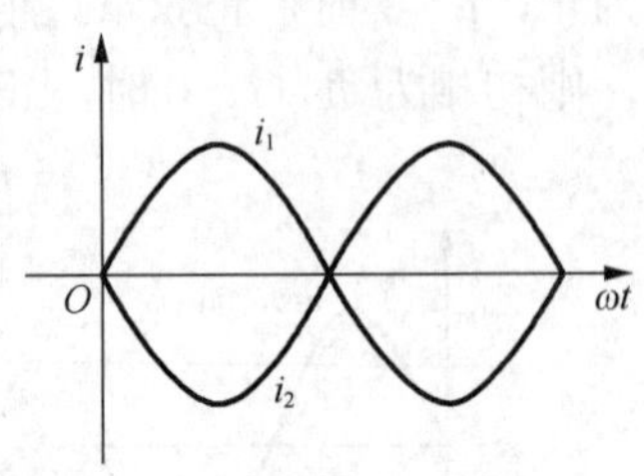

（b）反相的正弦波形图

图 3-5　同相与反相的正弦波形图

例 3.1　两个同频率正弦交流电流的波形图如图 3-6 所示。试写出它们的解析式，并计算二者之间的相位差。

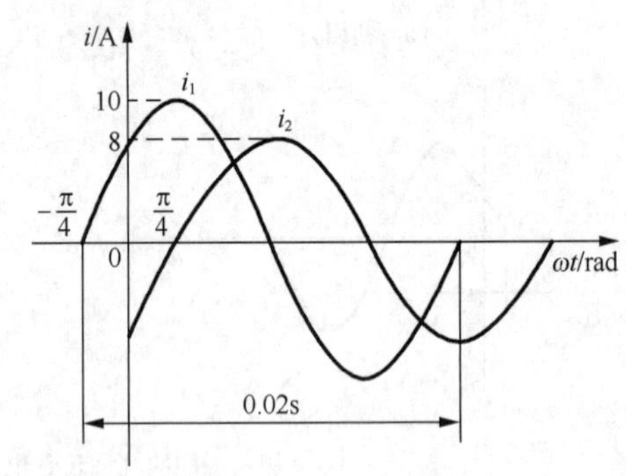

图 3-6　例 3.1 波形图

解：解析式

$$i_1 = 10\sin(100\pi t + \frac{\pi}{4})\text{A}$$

$$i_2 = 8\sin(100\pi t - \frac{\pi}{4})\text{A}$$

相位差

$$\varphi = \psi_{i1} - \psi_{i2} = \pi/4 - (-\pi/4) = \pi/2$$

i_1 比 i_2 超前 π/2（90°），或 i_2 比 i_1 滞后 π/2（90°）。

（三）交流电的有效值

1．有效值的定义

交流电的大小是变化的，若用最大值衡量它的大小显然夸大了最大值的作用，但随意用某个瞬时值表示肯定是不准确的。如何用某个数值准确地描述交流电的大小呢？人们通过电流的热效应来确定。使交流电流 i 与直流电流 I 分别通过两个相同的电阻，如果在相同的时间内产生的热量相等，则这个直流电流 I 的数值就叫作交流电流 i 的有效值。有效值的表示方法与直流电相同，即用大写字母 U、I 分别表示交流电的电压与电流的有效值，但其本质与直流电不同。

正弦交流电的有效值和平均值

直流电流 I 通过电阻 R 在一个周期 T 内所产生的热量为

$$Q = I^2RT$$

交流电流 i 通过电阻 R 在一个周期 T 内所产生的热量为

$$Q = \int_0^T i^2R\text{d}t$$

由于二者产生的热量相等，所以交流电流的有效值为

$$I = \sqrt{\frac{1}{T}\int_0^T i^2\text{d}t}$$

2．正弦量的有效值

若交流电流为正弦交流电流 $i = I_\text{m}\sin\omega t$，则

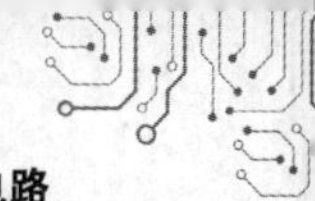

$$I=\sqrt{\frac{1}{T}\int_0^T I_m^2\sin^2\omega t\mathrm{d}t}=\frac{I_m}{\sqrt{2}}$$

即

$$I=\frac{I_m}{\sqrt{2}}\approx 0.707I_m \tag{3-3}$$

这表明振幅为1的正弦交流电流，在能量转换方面与0.707A的直流电流的实际效果相同。

同理，正弦交流电压的有效值为

$$U=\frac{U_m}{\sqrt{2}}\approx 0.707U_m \tag{3-4}$$

人们常说的交流电压 220V、380V 指的就是有效值。电气设备铭牌上所标的电压、电流值以及一般交流电表所测的数值也都是有效值。总之，凡涉及交流电的数值，只要没有特别说明，均指有效值。

（四）正弦量的相量表示法

一个正弦量可以表示为

$$U=U_m\sin(\omega t+\psi)$$

根据此正弦量的三要素，可以给出一个复数，让它的模为 U_m，幅角为 $\omega t+\psi$，即

$$U_m\underline{/\omega t+\psi}=U_m\cos(\omega t+\psi)+\mathrm{j}U_m\sin(\omega t+\psi)$$

这一复数的虚部为正弦时间函数，正好是已知的正弦量，所以一个正弦量被给定后，总可以给出一个复数使其虚部等于这个正弦量。因此可以用一个复数表示一个正弦量，其意义在于把正弦量之间的三角函数运算变成复数的运算，使正弦交流电路的计算问题简化。

由于正弦交流电路中的电压、电流都是同频率的正弦量，故角频率这一共同拥有的要素在分析计算过程中可以略去，只在结果中补上即可。这样在分析计算过程中，只需考虑最大值和初相两个要素。故表示正弦量的复数可简化成

$$U_m\underline{/\psi}$$

把这一复数称为相量，以“$\dot{U}$”表示，并习惯上把最大值换算成有效值，即

$$\dot{U}=U\underline{/\psi} \tag{3-5}$$

在表示相量的大写字母上打点“·”是为了与一般的复数相区别，这就是正弦量的相量表示法。

需要强调的是，相量只表示正弦量，并不等于正弦量；只有同频率的正弦量，其相量才能相互运算，才能画在同一个复平面上。画在同一个复平面上表示相量的图称为相量图。

正弦量的相量图表示

正弦量的相量表达方式常见的有 3 种，例如，电压的 3 种相量表达式分别如下。

代数式：$\dot{U}=a+\mathrm{j}b$。

三角函数式：$\dot{U}=U\cos\psi+\mathrm{j}U\sin\psi$。

极坐标式：$\dot{U}=U\underline{/\psi}$。

注　意

两相量相加或相减既可以用代数式求解，也可以用平行四边形法则求解。两相量相乘或相除可以用极坐标式求解，即数值相乘或相除，初相相加或相减。

例 3.2　已知正弦电压、电流为 $u=220\sqrt{2}\sin(\omega t+\pi/3)\text{V}$，$i=7.07\sin(\omega t-\pi/3)\text{A}$，写出 u 和 i 对应的相量，并画出相量图。

解：u 的相量为

$$\dot{U}=220\angle\frac{\pi}{3}\text{V}$$

i 的相量为

$$\dot{I}=\frac{7.07}{\sqrt{2}}\angle-\frac{\pi}{3}\approx 5\angle-\frac{\pi}{3}(\text{A})$$

相量图如图 3-7 所示。

例 3.3　已知 $u_1=100\sqrt{2}\sin(\omega t+60°)\text{V}$，$u_2=100\sqrt{2}\sin(\omega t-30°)\text{V}$，试用相量计算 u_1+u_2，并画出相量图。

解：正弦量 u_1 和 u_2 对应的相量分别为

$$\dot{U}_1=100\angle 60°\text{V}$$

$$\dot{U}_2=100\angle -30°\text{V}$$

它们的相量和

$$\begin{aligned}\dot{U}_1+\dot{U}_2&=100\angle 60°+100\angle -30°\\&\approx 50+\text{j}86.6+86.6-\text{j}50\\&=136.6+\text{j}36.6\approx 141.4\angle 15°(\text{V})\end{aligned}$$

对应的解析式

$$u_1+u_2=141.4\sqrt{2}\sin(\omega t+15°)\text{V}$$

相量图如图 3-8 所示。本例可以根据两个电压的相量值画相量图，采用平行四边形法则求解更简单。

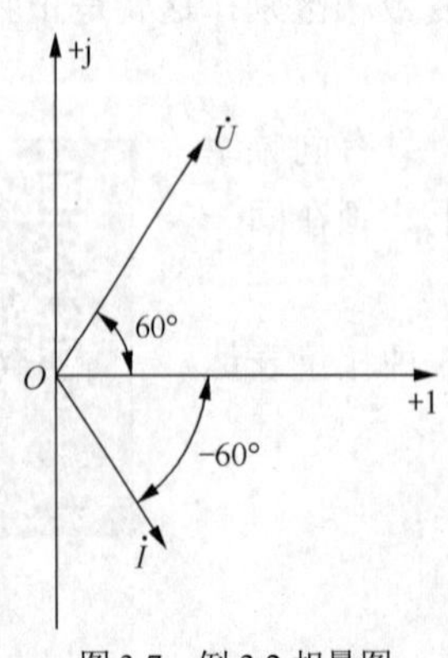

图 3-7　例 3.2 相量图

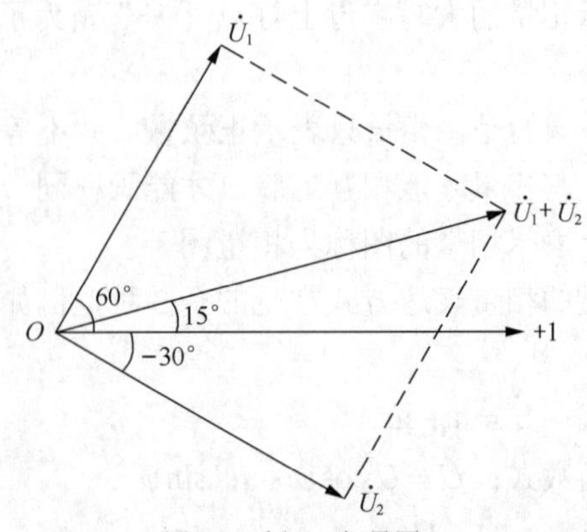

图 3-8　例 3.3 相量图

（五）电阻元件的交流电路

1. 电阻元件上电压和电流的相量关系

图 3-9 所示为一个纯电阻交流电路，电压和电流的瞬时值仍然服从欧姆定律。在关联参考方向下，根据欧姆定律，电压和电流的关系为

$$i=\frac{u}{R}$$

若通过电阻的电流为

$$i=I_{\mathrm{m}}\sin\left(\omega t+\psi_{i}\right)$$

则电压

$$\begin{aligned}u=Ri=RI_{\mathrm{m}}\left(\sin\omega t+\psi_{i}\right)\\=U_{\mathrm{m}}\sin\left(\omega t+\psi_{u}\right)\end{aligned}$$

上式中

$$U_{\mathrm{m}}=RI_{\mathrm{m}}$$

即

$$U=RI,\ \ \psi_{u}=\psi_{i}$$

上述两个正弦量对应的相量为

$$\dot{I}=I\angle\psi_{i}，\dot{U}=U\angle\psi_{u}$$

两相量的关系为

$$\dot{U}=U\angle\psi_{u}=RI\angle\psi_{i}=R\dot{I}$$

即

$$\dot{I}=\frac{\dot{U}}{R} \tag{3-6}$$

式（3-6）就是电阻元件上电压与电流的相量关系式。

由复数知识可知，式（3-6）包含着电压与电流的有效值关系和相位关系，即

$$I=\frac{U}{R}$$

$$\psi_{i}=\psi_{u}$$

通过以上分析可知，在有电阻元件的交流电路中：

① 电压与电流是两个同频率的正弦量；

② 电压与电流有效值的关系为 $U=RI$；

③ 在关联参考方向下，电阻上的电压与电流同相位。

图 3-10 所示为电阻元件上电压和电流的波形图和相量图。

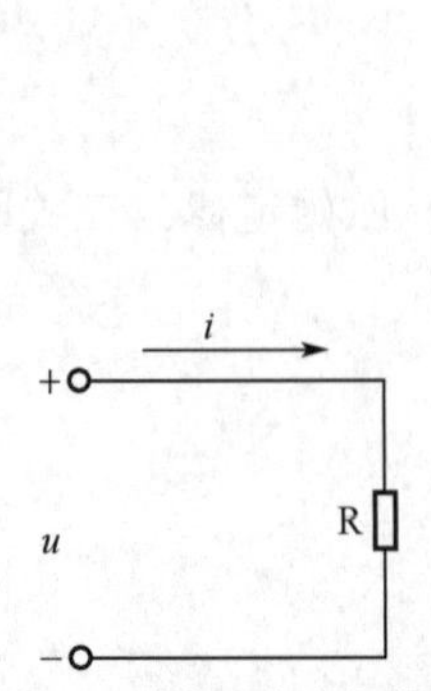

图 3-9　纯电阻交流电路

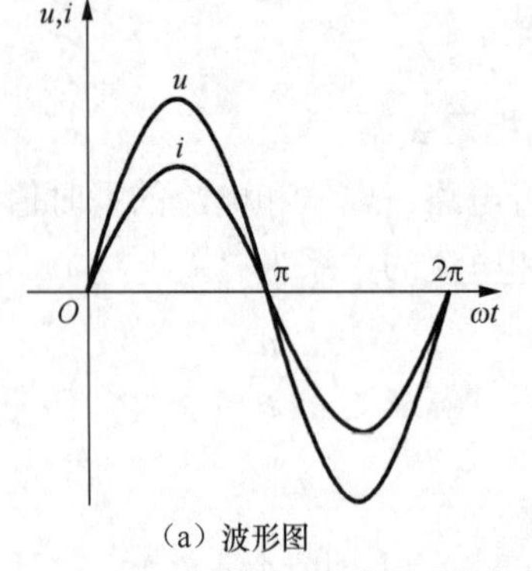

（a）波形图

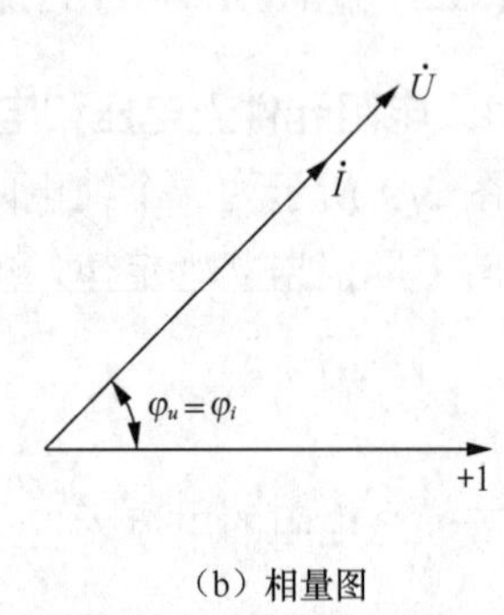

（b）相量图

图 3-10　电阻元件上电压和电流的波形图和相量图

2. 电阻元件上的功率

在交流电路中，电压与电流瞬时值的乘积叫瞬时功率，用小写字母 p 表示，在关联参考方向下

$$p = ui \tag{3-7}$$

正弦交流电路中电阻元件的瞬时功率为

$$p = ui = U_{\mathrm{m}} \sin \omega t I_{\mathrm{m}} \sin \omega t = 2UI \sin^2 \omega t = UI\left(1 - \cos 2\omega t\right)$$

从式（3-7）中可以看出 $p \geqslant 0$，因为 u、i 参考方向一致，相位相同，任一瞬间电压与电流的值同为正或同为负，所以瞬时功率 p 恒为正值，表明电阻元件总是消耗能量，是一个耗能元件。图 3-11 所示为瞬时功率的波形图。

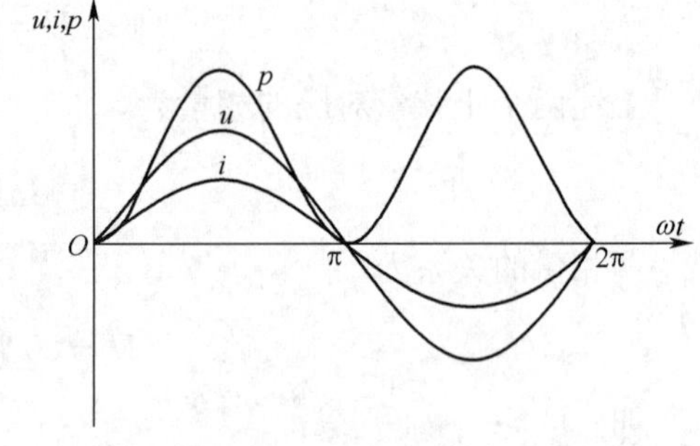

图 3-11　电阻元件上瞬时功率的波形图

通常所说的功率并不是瞬时功率，而是瞬时功率在一个周期内的平均值，称为平均功率，简称功率，用大写字母 P 表示，即

$$P = \frac{1}{T}\int_0^T p\mathrm{d}t$$

正弦交流电路中电阻元件的平均功率为

$$P = \frac{1}{T}\int_0^T p\mathrm{d}t = \frac{1}{T}\int_0^T UI(1 - \cos 2\omega t)\,\mathrm{d}t = UI$$

即

$$P = UI = I^2 R \tag{3-8}$$

式（3-8）与直流电路功率的计算公式在形式上完全一样，但这里的 U 和 I 是有效值，P 是平均功率。

一般交流电器上所标的功率都是指平均功率。由于平均功率反映了元件实际消耗的功率，所以又称为有功功率。例如，灯泡的功率为 60W，电炉的功率为 1 000W 等，都指的是平均功率。

例 3.4　电阻 $R = 100\Omega$，其两端电压 $u = 220\sqrt{2}\sin(314t - 30°)$V，求：

① 通过电阻的电流 I 和 i；

② 电阻消耗的功率；

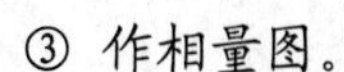

③ 作相量图。

解： ① 电压相量 $\dot{U}=220\angle -30^\circ \text{V}$，则

$$\dot{I}=\frac{\dot{U}}{R}=\frac{220\angle -30^\circ}{100}=2.2\angle -30^\circ(\text{A})$$

所以 $I=2.2\text{A}$，$i=2.2\sqrt{2}\sin(314t-30^\circ)\text{A}$

② 电阻消耗的功率为 $P=UI=220\times 2.2=484(\text{W})$

或 $$P=\frac{U^2}{R}=\frac{220^2}{100}=484(\text{W})$$

③ 相量图如图 3-12 所示。

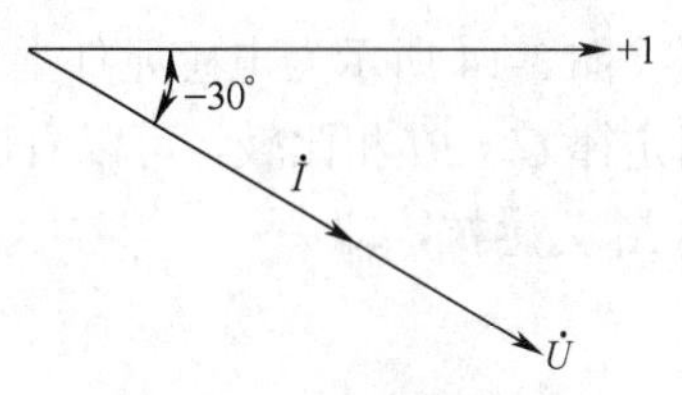

图 3-12 例 3.4 相量图

（六）电感元件的交流电路

1. 电感元件上电压和电流的相量关系

纯电感元件的
交流电路

图 3-13 所示的电路是一个纯电感交流电路，选择电压与电流为关联参考方向，则电压与电流的关系为

$$u=L\frac{\mathrm{d}i}{\mathrm{d}t}$$

设电流 $i=I_\text{m}\sin(\omega t+\psi_i)$，由上式得

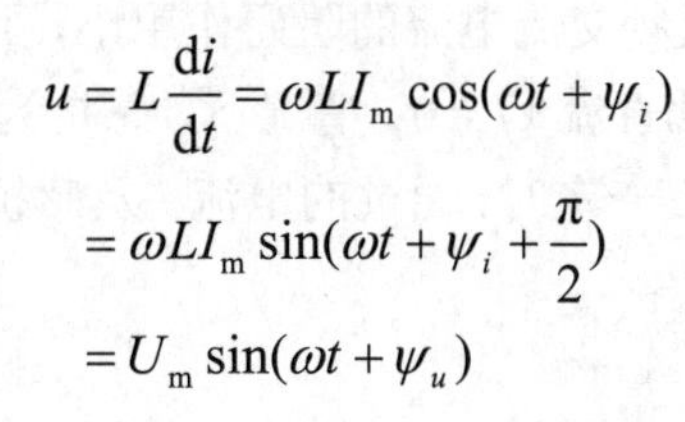

$$\begin{aligned}u=L\frac{\mathrm{d}i}{\mathrm{d}t}&=\omega LI_\text{m}\cos(\omega t+\psi_i)\\&=\omega LI_\text{m}\sin(\omega t+\psi_i+\frac{\pi}{2})\\&=U_\text{m}\sin(\omega t+\psi_u)\end{aligned}$$

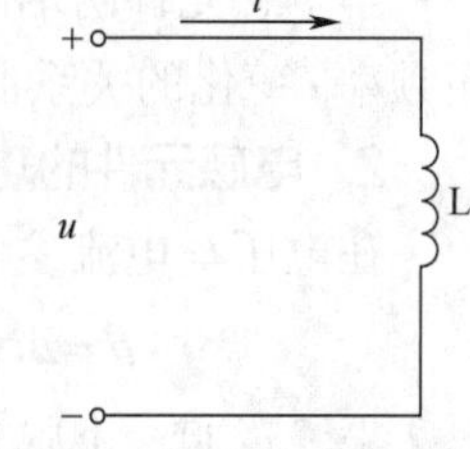

图 3-13 纯电感交流电路

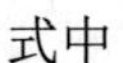

式中 $U_\text{m}=\omega LI_\text{m}$，$\psi_u=\psi_i+\dfrac{\pi}{2}$

两正弦量对应的相量分别为

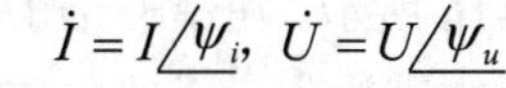

$$\dot{I}=I\angle\psi_i,\ \dot{U}=U\angle\psi_u$$

两相量的关系为

$$\dot{U}=U\angle\psi_u=\omega LI\angle(\psi_i+\frac{\pi}{2})=\omega LI\angle\psi_i\angle\frac{\pi}{2}=\mathrm{j}\omega L\dot{I}=\mathrm{j}X_\text{L}\dot{I}$$

即

$$\dot{I}=\frac{\dot{U}}{\mathrm{j}X_\text{L}} \tag{3-9}$$

式（3-9）就是电感元件上电压与电流的相量关系式。

由复数知识可知，它包含着电压与电流的有效值关系和相位关系，即

$$U=X_\text{L}I$$

$$\psi_u=\psi_i+\frac{\pi}{2}$$

通过以上分析可知，在有电感元件的交流电路中：

① 电压与电流是两个同频率的正弦量；

② 电压与电流有效值的关系为 $U = X_L I$；

③ 在关联参考方向下，电压的相位超前电流相位 90°。

图 3-14 所示为电感元件上电压和电流的波形图和相量图。把有效值关系式 $U = X_L I$ 与欧姆定律 $U = RI$ 相比较，可以看出，X_L 具有电阻的单位，也同样具有阻碍电流的物理特性，故称 X_L 为感抗，即

$$X_L = \omega L = 2\pi f L \tag{3-10}$$

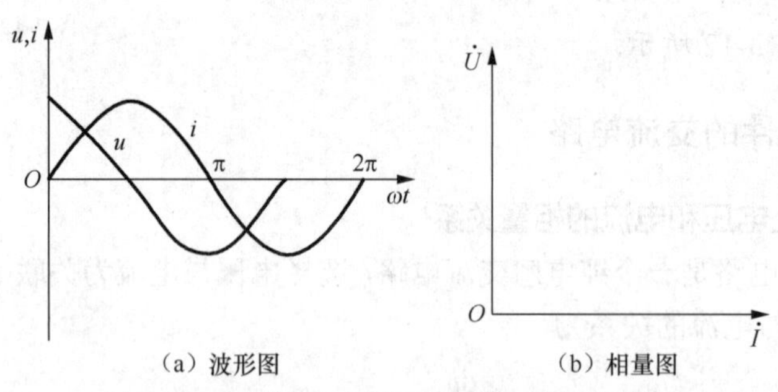

（a）波形图　　（b）相量图

图 3-14　电感元件上电压和电流的波形图和相量图

感抗 X_L 与电感 L、频率 f 成正比。当电感一定时，频率越高，感抗越大。因此，电感线圈对高频交流电流的阻碍作用大，对低频交流电流的阻碍作用小，而对直流没有阻碍作用（相当于短路）。因此直流（$f = 0$）情况下，感抗为零。

感抗的概念

当电感元件两端的电压 U 及电感 L 一定时，通过的电流 I 及感抗 X_L 随频率 f 变化的关系曲线如图 3-15 所示。

2. 电感元件的功率

在电压与电流参考方向一致时，电感元件的瞬时功率为

$$p = ui = U_m \sin(\omega t + 90^\circ) I_m \sin \omega t = 2UI \sin \omega t \cos \omega t = UI \sin 2\omega t$$

上式说明，电感元件的瞬时功率也可用随时间变化的正弦函数表示，其频率为电源频率的 2 倍，振幅为 UI，变化曲线如图 3-16 所示。在第一个 1/4 周期内，电流由零上升到最大值，电感元件储存的磁场能量也随着电流由零达到最大值，这个过程瞬时功率为正值，表明电感元件从电源吸取电能；在第二个 1/4 周期内，电流从最大值减小到零，这个过程瞬时功率为负值，表明电感元件释放能量。后两个 1/4 周期与上述分析一致。

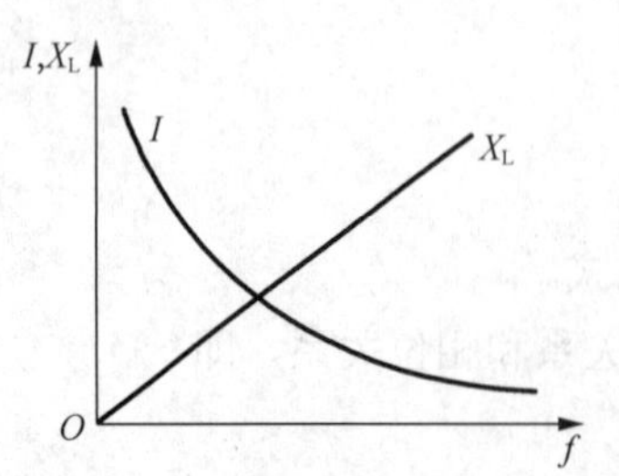

图 3-15　电感元件中电流、感抗随频率变化的曲线

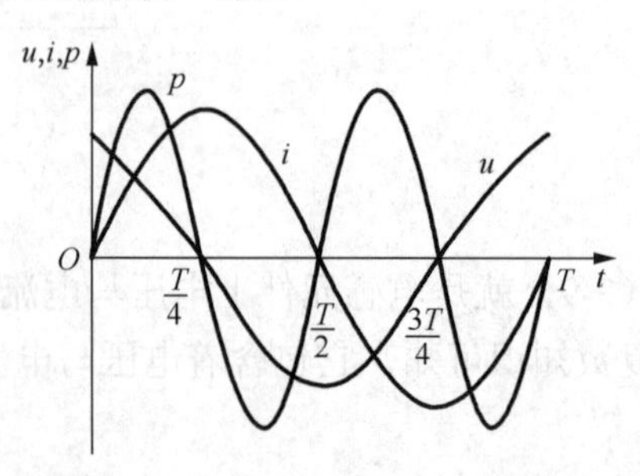

图 3-16　电感元件的瞬时功率变化曲线

电感元件的平均功率为

$$P=\frac{1}{T}\int_0^T p\mathrm{d}t=\frac{1}{T}\int_0^T UI\sin 2\omega t\mathrm{d}t=0$$

电感元件是储能元件，它在吸收和释放能量的过程中并不消耗能量，所以平均功率为零。

为了描述电感元件与外电路之间能量转换的规模，引入了瞬时功率的最大值，并称之为无功功率，用 Q_L 表示，即

$$Q_L=UI=I^2X_L=\frac{U^2}{X_L} \tag{3-11}$$

Q_L 也具有功率的单位，但为了和有功功率区别，把无功功率的单位定义为乏（var）。

注　意

应该注意：无功功率 Q_L 反映了电感元件与外电路之间能量转换的规模，“无功”不能理解为“无用”，这里“无功”二字的实际含义是转换而不是消耗。

（七）电容元件的交流电路

1. 电容元件上电压与电流的相量关系

图 3-17 所示为一个纯电容交流电路，选择电压与电流为关联参考方向，设电容元件两端电压为正弦电压

$$u=U_m\sin(\omega t+\psi_u)$$

则电路中的电流，根据公式

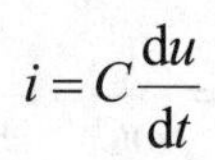

$$i=C\frac{\mathrm{d}u}{\mathrm{d}t}$$

得

$$\begin{aligned}i&=C\frac{\mathrm{d}}{\mathrm{d}t}\left[U_m\sin(\omega t+\psi_u)\right]\\&=U_m\omega C\cos(\omega t+\psi_u)\\&=\omega CU_m\sin(\omega t+\psi_u+\frac{\pi}{2})\\&=I_m\sin(\omega t+\psi_i)\end{aligned}$$

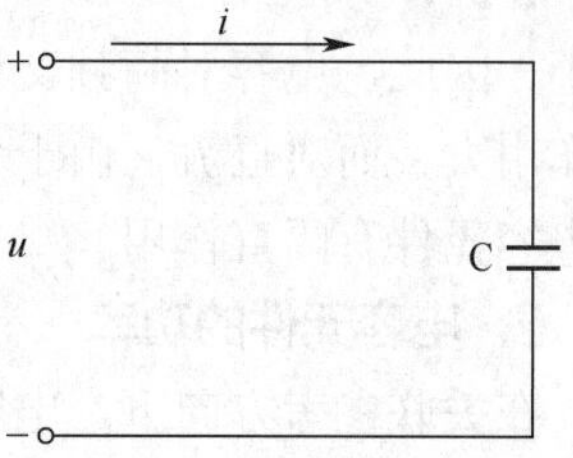

图 3-17　纯电容交流电路

式中，$I_m=\omega CU_m$，即 $I=\omega CU$；$\psi_i=\psi_u+\pi/2$。

上述两正弦量对应的相量分别为

$$\dot{U}=U\angle\psi_u$$
$$\dot{I}=I\angle\psi_i$$

它们的关系

$$\dot{I}=I\angle\psi_i=\omega CU\angle(\psi_u+\frac{\pi}{2})=\omega CU\angle\psi_u\angle\frac{\pi}{2}=\omega C\dot{U}\angle\frac{\pi}{2}=\mathrm{j}\omega C\dot{U}=\mathrm{j}\frac{\dot{U}}{X_C}=\frac{\dot{U}}{-\mathrm{j}X_C}$$

即

$$\dot{I}=\frac{\dot{U}}{-\mathrm{j}X_C} \tag{3-12}$$

式（3-12）就是电容元件上电压与电流的相量关系式。

由复数知识可知，它包含着电压与电流的有效值关系和相位关系，即

$$U = X_{\mathrm{C}} I$$

$$\psi_u = \psi_i - \frac{\pi}{2}$$

通过以上分析可以得出，在电容元件的交流电路中：

① 电压与电流是两个同频率的正弦量；

② 电压与电流有效值的关系为 $U = X_{\mathrm{C}}I$；

③ 在关联参考方向下，电压相位滞后电流相位 90°。

图 3-18 所示为电容元件上电压与电流的波形图和相量图。

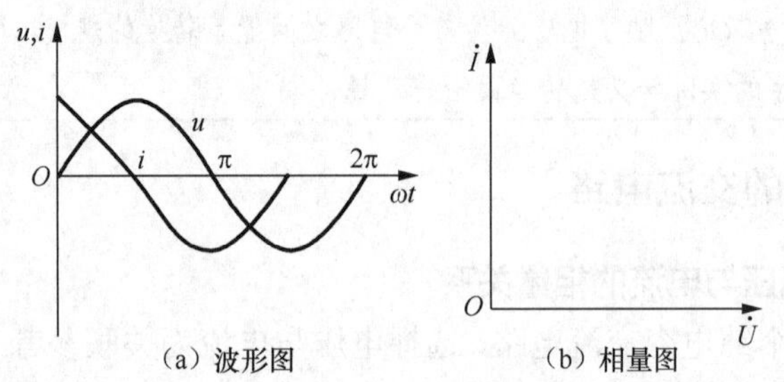

（a）波形图　　（b）相量图

图 3-18　电容元件上电压与电流的波形图和相量图

由有效值关系式可知，X_{C} 具有同电阻一样的单位，也具有阻碍电流通过的物理特性，故称 X_{C} 为容抗，即

$$X_{\mathrm{C}} = \frac{1}{\omega C} = \frac{1}{2\pi f C} \tag{3-13}$$

容抗 X_{C} 与电容 C、频率 f 成反比。当电容一定时，频率越高，容抗越小。因此，电容对高频交流电流的阻碍作用小，对低频交流电流的阻碍作用大。而对直流，由于频率 $f = 0$，故容抗为无穷大，相当于开路，即电容元件有隔直作用。

2. 电容元件的功率

在关联参考方向下，电容元件的瞬时功率为

$$p = ui = U_{\mathrm{m}} \sin \omega t I_{\mathrm{m}} \sin(\omega t + \frac{\pi}{2}) = 2UI \sin \omega t \cos \omega t = UI \sin 2\omega t$$

由上式可见，电容元件的瞬时功率也可用随时间变化的正弦函数表示，其频率为电源频率的 2 倍，图 3-19 所示为电容元件瞬时功率的变化曲线。

电容元件在一个周期内的平均功率为

$$P = \frac{1}{T}\int_0^T p\mathrm{d}t = \frac{1}{T}\int_0^T UI \sin 2\omega t \mathrm{d}t = 0$$

平均功率为零，说明电容元件不消耗能量。另外，从瞬时功率曲线可以看出，在第一个和第三个 1/4 周期内，瞬时功率为正，表明电容元件从电源

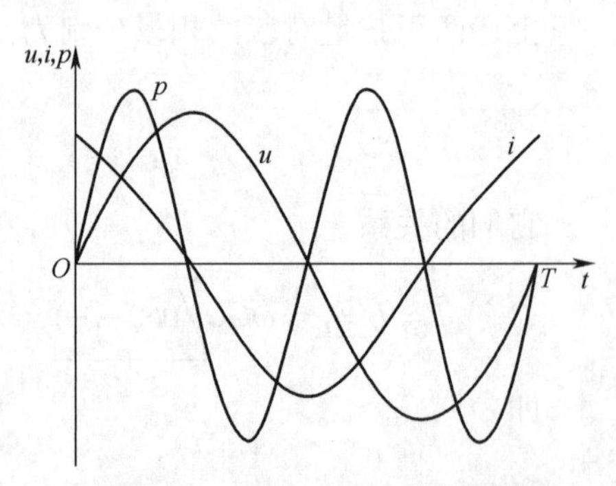

图 3-19　电容元件瞬时功率的变化曲线

吸取电能，电容元件处于充电状态；在第二个和第四个 1/4 周期内，功率为负，表明电容元件释放能量，电容元件处于放电状态。总之，电容元件与电源之间只有能量的相互转换。这种能量转换的大小用瞬时功率的最大值来衡量，称为无功功率，用 Q_C 表示，即

$$Q_C = UI = I^2 X_C = \frac{U^2}{X_C} \tag{3-14}$$

式中，Q_C 的单位为乏。

例 3.5　有一 $C = 30\mu F$ 的电容元件，接在 $u = 220\sqrt{2}\sin(314t - 30°)V$ 的电源上。试求：

① 电容元件的容抗；

② 电流的有效值；

③ 电流的瞬时值；

④ 电路的有功功率及无功功率；

⑤ 电压与电流的相量图。

解：

① 容抗

$$X_C = \frac{1}{\omega C} = \frac{1}{314 \times 30 \times 10^{-6}} \approx 106.16(\Omega)$$

② 电流的有效值

$$I = \frac{U}{X_C} = \frac{220}{106.16} \approx 2.07(A)$$

③ 电流的瞬时值。

电流超前电压 90°，即 $\psi_i = \psi_u + \pi/2 = 60°$，故

$$i = 2.07\sqrt{2}\sin(314t + 60°)A$$

④ 电路的有功功率

$$P_C = 0$$

无功功率

$$Q_C = UI = 220 \times 2.07 \approx 455.4(var)$$

⑤ 相量图如图 3-20 所示。

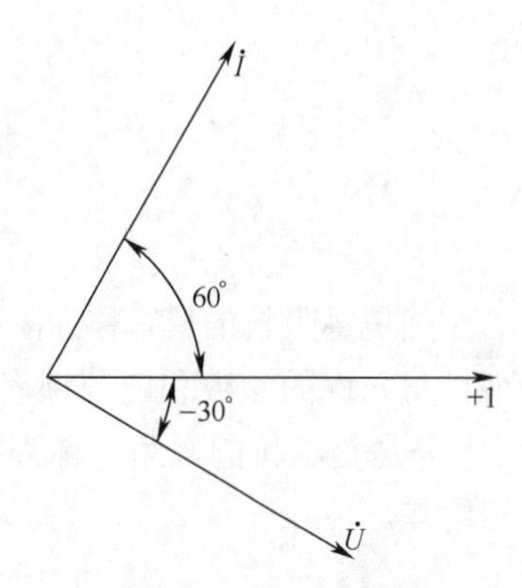

图 3-20　例 3.5 相量图

（八）RLC 串联电路的相量分析

图 3-21 所示的电路是由电阻器 R、电感器 L 和电容器 C 串联组成的电路，流过各元器件的电流都是 i。电压、电流的参考方向如图 3-21 所示。

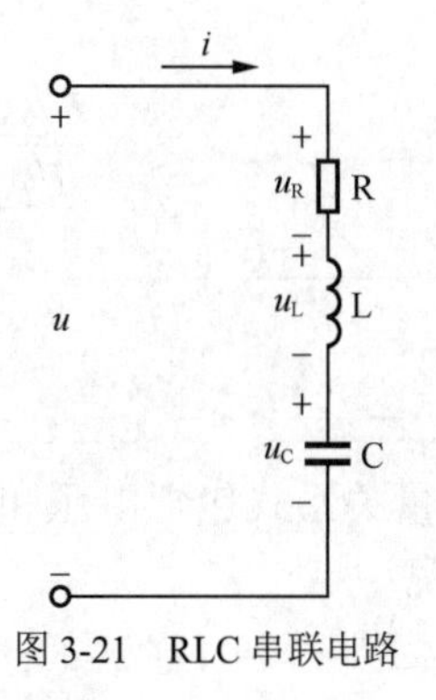

图 3-21　RLC 串联电路

1. 电压与电流的相量关系

设电路中电流 $i = I_m \sin\omega t$，对应的相量为

$$\dot{I} = I\angle 0°$$

则

电阻器上的电压 $\dot{U}_{\mathrm{R}}=R\dot{I}$

电感器上的电压 $\dot{U}_{\mathrm{L}}=\mathrm{j}X_{\mathrm{L}}\dot{I}$

电容器上的电压 $\dot{U}_{\mathrm{C}}=-\mathrm{j}X_{\mathrm{C}}\dot{I}$

根据相量形式的 KVL 有

$$\begin{aligned}\dot{U}&=\dot{U}_{\mathrm{R}}+\dot{U}_{\mathrm{L}}+\dot{U}_{\mathrm{C}}=R\dot{I}+\mathrm{j}X_{\mathrm{L}}\dot{I}-\mathrm{j}X_{\mathrm{C}}\dot{I}\\&=[R+\mathrm{j}(X_{\mathrm{L}}-X_{\mathrm{C}})]\dot{I}=(R+\mathrm{j}X)\dot{I}=Z\dot{I}\end{aligned}$$

即

$$\dot{I}=\frac{\dot{U}}{Z}$$

式中，X——$X=X_{\mathrm{L}}-X_{\mathrm{C}}$，称为电抗，单位为 Ω，它反映了电感器和电容器共同对交流电流的阻碍作用。X 可正、可负；

Z——$Z=R+\mathrm{j}X$，称为复阻抗，单位为 Ω。

复阻抗 Z 是关联参考方向下，电压相量与电流相量之比。但是复阻抗不是正弦量，因此，只用大写字母 Z 表示，上方不加黑点。Z 的实部 R 为电路的电阻，虚部 X 为电路的电抗。

复阻抗也可以表示成极坐标形式，即

$$Z=|Z|\angle\varphi \tag{3-15}$$

式中

$$\begin{aligned}|Z|&=\sqrt{R^2+X^2}=\sqrt{R^2+\left(X_{\mathrm{L}}-X_{\mathrm{C}}\right)^2}\\\varphi&=\arctan\frac{X}{R}=\arctan\frac{X_{\mathrm{L}}-X_{\mathrm{C}}}{R}\end{aligned} \tag{3-16}$$

$|Z|$是复阻抗的模，称为阻抗，它反映了 RLC 串联电路对正弦电流的阻碍作用，阻抗的大小只与元件的参数和电源频率有关，而与电压、电流无关。

φ是复阻抗的幅角，称为阻抗角，它也是关联参考方向下电路的端电压 u 超前电流 i 的相位差。

$$\frac{\dot{U}}{\dot{I}}=Z$$

即

$$\frac{U\angle\varphi_u}{I\angle\varphi_i}=|Z|\angle\varphi$$

式中，$|Z|=\dfrac{U}{I}$；

$\varphi=\varphi_u-\varphi_i$。

上述分析表明，相量关系式包含电压和电流的有效值关系式和相位关系式。

2. 电路的 3 种情况

（1）感性电路。

当 $X_{\mathrm{L}}>X_{\mathrm{C}}$ 时，$U_{\mathrm{L}}>U_{\mathrm{C}}$。以电流 $\dot{I}$ 为参考相量，分别画出与电流同相的 $\dot{U}_{\mathrm{R}}$、超前电流 90° 的 $\dot{U}_{\mathrm{L}}$ 和滞后电流 90° 的 $\dot{U}_{\mathrm{C}}$，然后合并 $\dot{U}_{\mathrm{L}}$ 和 $\dot{U}_{\mathrm{C}}$ 为 $\dot{U}_{\mathrm{X}}$，再合并 $\dot{U}_{\mathrm{X}}$ 和 $\dot{U}_{\mathrm{R}}$ 即得到总电压 $\dot{U}$。相

量图如图 3-22（a）所示，从相量图中可以看出，电压 $\dot{U}$ 超前电流 $\dot{I}$ 的角度为 φ，$\varphi>0$，电路呈感性，称为感性电路。

（2）容性电路。

当 $X_L<X_C$ 时，$U_L<U_C$，相量图如图 3-22（b）所示。由图可见，电流 $\dot{I}$ 超前电压 $\dot{U}$，$\varphi<0$，电路呈容性，称为容性电路。

（3）阻性电路（谐振电路）。

当 $X_L=X_C$ 时，$U_L=U_C$，相量图如图 3-22（c）所示，电压 $\dot{U}$ 与电流 $\dot{I}$ 同相，$\varphi=0$。电路呈阻性。我们把电路的这种特殊状态，称为串联谐振。

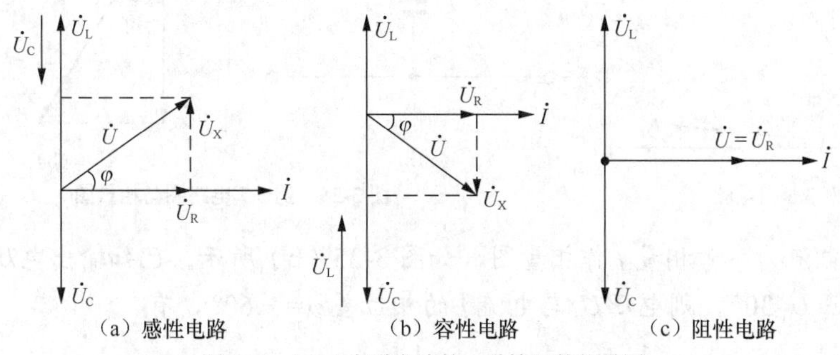

图 3-22　RLC 串联电路的 3 种情况的相量图

由图 3-22（a）、图 3-22（b）可以看出，电感电压 $\dot{U}_L$ 和电容电压 $\dot{U}_C$ 的相量和 $\dot{U}_X$ 与电阻电压 $\dot{U}_R$ 以及总电压 $\dot{U}$ 各自的相量构成一个直角三角形，称为电压三角形。由电压三角形可以看出，总电压有效值与各元件电压有效值的关系是相量和而不是代数和。这正体现了正弦交流电路的特点。把电压三角形三条边的电压有效值同时除以电流的有效值 I，就得到一个和电压三角形相似的三角形，它的三条边分别是电阻 R、电抗 X 和阻抗 $|Z|$，所以称它为阻抗三角形，如图 3-23 所示，由于阻抗三角形三条边代表的不是正弦量，因此所画的三条边是线段而不是相量。关于阻抗的一些公式都可以由阻抗三角形得出，它可以帮助我们记忆公式。

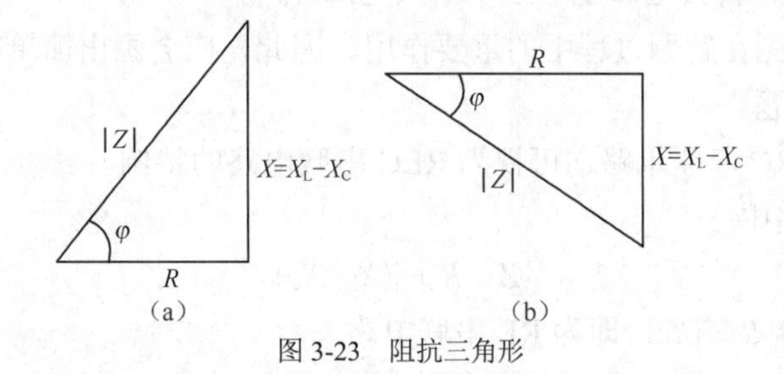

图 3-23　阻抗三角形

例 3.6　在 RL 串联电路中，已知 $R=6\Omega$，$X_L=8\Omega$，外加电压为 $110\underline{/60^\circ}$ V，求电路的电流 $\dot{I}$、电阻的电压 $\dot{U}_R$ 和电感的电压 $\dot{U}_L$，并画出相量图。

解：电路的复阻抗

$$Z=R+\mathrm{j}X_L=6+\mathrm{j}8\approx10\underline{/53.1^\circ}(\Omega)$$

$$\dot{I}=\frac{\dot{U}}{Z}=\frac{110\underline{/60^\circ}}{10\underline{/53.1^\circ}}=11\underline{/6.9^\circ}(\mathrm{A})$$

$$\dot{U}_R=R\dot{I}=6\times11\underline{/6.9^\circ}=66\underline{/6.9^\circ}(\mathrm{V})$$

$$\dot{U}_{\mathrm{L}} = \mathrm{j}X_{\mathrm{L}}\dot{I} = \mathrm{j}8\times 11\angle 6.9^{\circ} = 8\angle 90^{\circ}\times 11\angle 6.9^{\circ} = 88\angle 96.9^{\circ}\,(\mathrm{V})$$

相量图如图 3-24 所示。

例 3.7 在电子技术中，常利用 RC 串联作为移相电路，如图 3-25（a）所示。已知输入电压频率 $f = 1\,000\mathrm{Hz}$，$C = 0.025\mu\mathrm{F}$。需输出电压 u_{o} 在相位上滞后于输入电压 u_{i} 30°，求电阻 R。

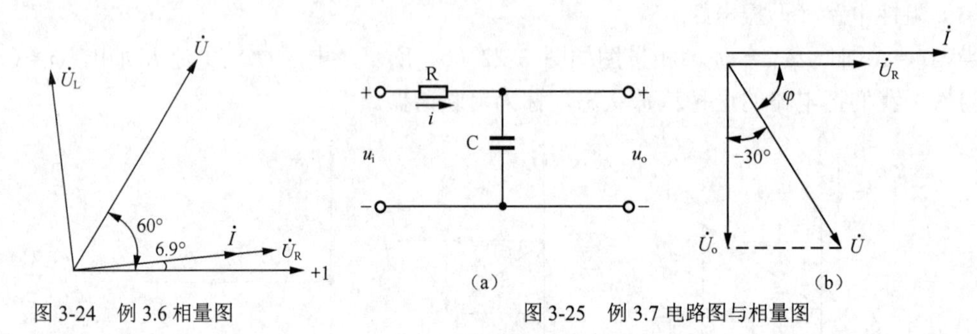

图 3-24 例 3.6 相量图

图 3-25 例 3.7 电路图与相量图

解：设以电流为参考相量 $\dot{I}$ 作相量图，如图 3-25（b）所示。已知输出电压 $\dot{U}_{\mathrm{o}}$（即 $\dot{U}_{\mathrm{C}}$）滞后于输入电压 $\dot{U}_{\mathrm{i}}$ 30°，则电压 $\dot{U}_{\mathrm{i}}$ 与电流 $\dot{I}$ 的相位差 $\varphi = -60°$，有

$$X_{\mathrm{C}} = \frac{1}{\omega C} = \frac{1}{2\times 3.14\times 1\,000\times 0.025\times 10^{-6}} \approx 6\,369(\Omega)$$

而

$$\tan\varphi = \frac{-X_{\mathrm{C}}}{R}$$

所以

$$R = \frac{-X_{\mathrm{C}}}{\tan\varphi} = \frac{-6\,369}{\tan(-60^{\circ})} \approx \frac{-6\,369}{-1.732} \approx 3\,677(\Omega)$$

即 $R = 3\,677\Omega$ 时，输出电压就滞后于输入电压 30°。

由本例可见相量图在解题过程中的重要作用。因此，应会画出简单电路的相量图，并通过相量图求解简单问题。

RL 串联电路和 RC 串联电路均可视为 RLC 串联电路的特例。

在 RLC 串联电路中

$$Z = R + \mathrm{j}(X_{\mathrm{L}} - X_{\mathrm{C}})$$

当 $X_{\mathrm{C}} = 0$ 时，$Z = R + \mathrm{j}X_{\mathrm{L}}$，即为 RL 串联电路。

当 $X_{\mathrm{L}} = 0$ 时，$Z = R - \mathrm{j}X_{\mathrm{C}}$，即为 RC 串联电路。

由此推广，R、L、C 单一元件也可看成 RLC 串联电路的特例。这表明，RLC 串联电路中的公式对单一元件也同样适用。

3. 功率

在 RLC 串联电路中，既有耗能元件，又有储能元件，所以电路既有有功功率，也有无功功率。

电路中只有电阻元件消耗能量，所以电路的有功功率就是电阻上消耗的功率。

$$P = P_{\mathrm{R}} = U_{\mathrm{R}}I$$

由电压三角形可知

$$U_R = U\cos\varphi$$

所以

$$P = UI\cos\varphi \tag{3-17}$$

式（3-17）为RLC串联电路的有功功率公式，它也适用于其他形式的正弦交流电路，具有普遍意义。

电路中的储能元件不消耗能量，但与外界进行着周期性的能量转换。由于相位的差异，电感器吸收能量时，电容器释放能量；电感器释放能量时，电容器吸收能量。电感器和电容器的无功功率具有互补性。所以，RLC串联电路和电源进行能量转换的最大值就是电感器和电容器无功功率的差值，即RLC串联电路的无功功率为

$$Q=Q_L-Q_C=(U_L-U_C)I=I^2(X_L-X_C)$$

由电压三角形可知

$$U_X=U_L-U_C=U\sin\varphi$$

所以

$$Q=UI\sin\varphi \tag{3-18}$$

式（3-18）为RLC串联电路的无功功率计算公式，它也适用于其他形式的正弦交流电路。

电路的总电压有效值和总电流有效值的乘积，称为电路的视在功率，用符号S表示，它的单位是伏安（V·A），在电力系统中常用千伏安（kV·A）。视在功率的表达式为

$$S=UI \tag{3-19}$$

视在功率表示电源提供的总功率，也表示交流设备的容量。通常所说的变压器的容量，就是指视在功率。

将电压三角形的三条边同时乘以电流有效值I，能得到一个与电压三角形相似的三角形。它的三条边分别表示电路的有功功率P、无功功率Q和视在功率S，这个三角形就是功率三角形，如图3-26所示。P与S的夹角φ称为功率因数角。综上所述，φ有3个含义，即电压超前电流的相位差、阻抗角和功率因数角，“三角合一”。

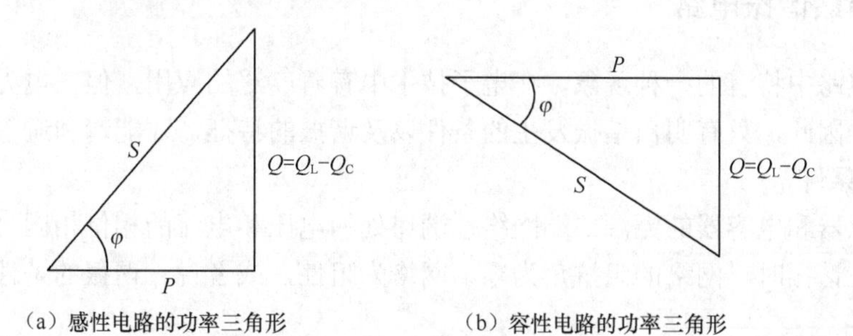

（a）感性电路的功率三角形　（b）容性电路的功率三角形

图3-26　功率三角形

由功率三角形可知

$$S=\sqrt{P^2+Q^2} \tag{3-20}$$

$$\varphi=\arctan\frac{Q}{P} \tag{3-21}$$

为了表示电源功率被利用的程度，把有功功率与视在功率的比值称为功率因数，用$\cos\varphi$表示，即

$$\cos\varphi = \frac{P}{S} = \frac{U_R}{U} = \frac{R}{|Z|} \tag{3-22}$$

对于同一个电路，电压三角形、阻抗三角形和功率三角形都相似，所以从式（3-22）可以看出，功率因数取决于电路元件的参数和电源的频率。

功率因数

上述关于功率的有关公式虽然是由 RLC 串联电路得出的，但也适用于一般正弦交流电路，具有普遍意义。

例 3.8　在图 3-27 所示的电路中，已知电源频率为 50Hz，电压表读数为 100V，电流表读数为 1A，功率表读数为 40W，求 R 和 L 的大小。

解：电路的功率就是电阻消耗的功率，由 $P = I^2R$ 得

$$R = \frac{P}{I^2} = \frac{40}{I^2} = 40(\Omega)$$

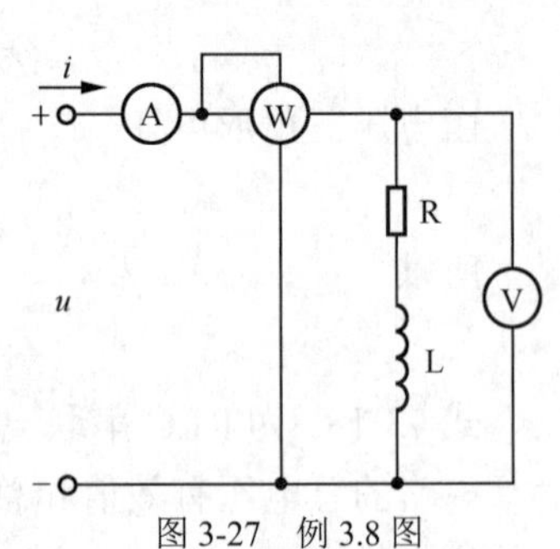

图 3-27　例 3.8 图

电路的阻抗

$$|Z| = \frac{U}{I} = \frac{100}{1} = 100(\Omega)$$

由于

$$|Z| = \sqrt{R^2 + X_L^2}$$

所以感抗

$$X_L = \sqrt{|Z|^2 - R^2} = \sqrt{100^2 - 40^2} \approx 91.65(\Omega)$$

则电感

$$L = \frac{X_L}{2\pi f} = \frac{91.65}{2 \times 3.14 \times 50} \approx 291.9(\text{mH})$$

（九）串联谐振电路

谐振是电路中特有的一种现象，在电子技术中有着广泛的应用，但在电力系统中却要避免谐振发生。因此，只有明白谐振发生的条件以及谐振的特征，才能趋利避害。

1. 谐振条件

含有电感器和电容器的无源二端网络，端口处的电压和电流的相位相同时出现的现象，叫作谐振。在谐振时，网络的阻抗角为零，网络为阻性，或者说，谐振的条件就是网络复阻抗的虚部为零。

RLC 串联电路发生的谐振叫作串联谐振，如图 3-28 所示。

RLC 串联电路的复阻抗为

$$Z = R + \mathrm{j}\left(\omega L - \frac{1}{\omega C}\right) = R + \mathrm{j}\left(X_L - X_C\right)$$

串联谐振的条件是虚部为零，即

$$\omega L - \frac{1}{\omega C} = 0$$

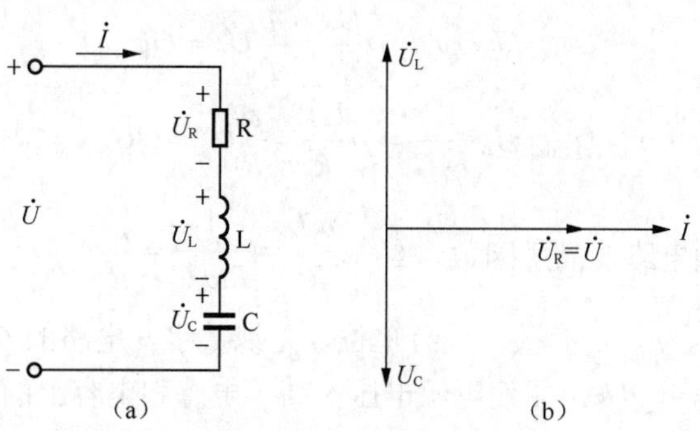

图 3-28　RLC 串联谐振电路

由上式可以得出谐振的角频率和频率分别为

$$\left.\begin{aligned}\omega_0&=\frac{1}{\sqrt{LC}}\\ f_0&=\frac{1}{2\pi\sqrt{LC}}\end{aligned}\right\}\tag{3-23}$$

串联电路谐振频率 f_0（或角频率 ω_0）仅与电路本身的参数 L 和 C 有关，因此，f_0 又称为电路的固有频率。若电路的 L、C 均为定值，则电路的谐振频率 f_0 为定值。改变电源的频率，使它和电路的固有频率相等，就满足谐振条件，电路便发生谐振。若电源频率 f 为一定值，则调节电路参数 L、C 可改变电路的固有频率 f_0，当固有频率和电源频率相等时，电路也能发生谐振。

2. 串联谐振的特点

（1）谐振时，阻抗最小，电流最大。

因为谐振时，$X=0$，所以

$$|Z|=\sqrt{R^2+X^2}=R$$

为最小值，且为纯电阻，而电路的电流 $I=U_S/|Z|$。当电源电压一定时，产生谐振的电流为最大值，用 I_0 表示，$I_0=U_S/R$，而且电流与电压同相。

（2）谐振时，电路的电抗为零，感抗和容抗相等且等于电路的特性阻抗。

由于谐振时

$$\omega_0=\frac{1}{\sqrt{LC}}$$

则

$$\omega_0L=\frac{1}{\omega_0C}=\frac{L}{\sqrt{LC}}=\sqrt{\frac{L}{C}}=\rho$$

式中，ρ——特性阻抗 $\rho=\sqrt{\dfrac{L}{C}}$，只与电路的参数 L 和 C 有关，单位为Ω。

ρ 是衡量电路特性的一个重要参数。

（3）谐振时，电感与电容的电压大小相等，相位相反，且大小为电源电压 U_S 的 Q 倍。

谐振时电感和电容的电压大小分别用 U_{L0} 和 U_{C0} 表示，则

$$U_{L0}=I_0\omega_0 L=\rho\frac{U_S}{R}=\frac{\rho}{R}U_S=QU_S$$

$$U_{C0}=I_0\frac{1}{\omega_0 C}=\rho\frac{U_S}{R}=\frac{\rho}{R}U_S=QU_S$$

式中，Q——谐振电路的品质因数，$Q=\dfrac{\omega_0 L}{R}=\dfrac{1}{R\omega_0 C}=\dfrac{\rho}{R}$。

Q只与电路参数R、L、C有关，没有单位，是纯数字。电路的Q值一般为50～200。

谐振时，$U_{L0}=U_{C0}=QU_S$，即使电源电压不高，电感和电容上的电压仍可能很高，所以串联谐振也称为电压谐振。这一特点在无线电工程上是十分有用的，因为设备接收的信号非常弱，而通过电压谐振可使信号电压升高。但在电力系统中，电压谐振产生的高电压有时会把电感线圈和电容器的绝缘装置击穿，造成设备损坏事故。因此，在电力系统中应尽量避免发生电压谐振。

知识点滴

某悬索大桥在约20h内多次发生“抖动”现象。经过专家勘探研究，造成该现象的原因是涡振，这是一种物理上的共振，属于正常范围内的抖动。

本项目介绍的RLC串联谐振（属于共振现象）在无线电工程上是十分有用的，即通过电压谐振可使信号的电压升高，增强信号接收效果。但在电力系统中，电压谐振产生的高电压有时会造成设备损坏事故，在电力系统中应尽量避免发生电压谐振。同一种现象，在不同的领域中有积极的影响，也有消极的影响。我们要实事求是，以辩证思维处理问题，提高产品质量，避免发生安全事故。

（十）相量形式的基尔霍夫定律

基尔霍夫定律是电路的基本定律，不仅适用于直流电路，而且适用于交流电路。在正弦交流电路中，所有电压、电流都是同频率的正弦量，它们的瞬时值和对应的相量都遵守基尔霍夫定律。

1. 相量形式的基尔霍夫电流定律

在正弦交流电路中，任一时刻，流入电路中任一个节点各支路电流相量和恒等于零，即

$$\Sigma\dot{I}=0 \tag{3-24}$$

2. 相量形式的基尔霍夫电压定律

在正弦交流电路中，任一时刻，沿电路中的任一个回路，所有支路的电压相量和恒等于零，即

$$\Sigma\dot{U}=0 \tag{3-25}$$

例 3.9 在图3-29所示的电路中，已知电流表A_1、A_2的读数均是5A，试求电路中电流表A的读数。

解：

设两端电压$\dot{U}=U\angle 0^\circ$。图3-29（a）中电压、电流为关联参考方向，电阻上的电流与电压同相，故

$$\dot{I}_1=\angle 0^\circ\text{A}$$

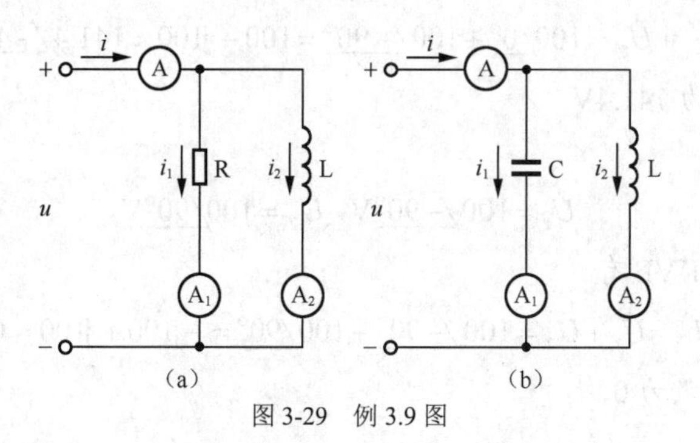

图 3-29　例 3.9 图

电感上的电流滞后电压 90°，故

$$\dot{I}_2 = 5\angle -90^\circ \text{A}$$

根据相量形式的 KCL 得

$$\dot{I} = \dot{I}_1 + \dot{I}_2 = 5\angle 0^\circ + 5\angle -90^\circ = 5 - \text{j}5 \approx 7.07\angle -45^\circ(\text{A})$$

即电流表 A 的读数为 7.07A。

图 3-29（b）中电流与电压为关联参考方向，电容上的电流超前电压 90°，故

$$\dot{I}_1 = 5\angle 90^\circ \text{A}$$

电感上的电流滞后电压 90°，故

$$\dot{I}_2 = 5\angle -90^\circ \text{A}$$

根据相量形式的 KCL 得

$$\dot{I} = \dot{I}_1 + \dot{I}_2 = 5\angle 90^\circ + 5\angle -90^\circ = \text{j}5 - \text{j}5 = 0$$

即电流表 A 的读数为 0。

例 3.10　在图 3-30 所示的电路中，已知电压表 V_1、V_2 的读数均为 100V，试求电路中电压表 V 的读数。

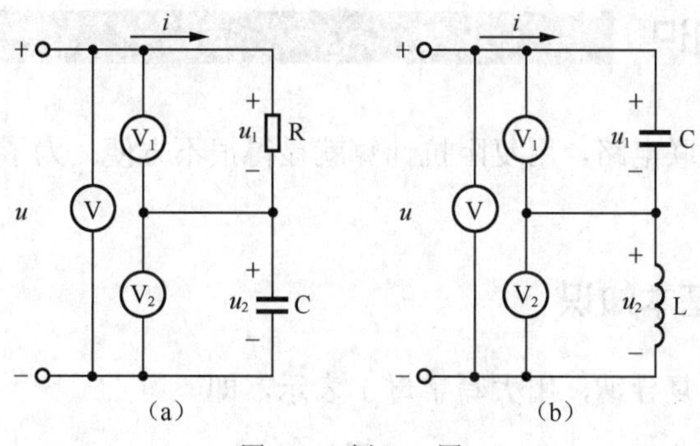

图 3-30　例 3.10 图

解： 设 $\dot{I} = I\angle 0^\circ$。

图 3-30（a）中

$$\dot{U}_1 = 100\angle 0^\circ \text{V}，\dot{U}_2 = 100\angle -90^\circ \text{V}$$

根据相量形式的 KVL 有

$$\dot{U}=\dot{U}_1+\dot{U}_2=100\angle 0^\circ+100\angle -90^\circ=100-\mathrm{j}100\approx 141.4\angle -45^\circ(\mathrm{V})$$

即电压表的读数为141.4V。

图3-30（b）中

$$\dot{U}_1=100\angle -90^\circ\mathrm{V},\ \dot{U}_2=100\angle 90^\circ\mathrm{V}$$

根据相量形式的KVL有

$$\dot{U}=\dot{U}_1+\dot{U}_2=100\angle -90^\circ+100\angle 90^\circ=-\mathrm{j}100+\mathrm{j}100=0$$

即电压表V的读数为0。

三、任务实施

任务一　通过Multisim仿真实验分析正弦稳态交流电路相量

利用Multisim软件分析正弦稳态交流电路阻抗、电压、功率三角形关系。具体内容见附带的《实训手册》。

任务二　通过润尼尔虚拟仿真系统分析正弦稳态交流电路相量

利用润尼尔虚拟仿真系统软件分析正弦稳态交流电路阻抗、电压、功率三角形关系。具体内容见附带的《实训手册》。

任务三　提高日光灯电路功率因数

利用Multisim软件分析如何提高日光灯电路功率因数。具体内容见附带的《实训手册》。

任务四　通过Proteus仿真实验分析正弦稳态交流电路

利用Proteus仿真软件分析正弦稳态交流电路阻抗、电压、功率三角形关系。具体内容见附带的《实训手册》。

任务五　测量单相交流电路

利用实训室设备测量单相交流电路参数。具体内容见附带的《实训手册》。

四、拓展知识

对于多个支路的并联电路，用复阻抗计算就显得很不方便。为了使问题简便，现引入复导纳。

（一）复导纳的基本知识

复阻抗的倒数叫作复导纳，用大写字母Y表示，即

$$Y=1/Z \tag{3-26}$$

Z的单位为欧姆（Ω），Y的单位为西门子（S），简称西。

当$Z=R+\mathrm{j}X$，则

$$Y=\frac{1}{Z}=\frac{1}{R+\mathrm{j}X}=G+\mathrm{j}B$$

式中，G 称为电导（S），B 称为电纳（S）。

复导纳的极坐标形式为

$$Y = G + \mathrm{j}B = |Y| \angle \varphi' \tag{3-27}$$

式中，$|Y| = \sqrt{G^2 + B^2}$ 是复导纳的模，称为导纳；$\varphi' = \arctan(B/G)$是复导纳的幅角，称为导纳角。

$|Y|$、G、B 也可组成一个三角形，称为导纳三角形。上述关系式也都包含在导纳三角形之中，如图 3-31 所示。

根据复阻抗与复导纳的关系式

$$Y = \frac{1}{Z} = \frac{1}{|Z| \angle \varphi} = |Y| \angle -\varphi$$

对比可以得出

$$|Y| = \frac{1}{|Z|}$$

即导纳等于对应阻抗的倒数。

$$\varphi' = -\varphi$$

即导纳角等于对应阻抗角的负值。

当$\dot{U}$、$\dot{I}$采用关联参考方向时，相量关系式$\dot{I} = \dfrac{\dot{U}}{Z}$也可以表示为

$$\dot{I} = Y\dot{U}$$

（二）用复导纳分析并联电路

图 3-32 所示为多支路并联电路，电压和电流的参考方向均标于图上。

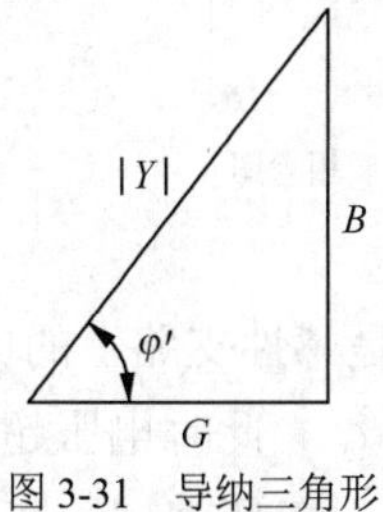

图 3-31 导纳三角形

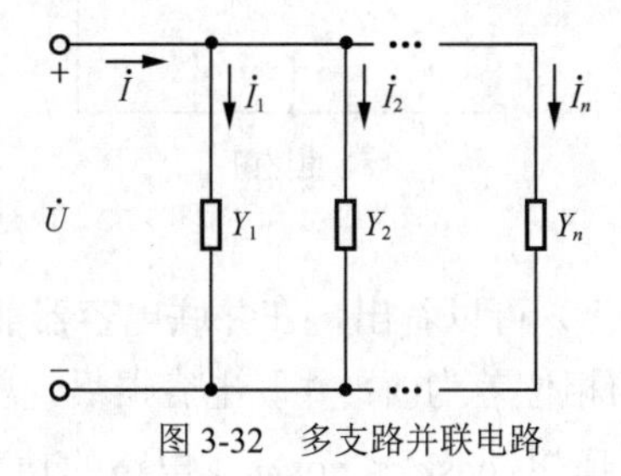

图 3-32 多支路并联电路

根据相量形式的基尔霍夫电流定律，总电流为

$$\begin{aligned}\dot{I} &= \dot{I}_1 + \dot{I}_2 + \cdots + \dot{I}_n \\ &= (Y_1 + Y_2 + \cdots + Y_n)\dot{U} \\ &= Y\dot{U}\end{aligned}$$

式中，Y 为并联电路的等效复导纳，有

$$Y = Y_1 + Y_2 + \cdots + Y_n \tag{3-28}$$

（三）功率因数的提高

（1）提高功率因数的意义。

负载的功率因数越高，电源设备的利用率就越高。例如，一台容量为 100kV·A 的变压器，若负载的功率因数 $\cos\varphi = 0.65$，变压器能输出的有功功率为 $100\times0.65\text{kW} = 65\text{kW}$；若 $\cos\varphi = 0.9$，变压器所能输出的有功功率为 $100\times0.9\text{kW} = 90\text{kW}$。可见功率因数越高，变压器输出的有功功率就越高，即提高了变压器的利用率。

在一定的电压下向负载输送一定的有功功率时，负载的功率因数越高，输电线路的功率损失和电压降就越小。这是因为 $I = P/(U\cos\varphi)$，$\cos\varphi$ 越大，输电线路的电流 I 就越小。电流小，线路中的功率损耗就小，输电效率就高。另外，电流小，输电线路上产生的电压降就小，这样就易于保证负载端的额定电压，有利于负载正常工作。

由以上分析可知，功率因数是电力系统中的一个重要参数，提高功率因数对发展国民经济有着重要的意义。

（2）提高功率因数的方法。

电力系统中的负载大多为感性负载，提高功率因数最常用的方法就是并联电容器。其原理是利用电容器和电感器之间无功功率的互补性，减少电源与负载间交换的无功功率，从而提高电路的功率因数。

下面通过电路图和相量图，说明感性负载并联电容器后提高功率因数的原理，如图 3-33 所示。

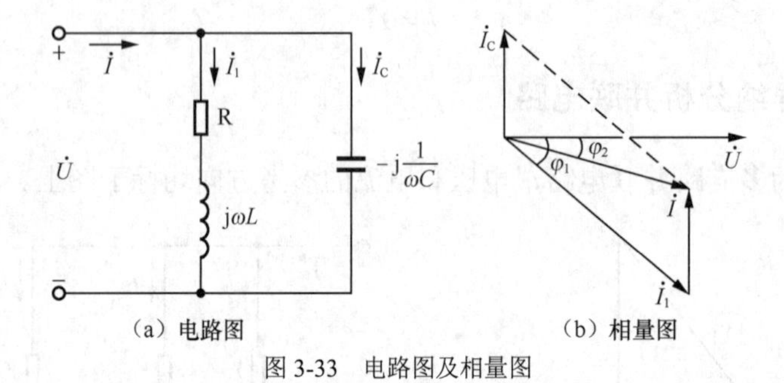

（a）电路图　　（b）相量图

图 3-33　电路图及相量图

由图 3-33（b）可以看出，在并联电容器前，总电流就是感性支路上的电流，即 $\dot{I} = \dot{I}_1$，电压超前电流的相位差为 φ_1；并联电容器后，总电流 $\dot{I} = \dot{I}_1 + \dot{I}_C$，此时电压超前电流的相位差为 φ_2，$\varphi_1 > \varphi_2$，所以 $\cos\varphi_1 < \cos\varphi_2$，电路的功率因数提高了。需要强调：这里认为电源电压不变。在并联电容器前，原感性负载的工作状态并没有改变，功率因数始终是 $\cos\varphi_1$；并联电容器后提高了电路的功率因数，是指感性负载和电容器功率因数的总和比单是感性负载本身的功率因数提高了。

小　结

1．正弦量的三要素

幅值：瞬时值中的最大值，如 U_m、I_m 等。

角频率：正弦量每秒经历的电角度，$\omega = 2\pi f = 2\pi/T$。

初相：计时起点（$t=0$）的相位。

$$|\psi|\leqslant\pi$$

2．相位差

同频率正弦量之间的初相之差。$\varphi=\psi_u-\psi_i>0$ 表明电压超前电流的角度为 φ，$|\varphi|\leqslant\pi$。

3．正弦量的 4 种表示法

（1）解析式，即三角函数表示法，如 $i=I_m\sin(\omega t+\psi_i)$A。

（2）波形图，即正弦曲线表示法。

（3）相量表示法，如 $\dot{U}=U\angle\psi$。

（4）相量图表示法。

相量表示法及相量图表示法属于间接表示法，用这两种表示法进行正弦量的加、减运算比用直接表示法简便得多，但是只能在同频率的正弦量之间进行。

4．正弦量的有效值

$$I=I_m/\sqrt{2}\approx0.707\,I_m$$

$$U=U_m/\sqrt{2}\approx0.707U_m$$

5．电阻元件上电压与电流的相量关系

$$\dot{U}=R\dot{I}\,,\begin{cases}U=RI\\ \psi_u=\psi_i\end{cases}$$

6．电感元件上电压与电流的相量关系

$$\dot{U}=jX_L\dot{I}\,,\begin{cases}U=X_LI\\ \psi_u=\psi_i+\dfrac{\pi}{2}\end{cases}$$

7．电容元件上电压与电流的相量关系

$$\dot{U}=-jX_C\dot{I}\,,\begin{cases}U=X_CI\\ \psi_u=\psi_i-\dfrac{\pi}{2}\end{cases}$$

8．电压与电流的相量关系

$$\dot{U}=Z\dot{I}$$

9．复阻抗

$$Z=R+jX=R+j(X_L-X_C)$$

$$Z=|Z|\angle\varphi$$

$$|Z|=\sqrt{R^2+X^2}=\sqrt{R^2+\left(X_L-X_C\right)^2}\,,\varphi=\arctan\frac{X}{R}=\arctan\frac{X_L-X_C}{R}$$

注 意

除电阻外，其余各量均与电源频率有关。

10．功率

有功功率

$$P = UI\cos\varphi = I^2 R$$

无功功率

$$Q = UI\sin\varphi = I^2 X$$

视在功率

$$S = UI = I^2 |Z|$$

功率因数

$$\cos\varphi = P/S$$

11. 复阻抗与复导纳

$$Y = \frac{1}{Z} = \frac{1}{|Z|\underline{/\varphi}} = |Y|\underline{/-\varphi'}$$

$$|Y| = \frac{1}{|Z|}, \varphi' = -\varphi$$

12. 串联电路的等效复阻抗

$$Z = Z_1 + Z_2 + \cdots + Z_n$$

13. 并联电路的等效复阻抗

$$\frac{1}{Z} = \frac{1}{Z_1} + \frac{1}{Z_2} + \cdots + \frac{1}{Z_n}$$

14. 并联电路的等效复导纳

$$Y = Y_1 + Y_2 + \cdots + Y_n$$

电压与电流的相量关系用复导纳表示为$\dot{I} = Y\dot{U}$。

15. 串联谐振的条件

$$X_L = X_C$$

16. 串联谐振的频率

$$f_0 = \frac{1}{2\pi\sqrt{LC}}$$

17. 串联谐振特性阻抗

$$\rho = \sqrt{\frac{L}{C}}$$

18. 串联谐振品质因数

$$Q = \frac{\omega_0 L}{R} = \frac{1}{R\omega_0 C} = \frac{\rho}{R}$$

习题与思考题

1. 填空题

（1）人们平时所用的交流电压表、电流表所测出的数值是________。

（2）周期 T=0.02s、振幅为 50V、初相为 60° 的正弦交流电压 u 的解析式为________。

（3）已知两个正弦交流电流 $i_1 = \sin(314t - 30°)$，$i_2 = 120\sin(314t + 90°)$，则 i_1 超前

i_2________。

（4）如果通过电阻为 10Ω 的交流电路的 U 相电压 $u=100\sin(314t-\frac{\pi}{4})$V，则流过该电阻的电流为________。

（5）已知一正弦交流电压相量为 $\dot{u}=10\angle45^\circ$V，该电路角频率 $\omega=500$rad/s，那么电压瞬时值表达式为________V。

（6）纯电容电路中，若电流相位角为 0°，则电压相位角为________。

（7）在 RLC 串联电路中，当 $X_L=X_C$ 时，电路呈________性。

（8）为提高功率因数常在感性负载两端________。

2. 判断题

（1）在 $i=I_m\sin(\omega t+\varphi)$ 中表示初相位的量是 φ。 （ ）

（2）在纯电感正弦交流电路中，电压与电流的相位关系是电压滞后电流 90°。 （ ）

（3）有效值、频率和角频率是正弦交流电的三要素。 （ ）

（4）容抗 X_C 与电容器的电容量和交流电频率成正比。 （ ）

（5）电感器在直流稳态电路中相当于开路。在直流电路中，电容器相当于短路。 （ ）

（6）电气设备的额定容量是指无功功率。 （ ）

（7）在 RLC 串联电路中，当 $X_L<X_C$ 时，总电压滞后于电流，电路呈现容性。 （ ）

（8）正弦交流电路的视在功率等于有功功率和无功功率之和。 （ ）

3. 选择题

（1）下面（ ）不属于正弦量的三要素。

A．幅值 B．频率 C．电压 D．初相

（2）一正弦交流电的有效值为 10A，频率为 50Hz，初相位为−30°，它的解析式为（ ）。

A．$i=10\sin(314t+30^\circ)$A B．$i=10\sin(314t-30^\circ)$A

C．$i=10\sin(50t+30^\circ)$A D．$i=10\sin(50t-30^\circ)$A

（3）纯电感电路中，若电流相位角为 0°，则电压相位角为（ ）。

A．180° B．0° C．−90° D．90°

（4）电感器、电容器和电源之间存在着能量转换，这种能量转换规模的大小，用（ ）表示。

A．Q B．L C．C D．S

（5）阻值为 6Ω的电阻器与容抗为 8Ω的电容器串联后接在交流电路中，功率因数为（ ）。

A．0.6 B．0.8 C．0.5 D．0.3

4. 计算题

（1）已知一正弦交流电压的振幅为 310V，频率为工频，初相为 $\frac{\pi}{6}$。试写出其解析式，并画出波形图。

（2）已知一正弦交流电流的解析式为 $i=8\sin(314t-\frac{\pi}{3})$A，求其最大值、角频率、周期和频率。

（3）已知$U_m=100V$，$\psi_u=70°$，$I_m=10A$，$\psi_i=-20°$，角频率同为$\omega=314rad/s$，写出它们的解析式和相位差，并说明哪个超前，哪个滞后。

（4）电压和电流的解析式分别为$u=314\sin(\omega t+30°)$ V，$i=10\sqrt{2}\sin\omega t$A。求电流和电压的有效值。

（5）用交流电压表测得低压供电系统的线电压为380V，问线电压的最大值为多少？

（6）已知$R=100\Omega$，$u_1=220\sqrt{2}\sin(\omega t-30°)$V和$u_2=220\sqrt{2}\sin(\omega t+60°)$V，试写出电阻中电流的解析式，并画出电压和电流的相量图。

（7）有一220V、1kW的电炉，接在20V的交流电源上，试求电炉的电阻和通过电炉的电流。

（8）一电感为60mH的线圈，接到$u=220\sqrt{2}\sin300t$V的电源上，试求线圈的感抗、无功功率及电流的解析式。

（9）某电感线圈的电阻忽略不计，把它接到220V的工频交流电路中，通过的电流为5A，求线圈的电感。

（10）电容为50μF的电容器，接在电压$u=400\sqrt{2}\sin100t$V的电源上，求电流的解析式，并计算无功功率。

（11）在图3-34所示的电路中，已知电流表A_1、A_2的读数均为8A，求电流表的读数。

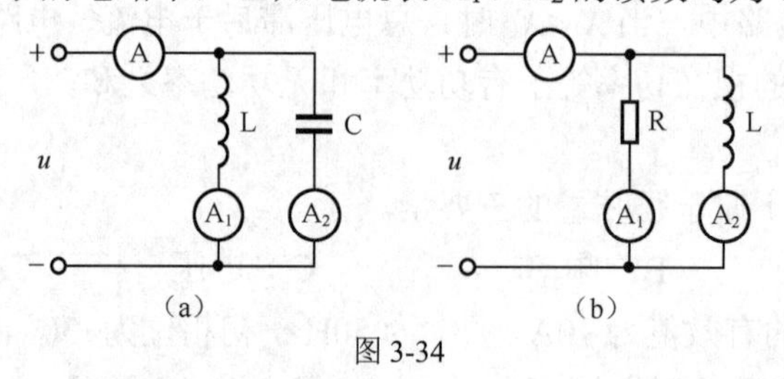

图3-34

（12）在图3-35所示的电路中，电压表V_1、V_2和V_3的读数都是100V，求电压表V的读数。

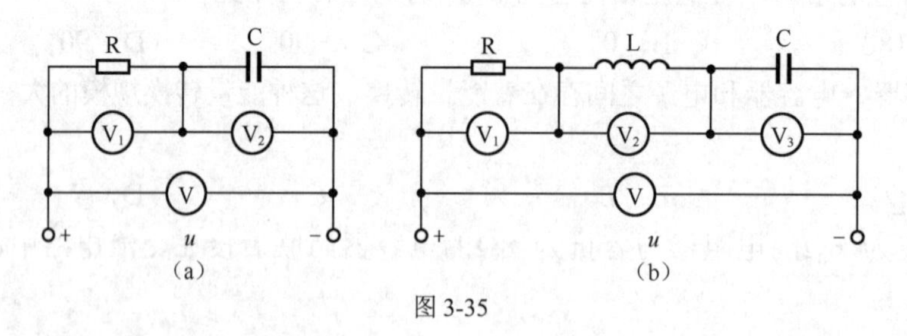

图3-35

（13）在RC串联电路中，已知电源电压$u=220\sqrt{2}\sin314t$V，$R=25\Omega$，$C=73.5\mu F$，求$\dot{I}$、$\dot{U}_R$、$\dot{U}_C$，并画出相量图。

（14）在RLC串联电路中，已知$R=200\Omega$，$X_L=25\Omega$，$X_C=5\Omega$，电源电压$\dot{U}=70.7\angle 0°$V。试求电路的有功功率、无功功率、视在功率。

（15）已知功率为40W的日光灯电路，在$U=220V$正弦交流电压下正常发光，此时电流I=0.4A。求该日光灯的功率因数和无功功率Q。

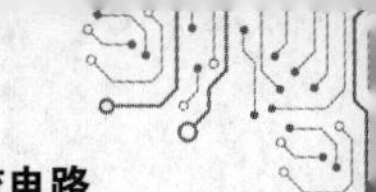

（16）在图 3-36 所示的电路中，已知$\dot{U}=100\underline{/30^\circ}\text{V}$，$\dot{I}=4\underline{/-10^\circ}\text{A}$，$Z_1=(4+\text{j}6)\Omega$，试求$Z_2$。

（17）在图 3-37 所示的电路中，设$i_1=I_{1m}\sin(\omega t+\varphi_1)=100\sin(\omega t+45^\circ)$；$i_2=I_{2m}\sin(\omega t+\varphi_2)=100\sin(\omega t-30^\circ)$求电路总电流$i$，并作电流相量图。

（18）在图 3-38 所示的电路中，已知$\dot{U}=220\underline{/0^\circ}\text{V}$，$Z_1=\text{j}10\Omega$，$Z_2=\text{j}50\Omega$，$Z_3=100\Omega$，试求各支路的电流相量。

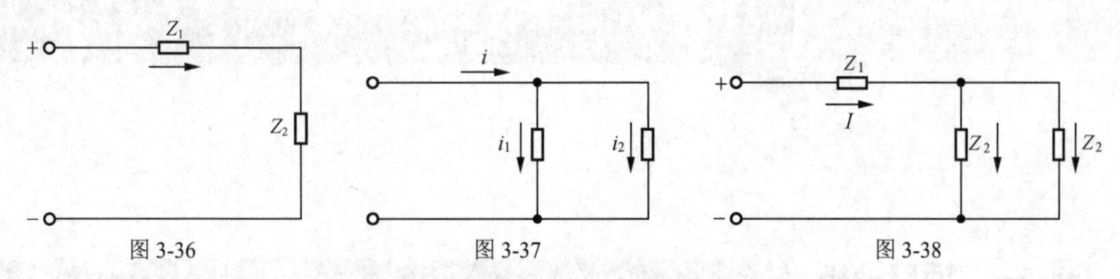

图 3-36　　图 3-37　　图 3-38

（19）在图 3-39 所示的电路中，已知电压表的读数为 50V，试求电流表的读数为多少。

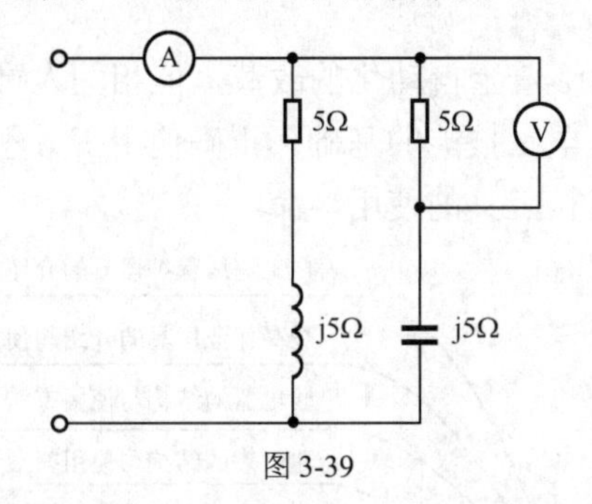

图 3-39

（20）在电压为 220V、频率为 50Hz 的电源上，接有功率为 40W、功率因数为 0.5 的日光灯 100 只。为了提高功率因数，给它并联一个电容为 292.68μF 的电容器，试求并联电容器后电路的功率因数。

项目四 使用电工测量仪表及安全工具

一、项目分析

电工技术领域虽然已经面临着全自动化的改革，但相关人员进行现场技术操作还是避免不了。正确使用安全工具，是电工技能的基础。正确使用工具不但能提高工作效率和施工质量，而且能保证操作安全及延长工具的使用寿命。

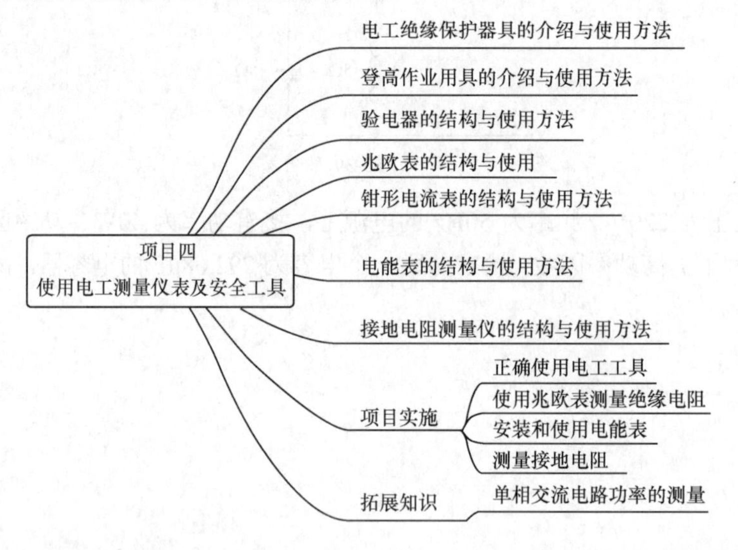

项目内容

本项目从测量的一般知识出发，介绍电工测量仪表的分类、测量误差、万用表的使用、常用电参数的测量原理、非电参数的测量方法及其应用。

知识点

（1）高、低压验电器的结构和正确使用方法。

（2）电压、电流、电能、电功率等电量测量原理。

（3）兆欧表的工作原理。

（4）钳形电流表的工作原理。

（5）电能表的结构。

（6）接地电阻测量仪的结构等。

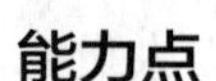

能力点

（1）能熟练使用验电器验电。

（2）能熟练测量各种电量和电路参数。

（3）能熟练绝缘电阻测量技术。

（4）能熟练安装电能表。

（5）能熟练测量接地电阻等技术。

（6）树立规范和安全操作意识，学习急救常识。

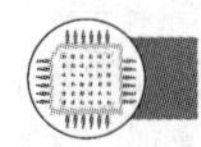

二、相关知识

电工安全工具及测量仪表在电工技术体系结构和电工安全生产工作中占有重要的地位。它奠定了电工技术发展的基础，确保电工安全生产工作能够顺利进行。电工安全工具及测量仪表的种类很多，本项目重点介绍在电工上岗证的培训和考试中必不可少的安全工具使用知识。

（一）电工绝缘保护器具

电工绝缘保护器具对电工从业人员来说相当重要，它是对电工从业人员自身安全起保护作用的一系列保护器具。电工绝缘保护器具包括绝缘杆、绝缘夹钳、绝缘手套、绝缘靴、绝缘垫、绝缘站台等。电工绝缘保护器具分为基本安全用具和辅助安全用具，前者的绝缘能力较强，能长时间承受电气设备的工作电压，能直接用来操作带电设备；后者的绝缘能力较弱不足以承受电气设备的工作电压，只能加强基本安全用具的保护作用。

1. 绝缘杆和绝缘夹钳

绝缘杆和绝缘夹钳都是基本绝缘安全用具。绝缘夹钳只适用于 35kV 以下的电气操作。绝缘杆和绝缘夹钳都由工作部分、绝缘部分和握手部分组成。握手部分和绝缘部分用浸过绝缘漆的木材、硬塑料、胶木或玻璃钢制成，其间由护环分开。配备不同工作部分的绝缘杆，可用来操作高压隔离开关，操作跌落式保险器，安装和拆除临时接地线，安装和拆除避雷器，以及进行测量和实验等工作。绝缘夹钳主要用来拆除和安装熔断器及进行其他类似工作。考虑到电力系统内部过电压的可能性，绝缘杆和绝缘夹钳的绝缘部分和握手部分的最小长度应符合要求。绝缘杆工作部分金属钩的长度，在满足工作要求的情况下，不宜超过 5cm，以免操作时造成相间短路或接地短路。

2. 绝缘手套和绝缘靴

绝缘手套和绝缘靴都是用橡胶制成的。二者都可作为辅助安全用具，绝缘手套可作为低压工作的基本安全用具，绝缘靴可作为防护跨步电压的基本安全用具。绝缘手套的长度至少应超过手腕 10cm。

3. 绝缘垫和绝缘站台

绝缘垫和绝缘站台只作为辅助安全用具。绝缘垫由厚度 5mm 以上、表面有防滑条纹的橡胶制成，其尺寸不宜小于 0.8m × 0.8m。绝缘站台由木板或木条制成。相邻板条之间的距离不得大于 2.5cm，以免鞋跟陷入；站台不得有金属零件；台面板用支持绝缘子与地面绝缘，支持绝缘子高度不得小于 10cm；台面板边缘不得伸出绝缘子之外，以免站台翻倾，人员摔倒；绝缘站台尺寸不宜小于 0.8m× 0.8m，但为了便于移动和检查，尺寸也不宜超过 1.5m × 1.0m。

4. 安全帽

安全帽有电工安全帽和普通安全帽两种。安全帽由帽体、头套、吊带、绳圈、帽带、缓冲垫等部件组成。

电工安全帽既可用于防止被飞来物、坠落物、工件，以及坠落时碰伤头部，也可用于在带电线路或高压线路附近作业时防止头部触电。而普通安全帽只用于防止头部受伤。

安全帽及其他工具要按图 4-1 所示的方式正确地戴好或装好，帽带要系牢。图 4-2 所示的戴法是不正确的。

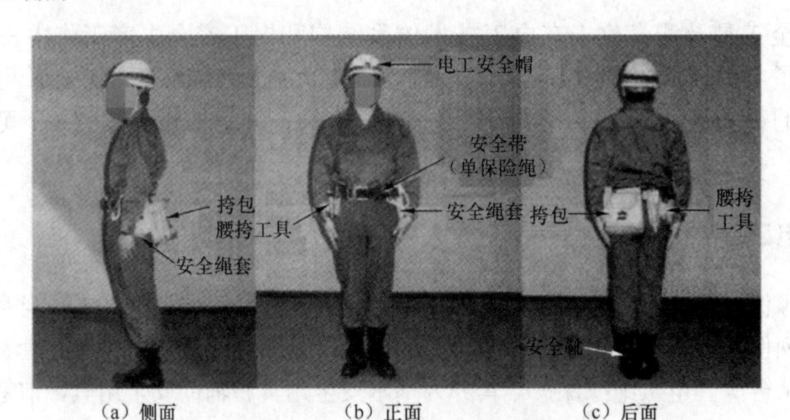

图 4-1　电工安全工具的穿戴情况示例

图 4-2　错误的安全帽戴法示例

5. 拉杆的结构及使用

拉杆由工作部分、绝缘部分和握手部分组成，握手部分和绝缘部分由浸过漆的木材、硬塑料、胶木或者玻璃钢组成，其间由护环分开。

拉杆主要用来操作跌落式熔断器、安装和拆除临时接地线，以及进行测量和实验等工作。

6. 电工绝缘保护器具检验

高压带电作业及在带电线路附近作业时所用的电工安全帽是绝缘保护器具，必须使用标有符合劳动安全卫生法规定的检验合格标志的产品。劳动安全卫生法规定，每 6 个月之内必须依照绝缘保护器具耐压实验方法，对绝缘保护器具的绝缘性能进行一次检验。未使用时间超过 6 个月的绝缘保护器具，不在此限。

知识点滴

《电工安全操作规程》是指施工现场的电力安装维修要求。《电工安全操作规程》是国家硬性要求，是在施工现场必须遵守的章程。

某供电公司作业人员带电处理某10kV线路10号杆中绝缘子破损和导线偏移危急缺陷，现场拟订了施工方案和作业步骤，并填写电力线路应急抢修单。作业过程中工作人员擅自摘下双手的绝缘手套作业，举起右手时误碰遮蔽不严的放电线夹，在带电体（放电线夹）与接地体间形成放电回路，导致1人触电死亡。

该事故反映的问题：一是工作负责人业务技能和安全意识不足；二是带电作业操作规程执行不严格，作业人员安全意识淡薄，缺乏危险点辨识和自我保护能力；三是作业监护缺失。

（二）登高作业用具

登高作业用具有梯子、安全带、脚扣、登高板等。

1. 梯子

使用梯子的时候要注意检查梯子是否牢固可靠，是否能承受负重。在梯子上面作业时，梯顶一般不应低于工作人员的腰部。

使用梯子的时候还要注意：不使用钉子钉成的木梯子；不垫高梯子使用；梯子与地面的夹角以60°为宜；不在梯子的最上层作业，人字梯张开后应将挂钩挂好，没有挂钩的梯子应有人扶梯；不得将工具材料放在梯子的最上层。

2. 安全带

安全带有U字形保险绳安全带和单根保险绳安全带两种（本项目主要介绍单根保险绳安全带）。单根保险绳安全带主要由腰带、带扣、辅助带、保险绳、钩锁或D字环、8字环或三眼环等部分组成，如图4-3所示。

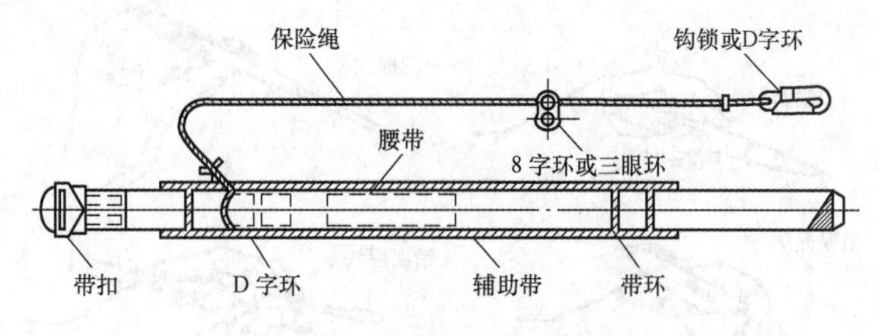

图4-3 单根保险绳安全带的结构

安全带主要用于高处作业，如天井、马凳、梯子和塔架等脚手架或屋顶上（陡斜面），以及地板作业的扶手、无栏杆楼梯的边缘和楼梯口边缘等位置。

腰绳、保险绳和腰带是电杆登高操作的必备用品。腰带是用来系挂保险绳、腰绳和吊物绳的，使用时应系在臀部，而不是腰间；否则，操作时既不灵活又容易扭伤腰部。使用保险绳时，一端要可靠地系在腰部，另一端用保险钩挂在牢固的横担和抱箍上，腰绳使用时应系在电杆的横担和抱箍下方，防止腰绳窜出电杆顶端，造成工伤事故。

3. 脚扣

使用脚扣时，一定要按电杆的规格选择，不得采用把脚扣由小掰大或者由大掰小的办法。发现脚扣有裂纹或者脚扣皮带受损时，应立即修理或更换；不得用电线或者绳子代替脚扣的皮带。水泥杆脚扣可以用于木杆，木杆脚扣不能用于水泥杆。脚扣要和安全带配合使用，在杆上作业时，一定要系好安全带。

4. 登高板

使用登高板时，绳子的长度要适应使用者的身材，一般应保持一人一手长，蹬板和白棕绳应均能承受 300kg 的质量，每半年要进行一次载荷试验，在每次登高前应做人为冲击试蹬。

（三）验电器

验电器是检验导线或电气设备是否带电的一种检验工具。按被检对象的电压等级可分为低压验电器和高压验电器。

1. 低压验电器

（1）结构。

低压验电器也称测电笔或电笔，有笔式、螺丝刀式和数显式 3 种，如图 4-4 所示。

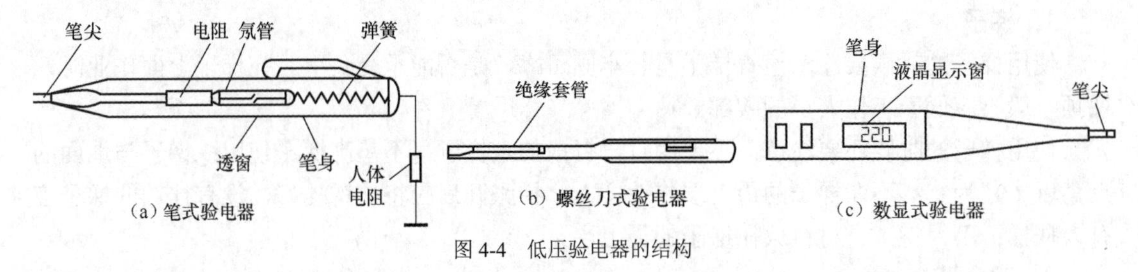

图 4-4 低压验电器的结构

（2）使用方法。

低压验电器的电压测量范围为 60～500V。

低压验电器的握法如图 4-5 所示。

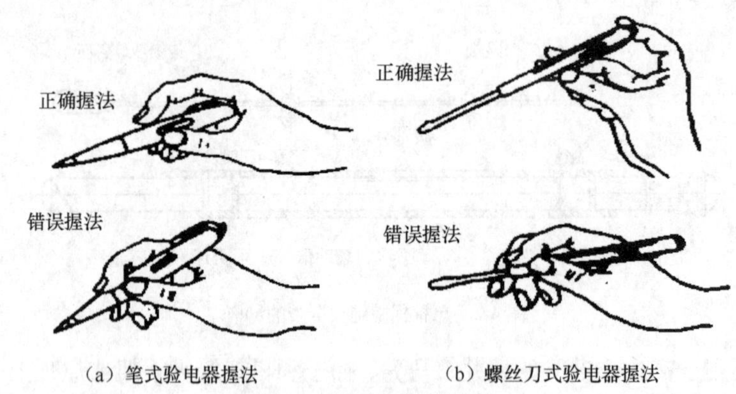

图 4-5 低压验电器的握法

（3）注意事项。

使用前，必须在有电源处对验电器进行测试，保证该验电器良好方可使用。

验电时，应使验电器逐渐靠近被测物体，直至氖管发亮，不可直接接触被测物体，以防电压过高而发生事故。

验电时，手指必须触及笔尾的金属；否则，不管被测物体是否带电，氖管都不会发光。带电体也会被误判为非带电体。

验电时，要防止手指触及笔尖部分的金属，以免发生触电事故。

2. 高压验电器

（1）结构。

高压验电器又称高压测电器，10kV 高压验电器由金属钩、氖管、氖管窗、紧固螺钉、护环和握柄等组成，如图 4-6 所示。

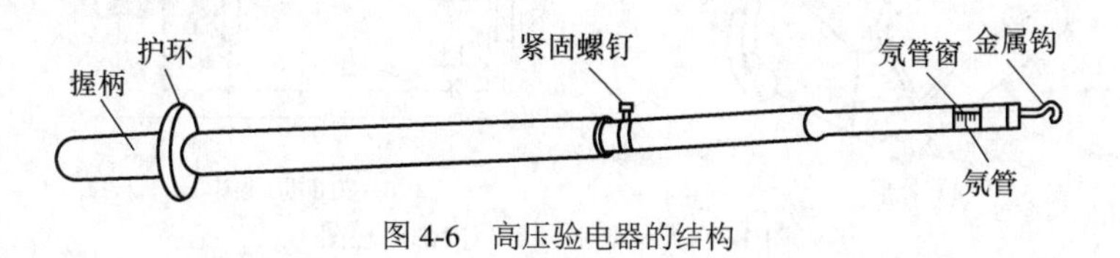

图 4-6 高压验电器的结构

（2）使用方法。

使用高压验电器时，单手或者双手握住握柄，使金属钩触及（靠近）被测物体，观察氖管是否发亮，判定被测物体是否带电。

（3）注意事项。

使用前，必须在有电源处对验电器进行测试，保证该验电器良好方可使用。验电时，用手握住验电器的握柄，手不能握住护环以外。验电时，应该戴上电工手套，穿电工靴，保证验电器本身干燥（绝缘良好），电工手套和电工靴也同样绝缘良好；验电时，必须有人在旁边监护；验电时，小心操作，以防发生相间或对地短路事故；验电时，验电器与带电体保持足够的安全距离（10kV 高压安全距离应大于 0.7m）；须选择天气良好时进行室外操作，在雨、雪、雾及湿度较大的天气不宜进行测电操作，以免发生危险。

（四）兆欧表

兆欧表又称摇表，是专门用于测量绝缘电阻的仪表，其表盘刻度以兆欧（MΩ）为单位，是一种测量高电阻的仪表。在电器的安装、检修和实验中，为了校验电气设备是否完好，绝缘材料是否受潮、老化、发热，确保设备正常运行和操作人员安全，常常需要对电气设备进行绝缘电阻的测量，而兆欧表就是一种专门用来测量和检查电气设备或供电线路的绝缘电阻的直读可携带式仪表。

1. 兆欧表的结构

常用的手摇式兆欧表主要由磁电式流比计和手摇直流发电机组成，根据输出电压划分有 500V、1 000V、2 500V、5 000V 几种。随着电子技术的发展，现在也出现用电池及晶体管直流变压器把电池低压直流转换为高压直流来代替手摇直流发电机的兆欧表。

兆欧表主要由两部分组成：一是比率型磁电系测量机构；二是一台手摇直流发电机。兆欧表的外形如图 4-7（a）所示。

2. 兆欧表的工作原理

兆欧表的内部原理图如图 4-7（b）所示。被测电阻 R_j 接在兆欧表测量端子的“线”（L）端与“地”（E）端之间。摇动手柄，直流发电机输出直流电流。线圈 1、电阻 R_G 和被测电阻 R_j 串联，线圈 2 和电阻 R_U 串联，然后两条电路并联在发电机上。设线圈 1 电阻为 r_1，线圈 2 电阻为 r_2，则两个线圈上的电流分别是

$$I_1 = \frac{U}{r_1 + R_G + R_j}, \quad I_2 = \frac{U}{r_2 + R_U} \tag{4-1}$$

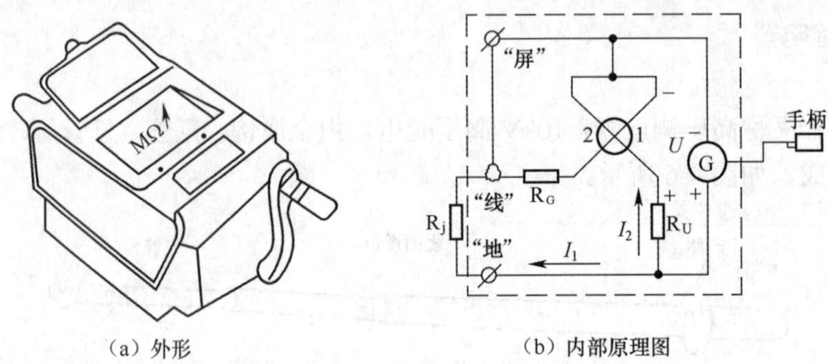

（a）外形　　　（b）内部原理图

图 4-7　兆欧表的外形与内部原理图

式（4-1）中两式相除得

$$\frac{I_1}{I_2}=\frac{r_2+R_U}{r_1+R_G+R_j}$$

式中，r_1、r_2、R_G和R_U为定值，R_j为变量，所以改变R_j会引起比值I_1/I_2的变化。

由于线圈1与线圈2绕行方向相反，流入电流I_1和I_2后，在永久磁场作用下，两个线圈上分别产生两个方向的转矩T_1和T_2。由于气隙磁场不均匀，因此T_1和T_2既与对应的电流成正比又与其线圈所处的角度有关系。当$T_1 \neq T_2$的时候指针发生偏转，直到$T_1=T_2$时，指针停止转动（指针偏转的角度取决于I_1和I_2的比值），此时指针所指的是刻度盘上显示的被测设备的绝缘电阻值。

当E端与L端短接时，I_1为最大，指针顺时针方向偏转到最大位置，即“0”位置；当E和L未接被测电阻时，R_j趋于无穷大，$I_2=0$，指针逆时针方向转到“∞”位置。

由于该表结构中没有产生反作用力矩的游丝，因此在使用之前，指针可以停留在刻度盘上任何位置。

3. 正确选用兆欧表

兆欧表的额定电压应根据被测电气设备的额定电压来选择。测量额定电压在500V以下的设备时，选用500V或者1 000V的兆欧表；测量额定电压在500V以上的设备，应选用1 000V或者2 500V的兆欧表；测量绝缘子、母线等时要选用2 500V或者3 000V兆欧表。

4. 使用前检测兆欧表是否完好

如图4-8所示，将兆欧表保持水平且平稳放置，检查指针偏转情况：将E端和L两端开路，以约120r/min的转速摇动手柄，观测指针是否指到“∞”位置；然后将E端和L端短接，缓慢摇动手柄，观测指针是否指到“0”位置。经检查完好后，兆欧表方可使用。

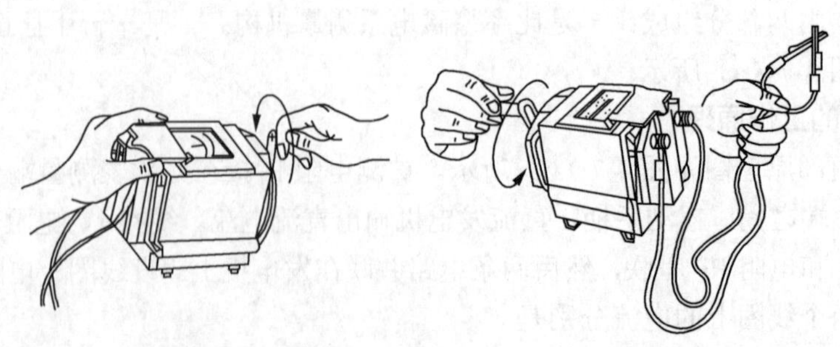

（a）开路检测　　　（b）短路检测

图 4-8　兆欧表的短路检测和开路检测

5. 兆欧表的使用

（1）兆欧表的放置应平稳牢固，被测体表面要干净，以确保测量正确。

（2）正确接线。兆欧表有 3 个接线端子：线路（L）、接地（E）、屏蔽（G）。应按不同测量对象进行相应接线。测量线路对地绝缘电阻时，E 端接地，L 端接于被测线路；测量电机或设备绝缘电阻时，E 端应该接电机或设备外壳，L 端接被测绕组的一端；测量电机或变压器绕组间绝缘电阻时，先拆除绕组间的连接线，将 E 端和 L 端分别接于被测的两组绕组上；测量电缆绝缘电阻时 E 端接电缆外表皮（铅套）上，L 端接线芯，G 端接线芯最外层绝缘层上。

（3）由慢到快摇动手柄，直到转速达 120r/min 左右，保持手柄的转速均匀、稳定，一般要转动 1min，待指针稳定后读数。

（4）测量完毕后，待兆欧表停止转动、被测物接地放电后方能拆除连接导线。

6. 注意事项

因兆欧表本身工作时会产生高压电，为避免人身及设备事故，必须重视以下几点。

（1）不能在设备带电的情况下测量其绝缘电阻。测量前被测设备必须切断电源和负载，并进行放电；如果要再次测量已用兆欧表测量过的设备，也必须先接地放电。

（2）兆欧表测量时要远离大电流导体和外磁场。

（3）与被测设备的连接导线应用兆欧表专用测量线或者选用绝缘强度高的单芯多股软线，两根导线切忌绞绕在一起，以免影响测量的准确度。

（4）测量过程中，如果指针指向“0”位置，表示被测设备短路，应立即停止摇动手柄。

（5）被测设备中如有半导体器件，应先将半导体的插件板拆去。

（6）测量过程中不得触及设备的测量部分，以防触电。

（7）测量电容性设备的绝缘电阻时，测量完毕后，应使设备充分放电。

（8）使用兆欧表时，由于发电机端口电压达千伏级，所以要注意测量安全。

（五）钳形电流表

在测量电流时，在有些场合是不能断开电路的，这时可以使用钳形电流表（见图 4-9）。下面介绍 MG24 型钳形交流电流表及结构。

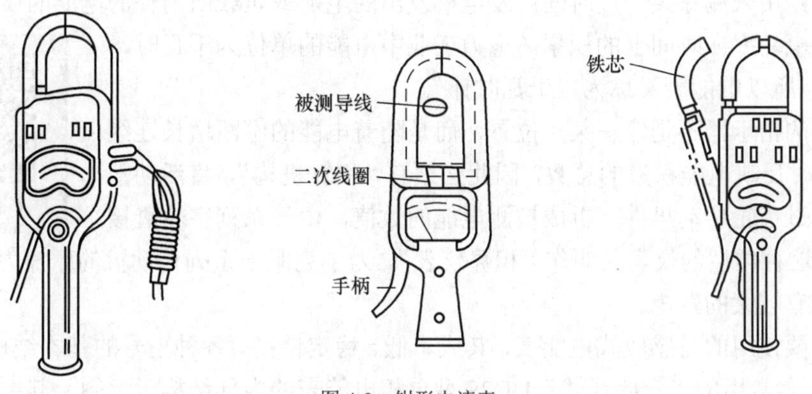

图 4-9 钳形电流表

MG24 型钳形交流电流表由电流互感器和整流系电流表组成，只能用于测量交流电流和电压。仪表共有两条标度尺：一条用于测量交流电流，另一条用于测量交流电压。测量范围为：0～250A，0～600V。

认识钳形电流表

测量交流电压时，只需要将两表笔的一端插入表上插孔内，另一端分别接到待测电压两端。

测量交流电流时，握紧钳形电流表上的手柄，使电流互感器的铁芯张开，被测电路的导线不必断开就可以通过铁芯间的缺口，再松开手柄，使铁芯闭合。这时，位于铁芯中间的载流导线就相当于电流互感器的一次线圈，导线中的交流电流产生交变磁场，在电流互感器的二次线圈中产生感应电流。二次线圈与测量机构连接，所以感应电流就从整流系电流表中流过，使指针发生偏转，从标度尺上便可以读得被测电流值的大小。

使用钳形电流表测量电流时，应注意以下几个问题。

① 选择适当的量程。如果电流的大小未知，则先调到最大量程处。当导线套入钳口后，发现量程不合适时，必须把导线从钳口取出，再调量程，重新测量。

② 钳口套入导线后，钳口应完全闭合，导线应处于钳口的正中间。如果闭合不好，可清除钳口铁芯端处的污垢，重新开闭几次，再进行测量。

③ 测量前，要注意被测电路电压的高低。如果用低压钳形电流表测量高压电路中的电流，会引起线路短路，甚至会有触电的危险。

④ 测量小于 2.5A 的电流时，为了得到较准确的测量值，在条件允许的情况下，应将导线多绕几圈，套进钳口进行测量，此时，实际电流值 = 钳表读数/圈数。

⑤ 测量完毕后，把量程开关调至最大量程的位置，以免下次使用时，由于量程不对而损坏电表。

⑥ 测量大电流后再测量小电流时，应先把钳口开闭几次以消除大电流产生的剩磁，再进行小电流的测量，以获得准确的测量值。

⑦ 将表笔插入钳表上的小孔内，即可用于交流电压的测量，用法和用万用表交流电压挡测电压的方法相同。

（六）电能表

电能表是用来测量某一段时间内发电机发出的电能或负载所消耗的电能的仪表也叫电度表。电能是电功率在时间上的积累，电力工业中电能的单位为千瓦时，也叫“度”，所以电能表又称为“千瓦时计”。

认识电能表

电能表的指示器不是停在某一位置，而是随着电能的不断增长连续转动的，随时反映电能积累的总数，因此必须有“积算机构”，将活动部分的转速通过齿轮传动机件，拆成被测电能的数值，由一系列字轮直接显示出来。这种类型的仪表又叫作“积算仪表”。为了克服一系列传动机的摩擦力矩，这种积算仪表应当有较大的转矩。

目前主要使用的是感应式电能表，其成本低、稳定性高，各种型号的基本结构是相似的。图 4-10 所示为常用的“三磁通式”DD28 型单相电能表的内部结构示意图，其主要组成部分如下。

1．驱动元件

图 4-10 中铝制圆盘（简称“转盘”）分为上下两部分，下面的铁芯绕有电流线圈，其匝数少而截面大；上面的铁芯绕有电压线圈，其匝数多而导线细。铁芯由硅钢片叠成。

2．转动元件

转动元件由转盘和转轴组成，轴上装有传递动力的蜗杆，转轴安装在上、下轴承里，可以自由转动。

3．制动元件

制动元件由永久磁铁和磁轭组成，其作用是在转盘转动时产生制动力矩，使转盘转速与负载的功率大小成正比，从而使电能表能反映出负载所消耗的电能。

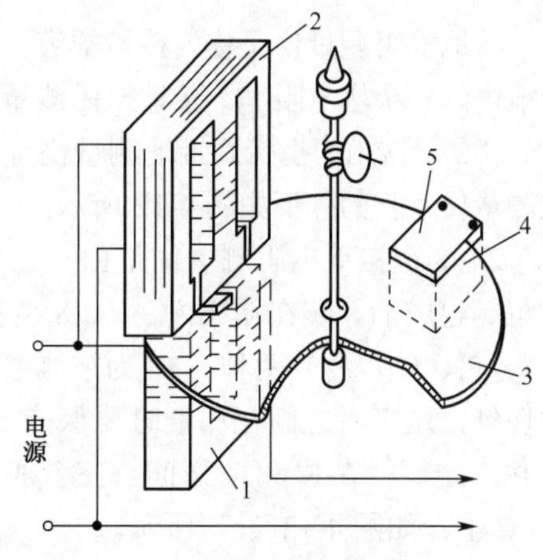

1、2—铁芯；3—铝制圆盘；
4—永久磁铁；5—磁轭

图 4-10　单相电能表的内部结构示意图

4．其他部分

除了以上 3 个主要组成部分外，电能表还有积算器，用来计算电能表转盘的转速，以达到计算电能的目的。当转盘转动时，通过蜗杆及齿轮等传动机构，使“字轮”转动，从而直接显示负载所消耗的电能的“度”数。

例如，某电能表面板上有如下符号和标记：DD28 型；220V；2（4）A；50Hz；3000r/kW・h；②等。这表示该单相电能表产品为 28 型；额定电压为 220V；标定电流为 2A，最大额定电流（或最大使用电流）为 4A；额定频率为 50Hz；电能表标称常数为 3000，即每记录 1kW・h 电铝盘转过的圈数为 3 000 圈；电能表的准确度级为 2 级等。

单相电能表接线时，电流线圈与负载串联，电压线圈与负载并联。单相电能表共有 4 根连接导线，两根输入，两根输出。电流线圈及电压线圈的电源端应接在相（火）线上，并靠电源侧。根据负载电流大小和电源电压的高低，单相电能表有 3 种接法，如图 4-11 所示。低电压（220V、380V）、小电流（5～10A）直接接线法如图 4-11（a）所示；低电压（220V、380V）、大电流经电流互感器接线法如图 4-11（b）所示；高电压、大电流经电流、电压互感器接线法，如图 4-11（c）所示。需要指出的是，各种电能表中接线盒内的接线端子的排列顺序并非完全一致。接线时应根据说明书，确定相线 L 和中性线 N、进线和出线的连接位置。

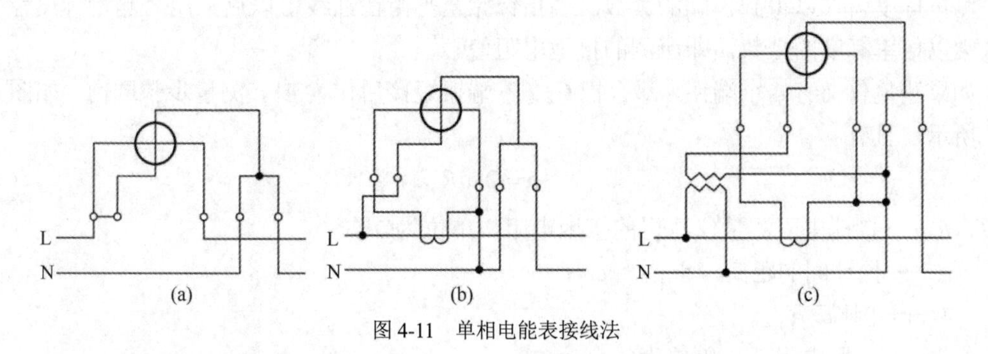

图 4-11　单相电能表接线法

三相有功电能表在这里就不再介绍，有兴趣的读者可自行查阅相关资料。

（七）接地电阻测量仪

接地电阻测量仪又称为接地摇表，也叫接地电阻测定仪，主要用于测量各种接地装置的接地电阻和土壤电阻率。接地电阻测量仪型号有很多种，使用方法也有所不同，但基本原理是一样的。常用的携带式接地测量仪有 ZC-8 型和 ZC-29 型等几种，这里介绍 ZC-8 型接地电阻测量仪，它的外形如图 4-12 所示。

ZC-8 型接地电阻测量仪是由一支高灵敏度的检流计、手摇发电机、电流互感器、滑线电阻等组成的，装在箱壳内。ZC-8 型接地电阻测量仪有 3 个端钮（E、P、C）和 4 个端钮（C_1、P_1、C_2、P_2）两种。E′为被测接地装置的接地极，C′为电流接地探针，P′为电位接地探针，这三者之间在测量时要保持一定的距离（一般规定彼此间应相距 20m 左右），而且 P′一定要插在 E′和 C′之间，三者成一条直线，然后用专用导线分别接在相应接线柱 E、P、C 上，如图 4-13（a）所示。

图 4-12　ZC-8 型接地电阻测量仪外形

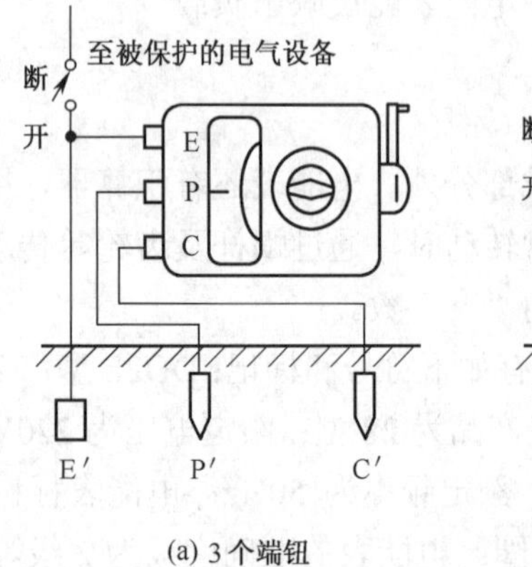

(a) 3 个端钮

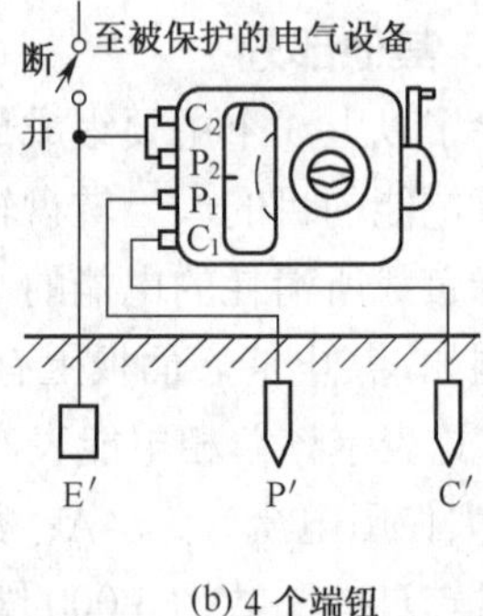

(b) 4 个端钮

图 4-13　ZC-8 型接地电阻测量仪的接线

测量时，先把仪表水平放置，检查检流计的指针是否指在中心红线上。若未在红线上，则可用“调零螺钉”把指针调整到红线（对零）。然后将仪表的“倍率标度”置于最大倍数，慢慢转动发电机的摇把，同时旋动“测量标度盘”，使检流计指针平衡。

当指针接近中心红线时，加快发电机摇把的转速，达到 120r/min 以上，再调整“测量标度盘”，使指针指于红线上。

如果“测量标度盘”的读数小于 1，应将“倍率标度”置于较小一挡的倍数，再重新调整“测量标度盘”以得到正确的读数。当指针完全平衡在红线上以后，用“测量标度盘”的读数乘以倍率标度的倍数，即所测的接地电阻值。

如果测量仪上有 4 个端钮，那么把 C_2、P_2 端钮短接后作为E′，测量步骤同前，如图 4-13（b）所示，且有

$$\rho = 2\pi aR \tag{4-2}$$

式中，R——接地电阻测量仪测得的接地电阻，单位为Ω；

a——探针间的距离，单位为 cm；

π——圆周率；

ρ——土壤电阻率，单位为Ω·cm。

此外，也可用 ZC-8 型接地电阻测量仪测量导体的电阻值，但测量仪如果是 3 端钮的时，

要先将 P 与 C 端钮用导线或接线片短接，后将被测电阻 R_x 接在 E 与 P（即 C）之间；如果测量仪是 4 端钮，则把 C_2、P_2 端钮短接作为 E 极，将 C_1、P_1 短接，再将被测电阻 R_x 接在 E 与另两个端钮之间，如图 4-14 所示。测量时，接地线路要与被保护的设备断开，以便得到准确的测量数据。

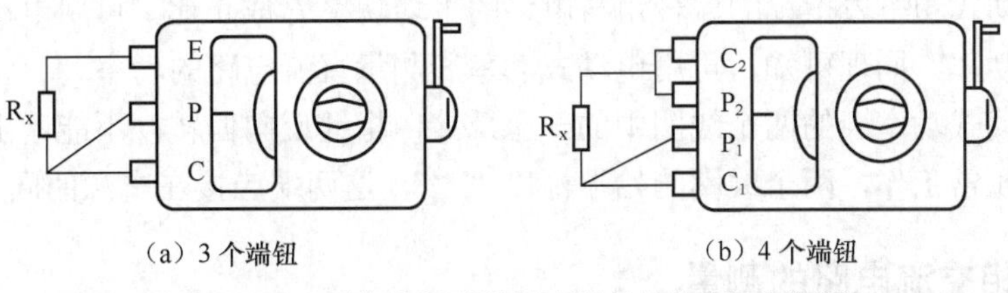

图 4-14 ZC-8 型接地电阻测量仪测量导体的电阻值接线法

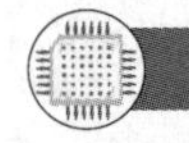

三、任务实施

任务一 正确使用电工工具

使用电工安全保护器具和穿戴要求。具体内容见附带的《实训手册》。

任务二 使用兆欧表测量绝缘电阻

能选用合适的兆欧表测量电动机参数等。具体内容见附带的《实训手册》。

任务三 安装和使用电能表

能对电能表进行正确安装。具体内容见附带的《实训手册》。

任务四 测量接地电阻

能具体测量避雷接地电阻、防雷接地电阻等。具体内容见附带的《实训手册》。

四、拓展知识

（一）单相交流电路功率的测量

单相交流电路的功率为 $P = UI\cos\varphi$。可见，交流电路的功率不仅与电压和电流的乘积有关，且与电压和电流的相位差有关。

电动式仪表可用来测量交流电路的功率，可通过图 4-15 所示的电路来理解。图中，R_L 表示被测支路或元件，U_0 和 R_0 表示除被测电路外的戴维南等效电路。图中圆圈中的电路部分为电动式功率表的电路模型。

由图 4-15 可见，电动式功率表有两个线圈：一个用来反映负载电压，与负载并联，称为并联线圈或电压线圈；另一个用来反映负载电流，与负载串联，称为串联线圈或电流线圈。并联线圈属于仪表的可动部分，其两端电压为负载电压，串联线圈是固定的。电动式功率表可动部分的转矩为

$$T = K_1 I_1 I_2 \cos\varphi \tag{4-3}$$

并联线圈与负载并联，串有高阻值的倍压器，线圈的感抗与倍压器的阻值相比可以忽略不计，因此可以认为电流 i_2 与端电压 u 同相。串联线圈与负载串联，通过的电流 i_1 为负

载电流 I。这样，在式（4-3）中，I_1 为负载电流 i 的有效值，I_2 与负载电压 u 的有效值 U 成正比，φ 为负载电流与电压之间的相位差，而 $\cos\varphi$ 为电路的功率因数。因此，式（4-3）也可写成

$$T = KUI\cos\varphi = KP \tag{4-4}$$

所以，电动式功率表指针的偏转角与电路的平均功率 P 成正比，可用电动式功率表来测量交流电路的功率。同理可知，可用电动式功率表测量直流电路的功率。

如果将电动式功率表的两个线圈中的一个反接，指针反向偏转，不能读出功率的数值。为保证功率表正常工作，两个线圈的始端标以“＊”，这两端应接在电源的同一端。

（二）三相交流电路的测量

对三相交流电路而言，可用两个功率表来测量其功率，其测量原理图如图 4-16 所示。

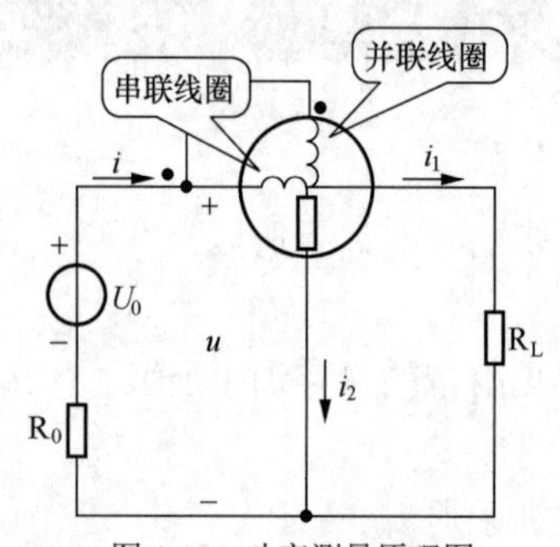

图 4-15　功率测量原理图

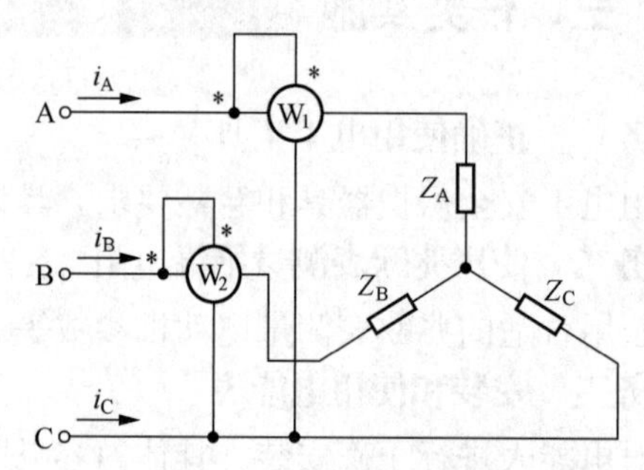

图 4-16　三相交流电流功率测量原理图

三相交流电路的瞬间功率为

$$p = p_A + p_B + p_C = u_A i_A + u_B i_B + u_C i_C$$

因为

$$i_A + i_B + i_C = 0$$

所以

$$\begin{aligned} p &= u_A i_A + u_B i_B + u_C(-i_A - i_B) \\ &= (u_A - u_C)i_A + (u_B - u_C)i_B = u_{AC}i_A + u_{BC}i_B \\ &= P_1 + P_2 \end{aligned} \tag{4-5}$$

可见，可用两个功率表来测量三相交流电路的功率。

第一个功率表 W_1 读数为

$$P_1 = \frac{1}{T}\int_0^T u_{AC}i_A\,\mathrm{d}t = U_{AC}I_A\cos\alpha \tag{4-6}$$

式中，α——u_{AC} 和 i_A 之间的相位差。

第二个功率表的读数为

$$P_2 = \frac{1}{T}\int_0^T u_{BC}i_B\,\mathrm{d}t = U_{BC}I_B\cos\beta \tag{4-7}$$

式中，β——u_{BC} 和 i_B 之间的相位差。

两个功率表的读数 P_1 与 P_2 之和为三相功率

$$P = P_1 + P_2 = U_{AC}I_A\cos\alpha + U_{BC}I_B\cos\beta$$

每个功率表的电流线圈中通过的是线电流，而电压线圈上所加的电压是线电压。两个功率表的电流线圈可以串联在任意两线中，两个功率表的电压线圈的一端接在未串联电流线圈的一线上。

由式（4-6）和式（4-7）可知，两个功率表的被测功率将因为线电压与线电流之间的相位差不同而可正可负。当测量功率为负时，功率表的指针将反偏，不能正确读出数据。此时，应将把指针反偏的功率表的电流线圈反接，这时三相功率等于电流线圈未反接的功率表的读数减去电流线圈反接的功率表的读数。

综上所述，可用两个功率表来测量三相交流电路的功率。测量结果为两个功率表读数的代数和，电流线圈未反接的功率的读数为正，反之为负。其中任意一个功率表的读数是没有意义的。工程中，常用一个三相位功率表（或二元功率表）代替两个单相功率表来测量三相功率，其原理与两个功率表相同。

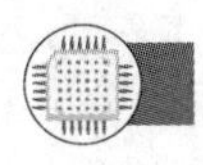

小　结

本项目介绍了电工这个特殊行业的上岗证书考试所涉及的几种常见的电工测量仪表和它们的简单运用方法。这是电工操作证培训和考试不可缺少的一部分。本项目主要阐述了绝缘安全工具的使用方法、验电器的使用方法、兆欧表的原理及使用方法、钳形电流表的原理及使用方法、电能表的原理及使用方法和接地电阻测量仪的原理及使用方法等。

习题与思考题

（1）简述绝缘工具的保管方法、检验方法以及如何正确使用。

（2）简述登高工具的使用方法。

（3）简述兆欧表的工作原理以及使用方法。

（4）简述钳形电流表的工作原理以及使用方法。

（5）简述接地电阻测量仪的正确测量过程。

项目五　认识变压器

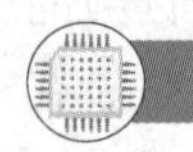

一、项目分析

变压器是一种根据电磁感应原理制成的静止的电气设备，在电力系统和电子线路中的应用十分广泛。

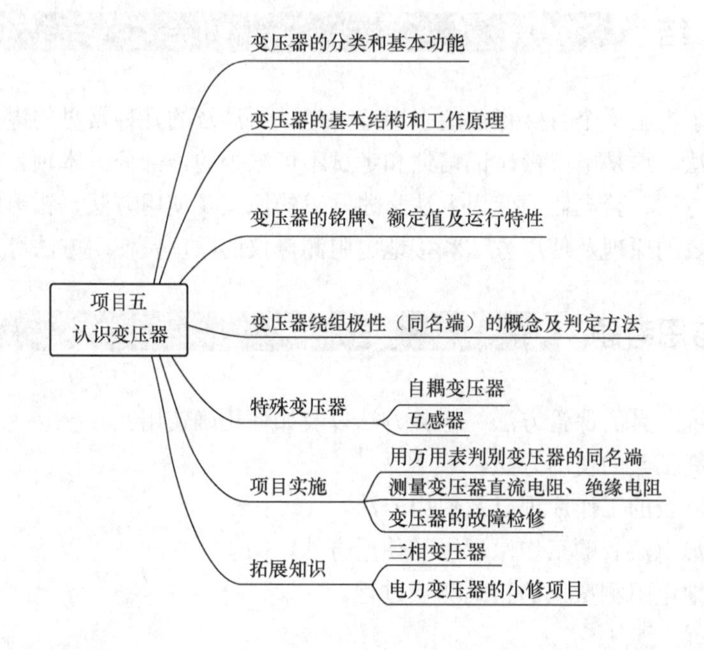

项目内容

本项目先介绍了变压器的分类、基本功能、工作原理，然后介绍了变压器绕组的极性，最后介绍了特殊变压器和三相变压器。

知识点

（1）变压器的分类和基本功能。

（2）变压器的基本结构和工作原理。

（3）变压器的铭牌、额定值及运行特性。

（4）变压器绕组极性（同名端）的概念及判定方法。

（5）特殊变压器和三相变压器。

能力点

（1）会用万用表判别变压器的同名端。

（2）能测量变压器的绝缘电阻和直流电阻。

（3）知道变压器故障检修的有关方法。

（4）树立正确的价值观，提高环保意识，拓宽国际视野。

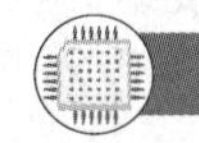

二、相关知识

（一）变压器的分类和基本功能

按用途的不同，变压器可以分为电力变压器和特殊变压器两大类。

电力变压器是应用于电力系统变配电的变压器。例如，在电力系统中，为了降低损耗和提高输电效率必须采用高压输电，这时采用升压变压器使由发电机发出的 15～20kV 的电压（由发电机的额定数据确定）升高到 20～750kV，从而可以传输很远的距离，到达大容量的用电区。电能到达用电区后，采用不同的电压等级的降压变压器将高电压降低为便于操作和使用的较低的电压。

在现实生活中，常常针对某种特殊的需求制造专用的变压器，这种变压器称为特殊变压器。例如，调压用的自耦变压器，测量仪表中用来改变电流、电压量程的仪表用变压器，以及一些专用的变压器（音频变压器、整流变压器、高频变压器和电焊变压器等）。

另外，根据铁芯与绕组的相互配置形式，变压器可以分为壳式变压器和心式变压器；根据电源的相数，变压器可以分为单相变压器和三相变压器；根据绕组数，变压器可以分为二绕组变压器和多绕组变压器；根据冷却方式不同，变压器可以分为自冷式变压器（也称干式变压器）和油冷式变压器等。

几种常见的变压器

上述各种变压器有不同的用途，但其功能是相同的——变换电压、变换电流、变换阻抗以及改变相位等。功能相同的原因在于变压器的主体结构、原理基本相同。

知识点滴

通过我国的能源大数据分析报告，从目前发电能源结构看，火力发电占比进一步降低；风电、光电、核电发电方式占比则进一步增加。从 10 年的历史数据来看，清洁能源装机比重明显上升。2019 年火电装机比重较 2010 年下降了 14.24%，清洁能源发电装机比重共上升了 14.24%。虽然电源和发电装机结构得到优化，但是火力发电占比还需降低，清洁能源的占比还需提高。我们应提高环保意识，拓宽国际视野。

（二）变压器的基本结构和工作原理

1. 变压器的基本结构

变压器主要由铁芯和绕在铁芯上的绕组构成。

铁芯是变压器的磁路部分，担负着变压器原、副边的电磁耦合任务。为了减少铁芯的损耗，铁芯通常用厚度为 0.35mm 或 0.50mm、两面涂有绝缘漆的硅钢片叠装而成（要求高的，也有用 0.20mm 或其他合金材料制成），而为了保证耦合性能，铁芯都做成闭合形状，其线圈绕在铁芯上。

变压器的基本结构

绕组是变压器的电路部分，与电源相连的绕组称为一次绕组（也叫初级绕组、原绕组），与负载相连的绕组称为二次绕组（也叫次级绕组、副绕组）。一般情况下，原、副绕组匝数不同，匝数多的绕组电压较高（称为高压绕组），匝数较少的绕组电压较低（称为低压绕组）。为了降低电阻值，线圈多用导电性能良好的铜线制成。铁芯、初级绕组和次级绕组相互之间要求有很好的绝缘效果。

变压器运行时，由于线圈的铜损耗和铁芯的铁损耗要产生热量，因此为防止变压器因过热损坏，变压器必须采用一定的冷却方式和散热装置。油浸式电力变压器结构如图 5-1 所示。

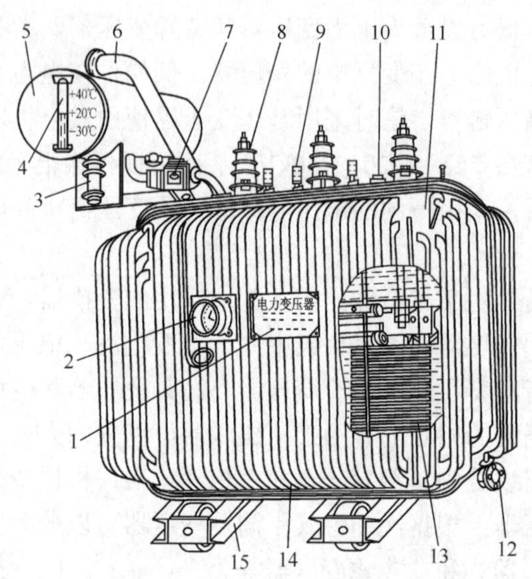

1—铭牌；2—信号式温度计；3—吸湿器；4—油表；5—储油柜；6—安全气道；
7—气体继电器；8—高压套管；9—低压套管；10—分接开关；11—油箱；
12—放油阀门；13—器身；14—接地板；15—小车

图 5-1　油浸式电力变压器结构

2. 变压器的工作原理

图 5-2 所示为变压器工作原理的示意图。变压器一次绕组接入交流电源，所有一次绕组的各量均以下标“1”来表示，例如，电压、电流、电阻和匝数依次为 u_1、i_1、R_1 和 N_1；变压器的二次绕组连接负载，所有二次绕组的各量均以下标“2”来表示，例如，电压、电流、电阻和匝数依次为 u_2、i_2、R_2 和 N_2。

一次绕组在交流电压 u_1 的作用下，有电流 i_1 流过，由一次绕组磁通势 $N_1 i_1$ 产生磁通；二次绕组存在感应电动势 e_2，接负载后有电流 i_2 流过二次绕组，由二次绕组磁通势 $N_2 i_2$ 产生磁通；一次、二次绕组产生的磁通大部分通过铁芯闭合，因此铁芯中的磁通由一次、二次绕组的磁通势共同产生，这个磁通称作主磁通 Φ。主磁通 Φ 分别在两个绕组中产生感应电动势 e_1 和 e_2；此外，由这两个磁通势产生的漏磁通 $\Phi_{1\sigma}$和 $\Phi_{2\sigma}$在各自的绕组中分别产生漏感电动势 $e_{1\sigma}$和 $e_{2\sigma}$。

设主磁通 $\Phi=\Phi_{\rm m}\sin\omega t$，则

$$e_1 = N_1\frac{{\rm d}\Phi}{{\rm d}t} = N_1\omega\Phi_{\rm m}\cos\omega t = 2\pi f N_1\Phi_{\rm m}\sin(\omega t+90°) = E_{\rm m1}\sin(\omega t+90°) \tag{5-1}$$

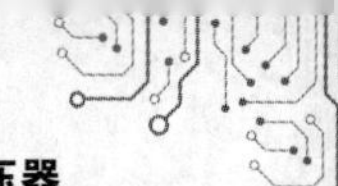

式中，$E_{m1}=2\pi fN_1\Phi_m$，其有效值为

$$E_1=\frac{E_{m1}}{\sqrt{2}}\approx 4.44fN_1\Phi_m \tag{5-2}$$

同理

$$E_2\approx 4.44fN_2\Phi_m \tag{5-3}$$

（1）变压器的空载运行。

变压器的一次绕组接交流电压 u_1，而二次绕组开路（$i_2=0$）的工作状态称为变压器的空载运行。如图 5-3 所示，将 i_1 记为 i_0，u_2 记为 u_{20}，并称 i_0 为空载电流。

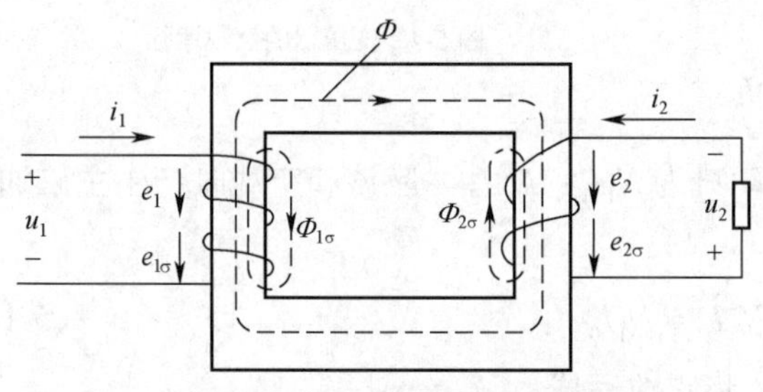

图 5-2 变压器工作原理的示意图

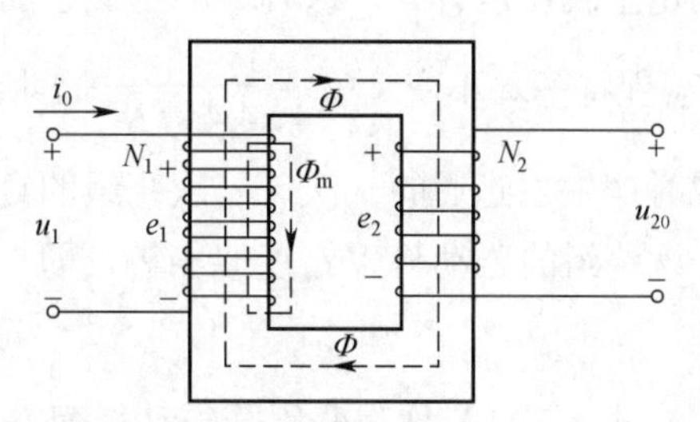

图 5-3 变压器的空载运行

根据基尔霍夫电压定律，对变压器的一次绕组电路可列出电压平衡方程

$$u_1-e_1-e_{1\sigma}=i_0R_1 \tag{5-4}$$

其相量表达式为

$$\dot{U}_1-\dot{E}_1-\dot{E}_{1\sigma}=\dot{I}_0R_1 \tag{5-5}$$

由于一次绕组的电阻 R_1 和漏抗 $X_{1\sigma}$ 都很小，因而其漏阻抗电压降也很小，可以认为

$$\dot{U}_1\approx\dot{E}_1 \tag{5-6}$$

根据式（5-2）有

$$U_1\approx E_1\approx 4.44fN_1\Phi_m \tag{5-7}$$

对于变压器的二次绕组，由于 $i_2=0$，开路电压等于二次绕组的电动势

$$\dot{U}_{20}\approx\dot{E}_2 \tag{5-8}$$

根据式（5-3），有

$$U_{20}\approx E_2\approx 4.44fN_2\Phi_m \tag{5-9}$$

于是由式（5-7）和式（5-9）得

$$\frac{U_1}{U_{20}}=\frac{N_1}{N_2}=K \tag{5-10}$$

式中，K——变压器的变比。

K 表明，变压器一次、二次绕组的电压比等于一次、二次绕组的匝数比。当电源电压一定时，只要改变两绕组的匝数比，就能达到改变电压的目的，这就是变压器的变压原理。由式（5-10）可知，若 $K>1$，即 $N_1>N_2$，此时变压器起降压作用；若 $K<1$，即 $N_1<N_2$，此时变压器起升压作用。

（2）变压器的负载运行。

变压器的一次绕组接交流电压 u_1，而二次绕组接负载 Z_L 的工作状态称为变压器的负载运行，如图 5-4 所示。此时，二次绕组的电流 i_2 将不再恒等于零。二次绕组有电流通过，从而产生磁动势 $\dot{I}_2N_2$，它将引起一次绕组的电流和主磁通发生变化。铁芯中的主磁通由磁动势 $N_1\dot{I}_1+N_2\dot{I}_2$ 决定，空载时主磁通由磁动势 $N_1\dot{I}_0$ 决定。忽略直流电阻和漏磁通的影响，则由式（5-7）可以看出，在电源电压不变的情况下，不论空载还是有载，铁芯中的主磁通的最大值 Φ_m 保持基本不变（$\Phi_m=\dfrac{U_1}{4.44fN_1}$）。所以，负载时产生主磁通的一次、二次绕组的合成磁动势为 $N_1\dot{I}_1+N_2\dot{I}_2$，应该和空载时产生主磁通的一次绕组的磁动势 $N_1\dot{I}_0$ 近似相等，即

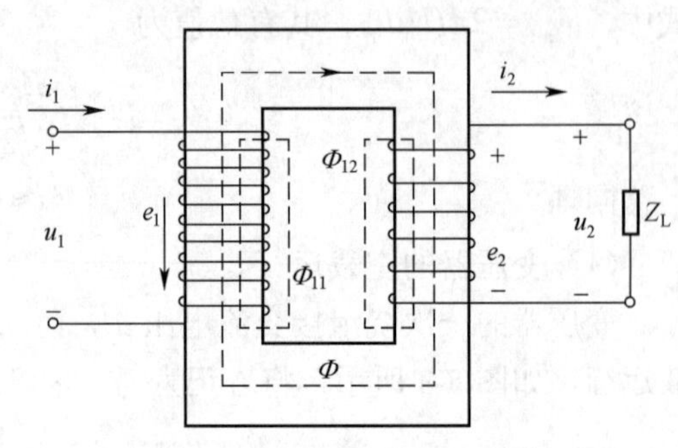

图 5-4　变压器的负载运行

$$N_1\dot{I}_1+N_2\dot{I}_2\approx N_1\dot{I}_0 \tag{5-11}$$

式（5-11）称为变压器磁动平衡方程式，将它改写成

$$N_1\dot{I}_1=N_1\dot{I}_0-N_2\dot{I}_2 \quad 或 \quad \dot{I}_1=\dot{I}_0+\left(-\frac{N_2}{N_1}\dot{I}_2\right) \tag{5-12}$$

式（5-12）表明，变压器带负载时，一次绕组电流由两部分组成：一部分是产生主磁通 Φ 的励磁分量 $\dot{I}_0$，另一部分是抵消二次绕组电流对主磁通影响的负载分量 $\left(-\dfrac{N_2}{N_1}\dot{I}_2\right)$。

空载时，$\dot{I}_0$ 很小（为额定电流的 2%～10%），可以忽略不计，则

$$I_1\approx-\frac{N_2}{N_1}\dot{I}_2 \tag{5-13}$$

由式（5-13）可知，$\dot{I}_1$ 和 $\dot{I}_2$ 的相位相反，它们的数值关系为

$$I_1=\frac{N_2}{N_1}I_2=\frac{1}{K}I_2 \tag{5-14}$$

可见，变压器的有载工作的输入、输出电流之比等于一次、二次绕组匝数比的反比。这就是变压器的电流变换作用。

（3）变压器的阻抗变换作用。

变压器的负载阻抗 Z_L 变化时，$\dot{I}_2$ 变化，$\dot{I}_1$ 也随之变化。变压器的阻抗变换作用如图 5-5 所示。

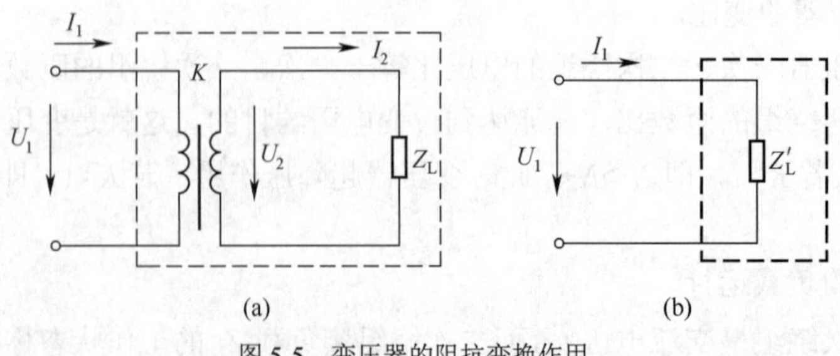

图 5-5　变压器的阻抗变换作用

在图 5-5（a）中，将虚线框内部视为二端网络，若图 5-5（a）和图 5-5（b）中的 U_1 和 I_1 相同，则两个二端网络等效，即 Z_L 对 $\dot{I}_1$ 的影响可以用一个接于一次绕组的等效阻抗 Z'_L 来代替。对图 5-5（b）应用欧姆定律，有

$$Z'_L = \dot{U}_1 / \dot{I}_1$$

将变压器变压、变流的关系代入上式中，有

$$|Z'_L| = U_1 / I_1 = \frac{\frac{N_1}{N_2}U_2}{\frac{N_2}{N_1}I_2} = \left(\frac{N_1}{N_2}\right)^2 \frac{U_2}{I_2} = \left(\frac{N_1}{N_2}\right)^2 |Z_L| = K^2 |Z_L| \tag{5-15}$$

可见，只要选择合适的匝数比就可以将负载变换到所需要的、比较合适的数值，这便是变压器的阻抗变换功能，这种做法通常称为阻抗匹配。在电子线路中常常对负载阻抗的大小有一定的要求，以便负载可以获得较大的功率。但是一般情况下，负载阻抗很难达到匹配的要求，所以在电子线路中，常利用变压器进行阻抗变换，只要适当选择变压器，就可以使负载与电源达到匹配而获得较高的输出功率。

例 5.1 现有一变压器，如图 5-6 所示，一次绕组电压 $U_1 = 380\text{V}$，匝数 $N_1 = 760$，二次绕组有两个，并要求空载时两个绕组的端电压为 127V 和 36V，问二次绕组各为多少匝？

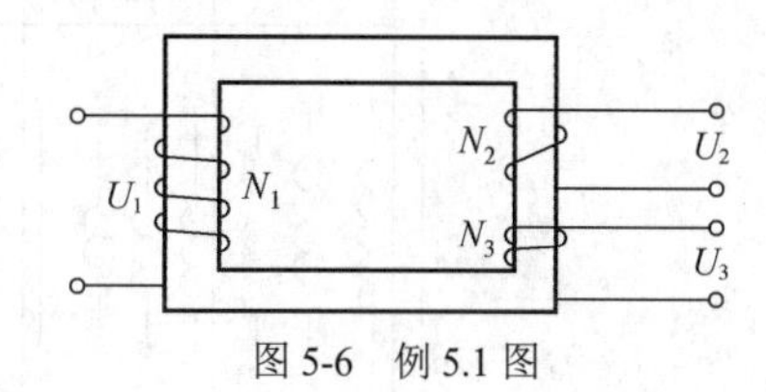

图 5-6 例 5.1 图

解：两个二次绕组的匝数为

$$N_2 = \frac{U_2}{U_1}N_1 = \frac{127}{380} \times 760 = 254$$

$$N_3 = \frac{U_3}{U_1}N_1 = \frac{36}{380} \times 760 = 72$$

例 5.2 如图 5-7 所示，交流信号源电动势 $E = 128\text{V}$，内阻 $R_0 = 640\Omega$，负载电阻 $R_L = 10\Omega$。①当负载电阻折算到初级的等效电阻 R'_L 为信号源内阻 R_0 时，求变压器的匝数比和信号源输出功率；②当负载直接与信号源连接时，信号源输出功率为多少？

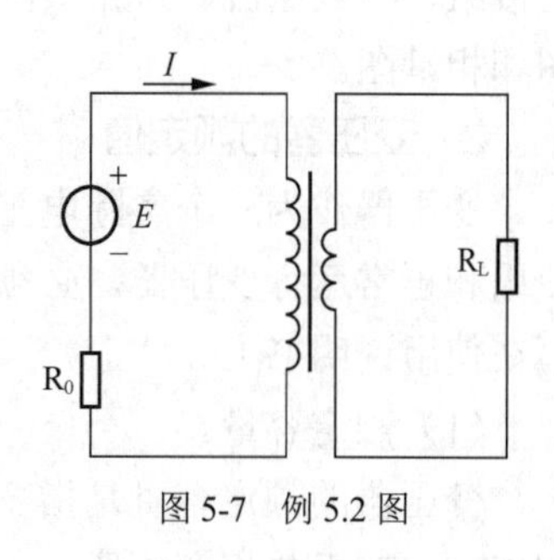

图 5-7 例 5.2 图

解：①先求匝数比，$\frac{N_1}{N_2} = \sqrt{\frac{R'_L}{R_L}} = \sqrt{\frac{640}{10}} = 8$，则信号源输出功率为

$$P = \left(\frac{E}{R'_L + R_0}\right)^2 R'_L = \left(\frac{128}{640 + 640}\right)^2 \times 640 = 6.4(\text{W})$$

② 负载直接与信号源连接时，信号源输出功率为

$$P = \left(\frac{E}{R_L + R_0}\right)^2 R_L = \left(\frac{128}{640 + 10}\right)^2 \times 10 \approx 0.388(\text{W})$$

（三）变压器的铭牌、额定值及运行特性

1. 变压器的铭牌

每台变压器上都有一块铭牌，其中记载变压器的型号与各种额定数据。变压器的铭牌如图5-8所示。

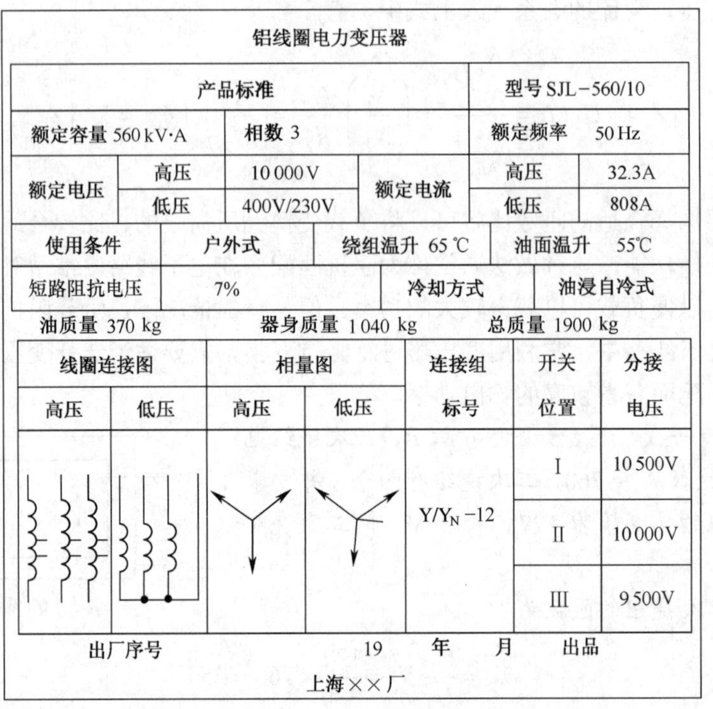

铝线圈电力变压器

产品标准				型号 SJL−560/10	
额定容量 560 kV·A		相数 3		额定频率	50 Hz
额定电压	高压	10 000 V	额定电流	高压	32.3A
	低压	400V/230V		低压	808A
使用条件	户外式	绕组温升 65 ℃		油面温升	55℃
短路阻抗电压	7%		冷却方式	油浸自冷式	

油质量 370 kg　器身质量 1 040 kg　总质量 1900 kg

线圈连接图		相量图		连接组	开关	分接
高压	低压	高压	低压	标号	位置	电压
				Y/Y_N −12	I	10 500V
					II	10 000V
					III	9 500V

出厂序号　19　年　月　出品

上海××厂

图5-8　变压器的铭牌

变压器的铭牌上一般应有以下内容：型号、额定容量、额定频率、额定电压、额定电流、连接组、空载电流、短路（阻抗）电压、冷却方式、温升限值、质量、分接电压、线圈连接图和相量图。

2. 变压器的额定值

变压器作为一个实际电工设备，其工作电压、电流、功率都是有一定限度的。为了正确使用和正常运行变压器，必须了解变压器额定值的意义。变压器的额定值标注在铭牌上或书写在使用说明书上。

（1）额定容量。

变压器的额定容量是指变压器二次绕组的额定视在功率S_N。它反映了变压器传送电功率的能力。对于单相变压器

$$S_N = U_{2N} I_{2N} \tag{5-16}$$

对于三相变压器

$$S_N = \sqrt{3} U_{2N} I_{2N} \tag{5-17}$$

（2）额定频率f_N。

额定频率是指电源的工作频率，我国的工业标准频率是50Hz。

（3）额定电压。

根据变压器的绝缘强度和允许温升而规定的电压称为额定电压，单位为V或kV。一次

绕组额定电压是变压器正常运行时规定加在一次绕组的电源电压，用 U_{1N} 表示。二次绕组额定电压是变压器在一次绕组加上 U_{1N} 后，在二次绕组测量得到的空载输出电压，用 U_{2N} 表示。对三相变压器而言，额定电压都是指线电压。

（4）额定电流。

根据变压器绝缘材料允许的温升而规定的一次、二次绕组最大允许工作电流，称为变压器一次、二次绕组的额定电流，分别用 I_{1N}、I_{2N} 表示，单位为 A。对三相变压器而言，额定电流都是指线电流。

此外，变压器还有一些其他额定值，此处不再解释。

3. 变压器的运行特性

变压器的运行特性主要有外特性、损耗和效率。

（1）变压器的外特性。

变压器负载运行时，在电源电压恒定（即一次绕组输入电压 U_1 为额定值不变），负载功率因数为常数的条件下，二次绕组电压随负载电流变化而变化的规律 $U_2=f(I_2)$ 称为变压器的外特性。用曲线表示这种变化关系，该曲线就称为变压器的外特性曲线，如图 5-9 所示。

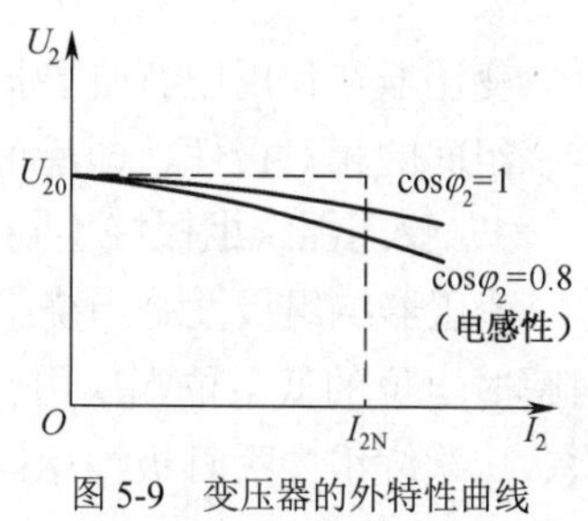

图 5-9 变压器的外特性曲线

为反映电压波动（变化）的程度，引入电压变化率 ΔU，其定义为：一次绕组加额定电压，负载功率因数为常数，空载和满载时二次绕组电压之差（$U_{20}-U_2$）与 U_{20} 之比的百分数。

$$\Delta U=\frac{\left(U_{20}-U_2\right)}{U_{20}}\times 100\% \tag{5-18}$$

由式（5-18）可以看出，ΔU 越小越好，其值越小，说明变压器二次绕组电压越稳定。由于变压器的绕组电阻及漏磁感抗均非常小，因此电压变化率不大，通常电力变压器的电压变化率为 3%～5%。

（2）变压器的损耗。

变压器运行时有两种损耗：铁损耗和铜损耗。

铁损耗 P_{Fe} 是指变压器铁芯在交变磁场中产生的涡流和磁滞损耗，其大小与铁芯中磁感应强度的最大值的平方近似成正比，而与负载的大小无关。由于变压器运行时，一次绕组电压 U_1 和频率 f 都不变，所以铁损耗也基本保持不变，故铁损耗又称为不变损耗。

铜损耗 P_{Cu} 是电流流过一次、二次绕组时在电阻上产生的损耗之和，当负载发生变化时，铜损耗也发生变化，故铜损耗又称为可变损耗。

变压器的总损耗

$$\Sigma P=P_{Fe}+P_{Cu} \tag{5-19}$$

（3）变压器的效率。

变压器输出功率 P_2 和输入功率 P_1 的比值称为变压器的效率

$$\eta=\frac{P_2}{P_1}\times 100\%=\frac{P_2}{P_2+P_{Fe}+P_{Cu}}\times 100\% \tag{5-20}$$

由于变压器是静止电动机，通常变压器的损耗很小，故变压器的效率很高，例如，电力变压器的效率大多在 95%以上。

例 5.3 有一台三相变压器，其额定值如下：$S_N = 120\text{kV}\cdot\text{A}$，$U_{1N} = 10\text{kV}$，$U_{2N} = 400\text{V}$。请计算一次绕组及二次绕组的额定电流。

解：

$$I_2 = \frac{S_N}{\sqrt{3}U_{2N}} = \frac{120\times10^3}{\sqrt{3}\times0.4\times10^3} \approx 173(\text{A})$$

$$I_1 \approx \frac{S_N}{\sqrt{3}U_{1N}} = \frac{120\times10^3}{\sqrt{3}\times10\times10^3} \approx 6.9(\text{A})$$

（四）变压器绕组极性（同名端）的概念及判定方法

变压器在使用中有时要把绕组串联以提高电压，并联以提高电流，这时应首先确定变压器绕组间的相对极性，即所谓同名端（或称同极性端）。

1. 变压器绕组极性（同名端）的概念

变压器绕组极性是指绕组在任意瞬时两端产生的感应电动势的极性，它总是从绕组的相对瞬时电位的低电位端（用符号“−”表示）指向高电位端（用符号“+”表示）。变压器一次、二次绕组中瞬时极性相同的端点称为同名端，用符号“·”表示，如图 5-10 所示。图中，AX 表示一次绕组，ax 表示二次绕组。A 与 a 或 X 与 x 的瞬时电位相同，它们是同名端。当改变图 5-10 中的某个线圈的绕向时，同名端也将相应地改变，如图 5-11 所示。可见，绕组的同名端与绕组的绕向有关，可以通过绕组的绕向判断绕组的同名端。

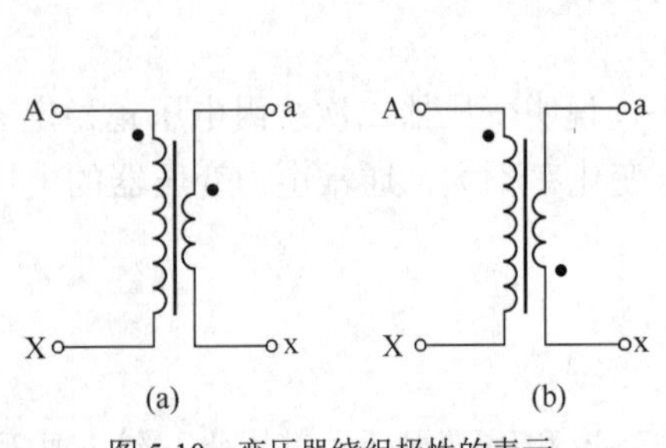

图 5-10 变压器绕组极性的表示

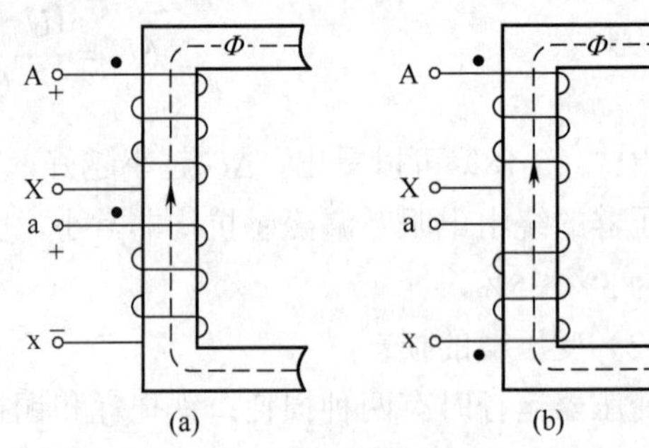

图 5-11 变压器绕组极性与绕组绕向的关系

已经制成的变压器或电机电器的绕组，由于经过浸漆或其他工艺处理，从外观上已无法辨认绕组的具体绕向，也就不能确定同名端，这时可以采用实验的方法测定同名端。

2. 绕组极性的实验测定

通过实验测定变压器绕组极性，有直流法和交流法两种方法。

（1）直流法。

图 5-12 所示为直流法测定变压器绕组极性的实验电路图。当开关 S 闭合的瞬间，如果毫安表的指针正向偏转，则 A 和 a 是同名端；若反向偏转，则 A 与 x 是同名端。

（2）交流法。

图 5-13 所示为交流法测定变压器绕组极性的实验电路图。将两个绕组 A−X 和 a−x 的任意两端（图中为 X 和 x）连接在一起，在其中一个绕组（图中为 A−X）两端加一个比较低的便于测量的交流电压。用交流电压表分别测量 U_{Aa}、U_{AX} 和 U_{ax}，如果 $U_{Aa} = |U_{AX} - U_{ax}|$，则被相互连接的端点 X 与 x 为同名端；如果 $U_{Aa} = |U_{AX} + U_{ax}|$，则被相互连接的端点 X 与 x

为异名端（即不是同名端）。

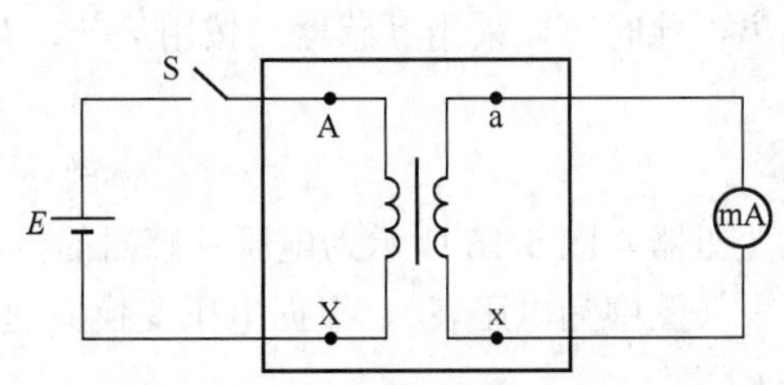

图 5-12 直流法测定变压器绕组极性

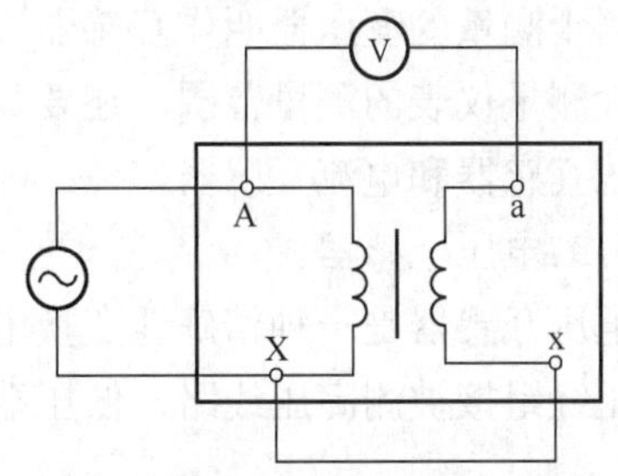

图 5-13 交流法测定变压器绕组极性

明确了绕组的同名端之后，可以按照规定正确地连接变压器的各个绕组。只要将两个绕组的异名端相连形成“顺向”串联电路，就可以得到高一些的电压；将两个绕组的同名端并联相接，就可以得到大一些的电流。应该注意的是，只有额定电流相同的绕组才能串联，额定电压相同的绕组才能并联，以避免在绕组或回路中产生巨大的电流，从而毁坏变压器。

（五）特殊变压器

1. 自耦变压器

如图 5-14 所示，自耦变压器是单绕组变压器，即二次绕组是一次绕组的一部分，而且一次绕组和二次绕组不但有磁的耦合，还有电的联系。自耦变压器的工作原理与普通变压器工作原理相同，其电压、电流变换关系依旧为

$$\frac{U_1}{U_2} \approx \frac{N_1}{N_2} = K \tag{5-21}$$

$$\frac{I_1}{I_2} = \frac{N_2}{N_1} = \frac{1}{K} \tag{5-22}$$

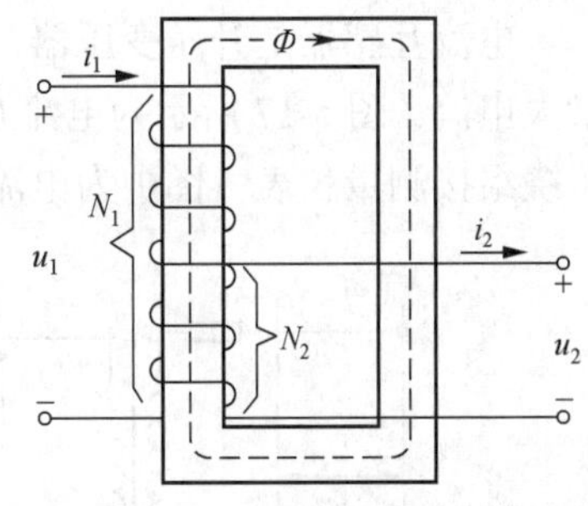

图 5-14 自耦变压器原理图

实验室中常用的调压器就是一种可改变二次绕组匝数的特殊自耦变压器，它可以均匀地改变输出电压。使用自耦调压器时应注意：输入端应接交流电源，输出端接负载，不能接错，否则，有可能将变压器烧毁。

由于自耦变压器的低压绕组是高压绕组的一部分，所以接到低压方面的设备的绝缘必须按照高压侧设计。另外，若高压一侧发生接地或断线等故障，高压端的电压直接加到低压端，容易造成人身事故，如图 5-15 所示。变比 K 越大，高压侧电压越高，这个问题也就越突出。因此，自耦变压器变比不宜太大，一般为 1.5～2.0，而且即使工作人员在低压边操作，也应按自耦变压器一次绕组进行高压安全保护。

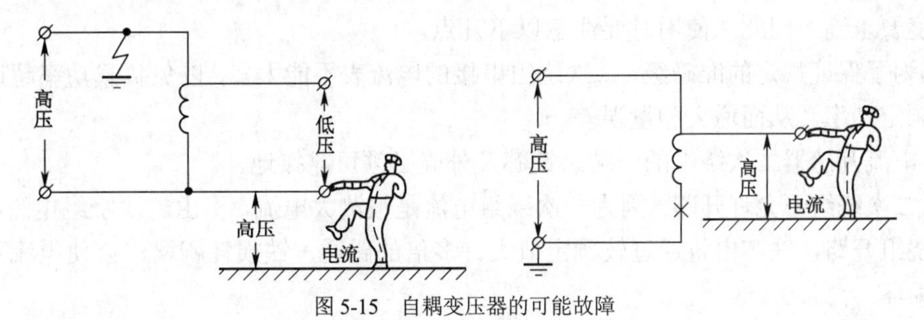

图 5-15 自耦变压器的可能故障

2. 互感器

用于测量的变压器叫作互感器。用通常的电压表和电流表去测量高电压和大电流时，需要扩大测量仪表的测量范围，还要与高电压隔离，此时可以采用互感器。按用途分，互感器有电压互感器和电流互感器。

（1）电压互感器。

电压互感器是一种精确地变换电压的降压变压器。图5-16所示为电压互感器的接线图，其高压绕组接被测高压线路，低压端接测量仪表（图中为电压表）。根据电压变换原理有

$$U_1 = KU_2 \tag{5-23}$$

式中，$K>1$。

电压互感器是专门设计用于测量高电压的特殊用途变压器，其一次绕组额定电压很高，对绝缘强度要求高。因此，使用时要注意以下几点。

① 电压互感器的负载功率不要超过其额定功率，以免造成测量误差。

② 为保护人员安全，二次绕组的一端、铁芯及外壳必须可靠接地。

③ 二次绕组不允许短路，因为互感器的短路阻抗很小，二次绕组一旦短路，电流将剧增，会使线圈烧毁。一般情况下，电压互感器的一次、二次绕组均装有熔断器充当短路保护。

（2）电流互感器。

电流互感器是升压变压器，它将测量的大电流转换为小电流，以便用通常的电流表去测量大电流。图5-17所示为电流互感器的接线图，其低压绕组串联在被测的大电流线路中，高压绕组接测量仪表（图中为电流表）。

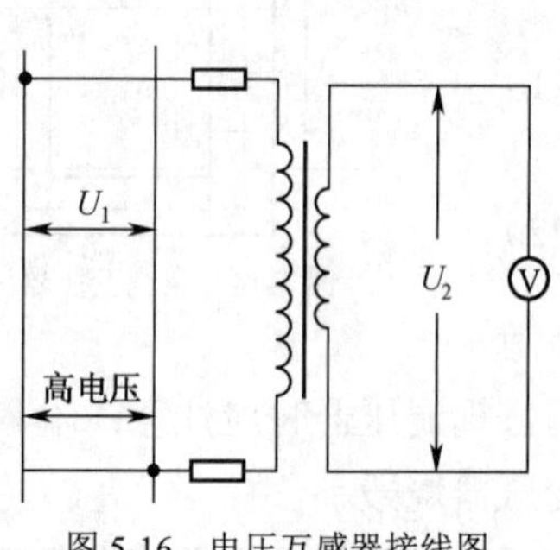

图5-16　电压互感器接线图

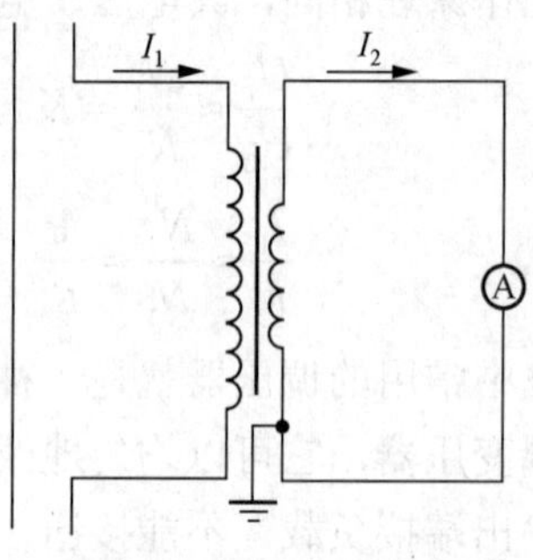

图5-17　电流互感器接线图

一次绕组电流I_1和通过电流表的电流I_2的关系为

$$I_1 = \frac{1}{K} I_2 \tag{5-24}$$

电流互感器是专门设计用于测量大电流的特殊用途变压器，其一次绕组额定电流大，对绝缘强度要求高。因此，使用时要注意以下几点。

① 为了保证规定的准确级，二次绕组串接的电流表不能太多，以免负载功率超过电流互感器的额定功率，从而增大测量误差。

② 电流互感器二次绕组的一端、铁芯及外壳必须可靠接地。

③ 二次绕组不允许开路，因为一次绕组电流是被测大电流，不由二次绕组电流决定。如果二次绕组开路，铁芯中将通过较额定值大许多倍的磁通，铁损耗剧增，会使电流互感器过热导致损坏。

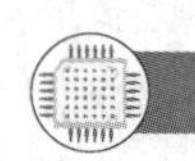

三、任务实施

任务一 用万用表判别变压器的同名端

掌握变压器同名端的辨别方法。具体内容见附带的《实训手册》。

任务二 测量变压器直流电阻、绝缘电阻

掌握变压器直流电阻、绝缘电阻的测量方法。具体内容见附带的《实训手册》。

任务三 变压器的故障检修

掌握变压器故障检查方法。具体内容见附带的《实训手册》。

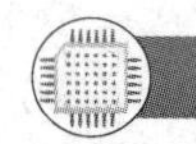

四、拓展知识

（一）三相变压器

现代电力系统都是三相制的，因而三相变压器的应用是十分广泛的。

变换三相电压可以采用两种方法。一种是用 3 个容量、变比等完全相同的单相变压器按三相连接方式连接而成，具体如图 5-18 所示。图中 A、B、C 和 N 为三相电压变换时一次绕组电压输入端及公共端；a、b、c 和 N′ 为二次绕组电压输出端及公共端，这种变压器称为三相组式变压器。其特点是 3 个磁路分开，互不关联，三相之间只有电的联系而无磁的联系。

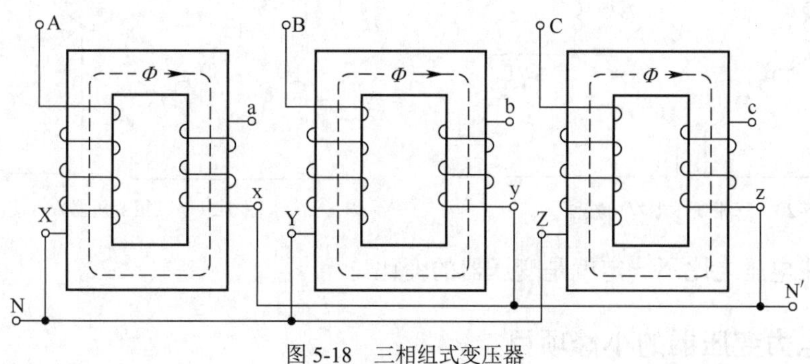

图 5-18 三相组式变压器

变换三相电压的另外一种方法是采用三相心式变压器，即通常所谓的三相变压器，如图 5-19 所示。三相心式变压器有 3 根铁芯，每一相的一次、二次绕组都绕在同一个铁芯上，将三相绕组绕在 3 根铁芯上，三相绕组的结构相同。三相高压绕组的首端和末端分别用 A、B、C 和 X、Y、Z 表示，三相低压绕组的首端和末端分别用 a、b、c 和 x、y、z 表示。

和同参数的三相组式变压器相比较，三相心式变压器具有节省材料、质量较轻、价格便宜的优点。通常，中、小容量的电力变压器都采用三相心式变压器，只有大容量的巨型变压器才选用三相组式变压器。

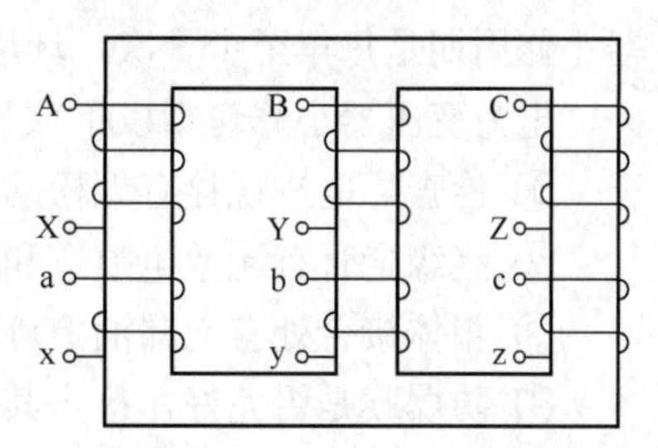

图 5-19 三相心式变压器

三相变压器一次、二次绕组各有 3 个，它们均可以接成星形（Y形，由中性点引出中线，用“Y_0”表示），也可以接成三角形（△形）。因此，三相变压器有△/△、△/Y、Y/△、Y/Y 4 种基本接法，符号中的分子表示高压绕组的接法，分母表示低压绕组的接法。当绕组接成Y形时，每相绕组相电压只有线电压的$\sqrt{3}$倍，相电流等于线电流。相电压较低有利于降低绝缘强度要求，因此，变压器高压绕组常采用Y形连接。当绕组接成△形时，每相绕组的相电压等于线电压，相电流只有线电流的$\sqrt{3}$倍，可以减小绕组导线截面积，因此，变压器低压绕组常采用△形连接。

三相变压器的变比是高、低压绕组的相电压之比，高压侧以下标“1”表示，低压侧以下标“2”表示，则变比为

$$K=\frac{U_{\mathrm{P1}}}{U_{\mathrm{P2}}}=\frac{N_1}{N_2} \tag{5-25}$$

而高、低压绕组的线电压之比还和绕组的接法有关，例如三相变压器Y/Y_0接法如图 5-20 所示。

$$\frac{U_1}{U_2}=\frac{\sqrt{3}U_{\mathrm{P1}}}{\sqrt{3}U_{\mathrm{P2}}}=\frac{N_1}{N_2}=K$$

Y/△接法如图 5-21 所示。

$$\frac{U_1}{U_2}=\frac{\sqrt{3}U_{\mathrm{P1}}}{U_{\mathrm{P2}}}=\frac{\sqrt{3}N_1}{N_2}=\sqrt{3}K$$

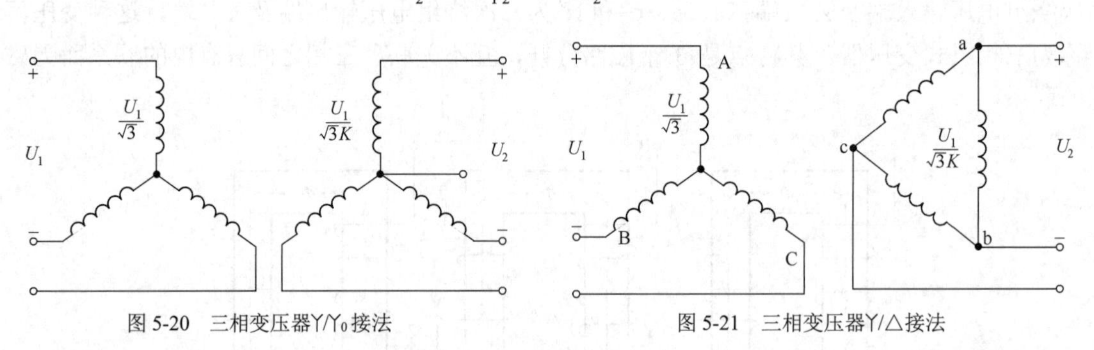

图 5-20　三相变压器Y/Y_0接法　　　　图 5-21　三相变压器Y/△接法

可见，线电压之比不一定就是变压器的变比。

（二）电力变压器的小修项目

为了保证变压器安全运行，必须定期对其进行检修，尽可能消除隐患和故障。

变压器检修分为大修和小修两大类，以吊芯与否为分界线。变压器大修是指变压器吊芯或吊开钟罩的检查和修理，小修是指不吊芯或不吊开钟罩的检查和修理。一般情况下，变压器小修周期是每年至少一次，环境特别恶劣的地区可缩短检修周期。

电力变压器小修包括以下项目。

① 检查导电排螺栓有无松动，接头是否过热。

② 绝缘瓷管有无放电痕迹和破损。

③ 箱体接合处有无漏油痕迹，如有应设法修补。

④ 防爆膜是否完好，检查其密封性能。

⑤ 检查冷却系统是否完好，进行全面的清洁工作。

⑥ 油枕、油位是否正常，放掉集污盒内的污油；检查干燥剂是否因吸潮而失效，若失效则取出并放入烘箱内干燥脱水。

⑦ 检查瓦斯继电器是否漏油，阀门开闭是否灵活，接点之间绝缘是否良好。

⑧ 校检油位指示器。

⑨ 测量高压绕组对地、高压绕组对低压绕组及低压绕组对地之间的绝缘电阻（注意前两项用 1 000V 或 2 500V 兆欧表，后一项用 500V 兆欧表）。

⑩ 检查变压器外壳接地是否牢靠。

⑪ 检查消防设备是否完好。消防设备有四氯化碳灭火机、二氧化碳灭火机、干粉灭火机及黄砂桶，禁止使用泡沫灭火器。

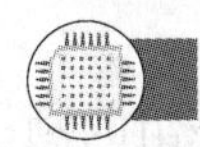

小　结

通过对本项目的学习，读者应了解变压器的基本概念，掌握变压器的电压变换、电流变换和阻抗变换功能；了解变压器的额定值和基本特性；掌握变压器绕组的极性，同名端的概念及变压器绕组同名端的判定方法；认识自耦变压器、电压互感器、电流互感器和三相变压器。

通过项目实训，了解变压器故障检修的有关方法，能用万用表和兆欧表等仪器或工具对变压器进行测量和检修。

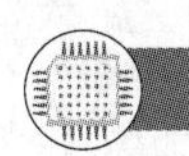

习题与思考题

（1）有一台空载变压器，测得一次绕组电阻为 11Ω，一次绕组加额定电压 220V，求一次绕组电流是否为 20A。若变压器为有载运行，求一次绕组电流是否为 20A。

（2）如图 5-22 所示，变压器中一次绕组为 500 匝，二次绕组为 100 匝，测得一次绕组电流 $i_1=\sqrt{2}\times 20\sin(\omega t-30°)\text{mA}$，求 i_2（假设变压器为理想变压器）。

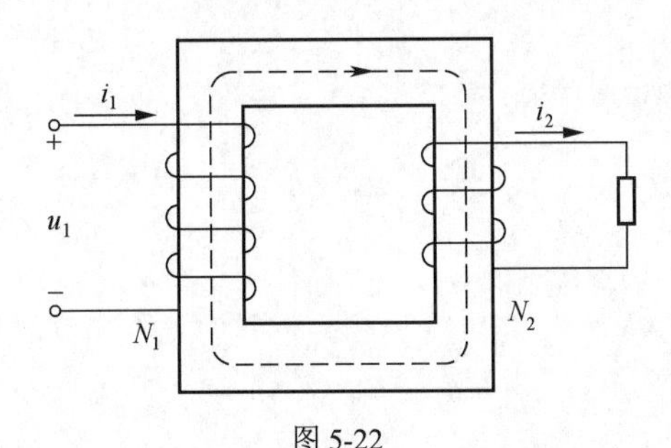

图 5-22

（3）有一变压器，一次绕组为 500 匝，具有两个二次绕组，二次绕组 1 为 50 匝，二次绕组 2 为 25 匝，一次绕组加电 220V，变压器未接负载，求一次绕组电流和二次绕组电压（变压器为理想变压器）。

（4）已知信号源 $U_S=10\text{V}$，内阻 $R_0=560\Omega$，负载电阻 $R_L=8\Omega$。在信号源和负载之间接入一变压器，使负载获得最大功率。试求：①变压器的变比；②一次、二次绕组的电流和电压；③负载获得的功率。

（5）如图 5-23 所示，变压器二次绕组中间有抽头，当 1、3 间接 16Ω扬声器时阻抗匹配，1、2 间接 4Ω扬声器时阻抗也匹配，求二次绕组两部分的匝数比。

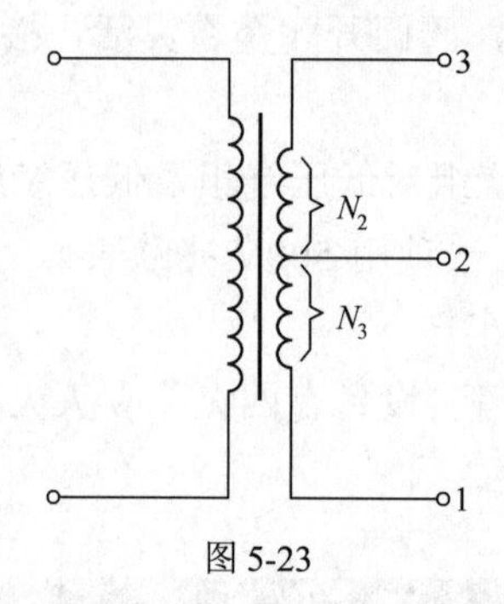

图 5-23

（6）某单相变压器额定容量为 50V·A，额定电压为 220V/36V，求一次、二次绕组的额定电流。

（7）某单位要选用一台Y/Y_0-12 型三相电力变压器，将 10kV 交流电压变换为 400V，供动力和照明之用。已知该单位三相负载总功率为 320kW，额定功率因数为 0.8。请计算所需三相变压器的额定电压容量和一次、二次绕组的额定电流。

项目六 连接三相交流电路

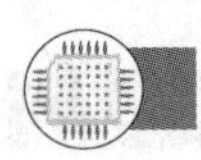

一、项目分析

目前，电能的生产、输送和分配一般都采用对称三相制。三相交流电路的应用最为广泛，世界各国的电力系统普遍都采用三相制。采用三相交流电是因为它和单相交流电相比有以下优点：在电压等级相同、输电距离相等、输送功率和线路损耗也相等的情况下，采用三相制可以大大节省输电线的有色金属消耗。三相异步电动机和单相电动机相比有以下优点：性能良好、工作可靠、结构简单、价格低。三相发电机与同容量的单相发电机相比有以下优点：体积小、材料省、价格低。

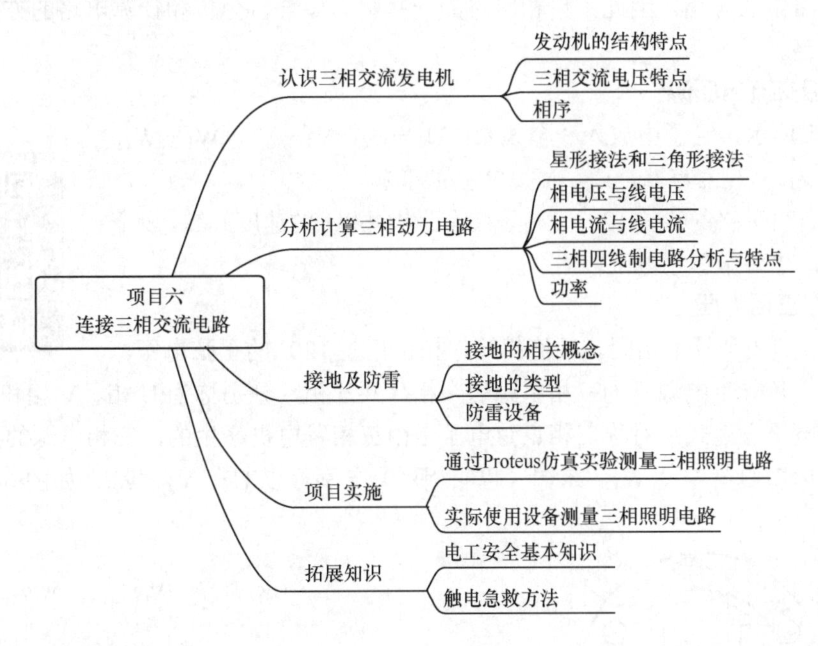

项目内容

本项目要求能分析、计算三相交流用电系统，主要包括三相交流发电机、三相动力电路，完成分析、计算三相照明电路，并熟悉安全用电、触电急救、接地及防雷等生活常识。

知识点

（1）三相正弦量的特点及相序的概念。

（2）对称三相电路中星形接法和三角形接法。

（3）相电压与线电压、相电流与线电流的关系。

（4）用电安全的一般措施、触电急救的基本常识和触电事故的预防措施。

（5）接地和防雷的基本概念及基本的应对措施。

能力点

（1）会计算三相交流电路电压、电流和功率。

（2）能熟练分析相电压与线电压、相电流与线电流的关系。

（3）能熟练运用触电事故急救措施。

（4）会对接地和防雷采取相应的应对措施。

（5）培养爱国主义、大国工匠精神，增强中国制造的自信。

二、相关知识

（一）认识三相交流发电机

目前电能的生产、输送和分配，一般都采用对称三相制。三相交流电路的应用最为广泛，世界各国的电力系统普遍采用三相制。对称三相制就是由 3 个频率相同、幅值相等、相位互差 120° 的正弦电动势所组成的电源系统。前面研究的单相交流电、日常生活中的单相电也是三相交流电路中的一相。因此，单相电路的一些基本概念、分析和计算电路的方法，完全适用于三相电路。

1. 三相交流电压源

如图 6-1 所示，定子中放入 3 个线圈：U_1—U_2，V_1—V_2，W_1—W_2。其中，U_1、V_1、W_1 为首端，U_2、V_2、W_2 为末端。

3 个线圈空间位置各差 120°，转子装有磁极并以ω的速度旋转，3 个线圈中随后产生 3 个单相电压。

三相交流电的产生

2. 对称三相电压

（1）定义：3 个频率相同、幅值相等、相位相差 120° 的正弦电压。

（2）相：每一个电源称为三相电源的一相，共三相，分别称为 U 相、V 相和 W 相。

（3）相电压表达式：对称三相正弦电压是由三相发电机产生的，三相电源的始端（也叫相头）分别标以 U_1、V_1、W_1，末端（也叫相尾）分别标以 U_2、V_2、W_2，如图 6-2 所示。

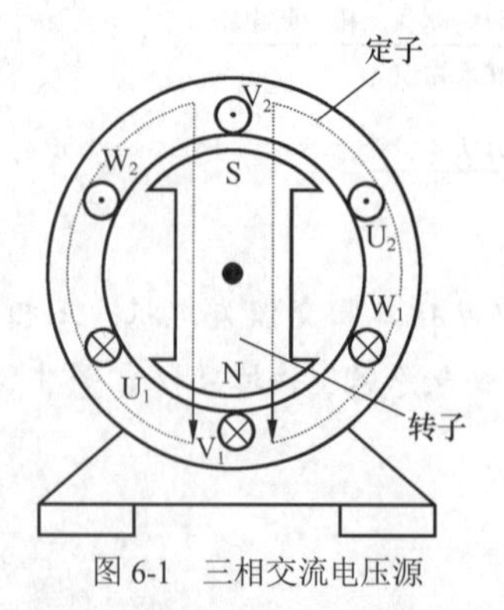

图 6-1　三相交流电压源

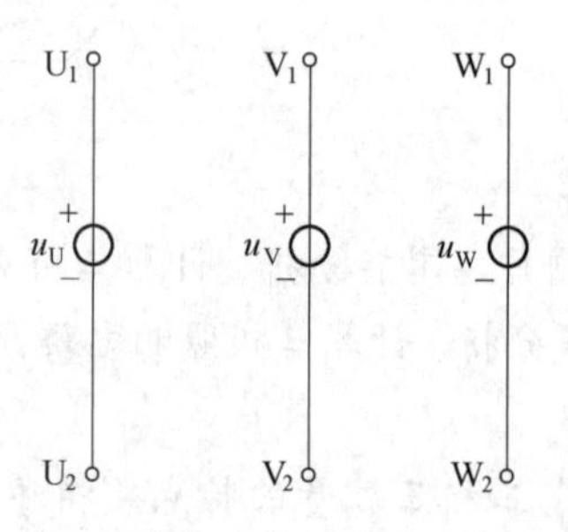

图 6-2　三相电源

对称三相正弦电压解析式为

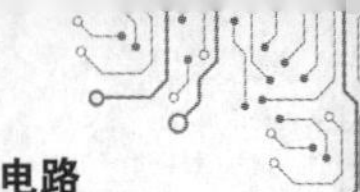

$$\begin{cases} u_{\mathrm{U}} = U_{\mathrm{m}} \sin \omega t \\ u_{\mathrm{V}} = U_{\mathrm{m}} \sin(\omega t - 120^\circ) \\ u_{\mathrm{W}} = U_{\mathrm{m}} \sin(\omega t + 120^\circ) \end{cases} \tag{6-1}$$

也可用相量表示为

$$\begin{cases} \dot{U}_{\mathrm{U}} = U\angle 0^\circ \\ \dot{U}_{\mathrm{V}} = U\angle -120^\circ \\ \dot{U}_{\mathrm{W}} = U\angle 120^\circ \end{cases} \tag{6-2}$$

它们的波形图和相量图分别如图 6-3 所示。

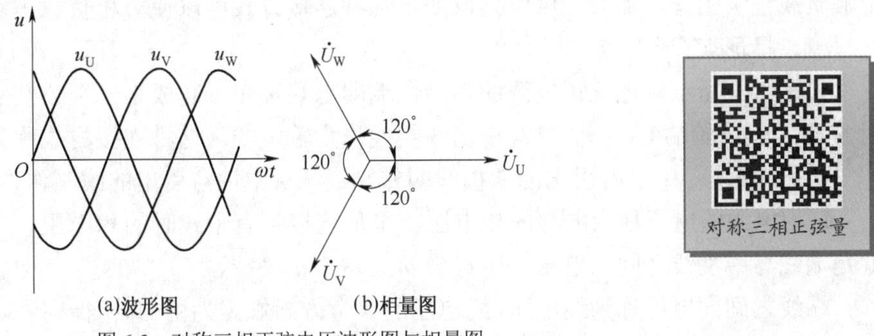

图 6-3　对称三相正弦电压波形图与相量图

对称三相正弦量

对称三相正弦电压瞬时值之和恒为零，这是对称三相正弦电压的特点，也适用于其他对称三相正弦量。从图 6-3 的波形图或通过计算可得出该结论。

对称三相正弦电压瞬时值解析式之和为零，即

$$\begin{aligned} u_{\mathrm{U}} + u_{\mathrm{V}} + u_{\mathrm{W}} &= U_{\mathrm{m}} \sin \omega t + U_{\mathrm{m}} \sin(\omega t - 120^\circ) + U_{\mathrm{m}} \sin(\omega t + 120^\circ) \\ &= U_{\mathrm{m}} \sin \omega t + U_{\mathrm{m}} \sin \omega t \cos 120^\circ - U_{\mathrm{m}} \cos \omega t \sin 120^\circ + U_{\mathrm{m}} \sin \omega t \cos 120^\circ \\ &\quad + U_{\mathrm{m}} \cos \omega t \sin 120^\circ \\ &= U_{\mathrm{m}} \sin \omega t + U_{\mathrm{m}} \sin \omega t \cos 120^\circ + U_{\mathrm{m}} \sin \omega t \cos 120^\circ \\ &= U_{\mathrm{m}} \sin \omega t (1 + 2\cos 120^\circ) \\ &= U_{\mathrm{m}} \sin \omega t \left(1 - 2 \times \frac{1}{2}\right) = 0 \end{aligned}$$

从相量图上可以看出，对称三相正弦电压的相量和为零，即

$$\begin{aligned} \dot{U}_{\mathrm{U}} + \dot{U}_{\mathrm{V}} + \dot{U}_{\mathrm{W}} &= U\angle 0^\circ + U\angle -120^\circ + U\angle 120^\circ \\ &= U + U\frac{-1 - \mathrm{j}\sqrt{3}}{2} + U\frac{-1 + \mathrm{j}\sqrt{3}}{2} = U(1-1) = 0 \end{aligned}$$

三相交流电的相序

对称三相正弦电压的频率相同、振幅相等，其区别是相位不同。相位不同，表明各相电压到达零值或正峰值的时间不同，这种先后次序称为相序。在图 6-3 中，三相电压到达正峰值或零值的先后次序为 u_{U}、u_{V}、u_{W}，其相序为 U—V—W—U，这样的相序称为正序。如果到达正峰值或零值的顺序为 u_{U}、u_{W}、u_{V}，那么，三相电压的相序 U—W—V—U 称为负序。工程上通用的相序是正序，如果不加说明，都为正序。在变配电所的母线上一般都涂以黄、绿、红 3 种颜色，分别表示 U 相、V 相和 W 相。

对于三相电动机，改变其电源的相序就可改变电动机的运转方向，这种方法常用来控制

电动机正转或反转。

（二）分析计算三相动力电路

1. 三相电源的连接方式

在三相电源和三相负载组成的三相动力电路中，电源和负载的连接方式有很多。在电力系统中，电源一般是对称的，而负载的不对称则是经常出现的。三相负载除了三相电动机等对称负载外，还有照明电路等单相负载。由于用户的分散性和用电时间不同，这些单相用电设备很难做到三相完全对称。此外，当对称三相电路发生一相负载短路或断线故障时，也会形成三相负载不对称，导致各相负载电压有的高于电源相电压，有的低于电源相电压，从而影响负载正常工作。那么，供电采取如下几种连接方式可以使单相负载正常工作。

（1）星形（Y形）。

如图 6-4 所示，把三相电源的负极性端即末端接在一起成为一个公共点，叫作中性点，用 N 表示，由始端 U_1、V_1、W_1 引出 3 根线作为输电线，这种连接方式称为星形连接。

由始端 U_1、V_1、W_1 引出的 3 根线叫作端线。从中性点引出的线叫作中性线，简称中线。

每相电源的电压称为电源的相电压。星形连接且有中线时的相电压就是端线与中性线之间的电压，用符号 u_U、u_V、u_W 表示。

端线之间的电压称为线电压。线电压的参考方向规定为由 U_1 相指向 V_1 相、V_1 相指向 W_1 相、W_1 相指向 U_1 相，即用 u_{UV}、u_{VW}、u_{WU} 表示。

（2）三角形（△形）。

如图 6-5 所示，把 3 个电源首尾顺次连接成三角形，3 个连接点引出 3 个端线与负载或电网连接，此方式叫三角形连接。

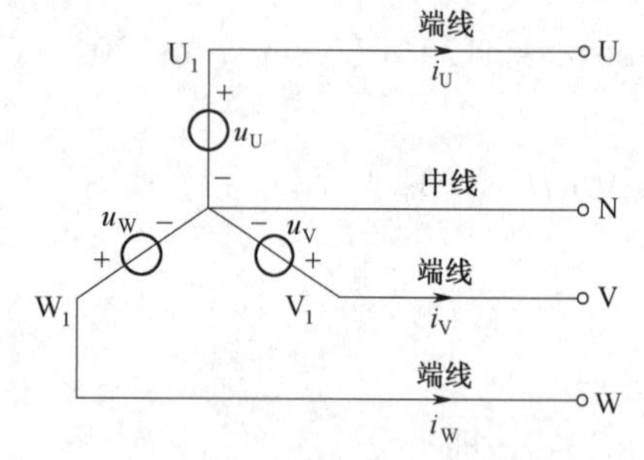

图 6-4　三相电源的星形连接

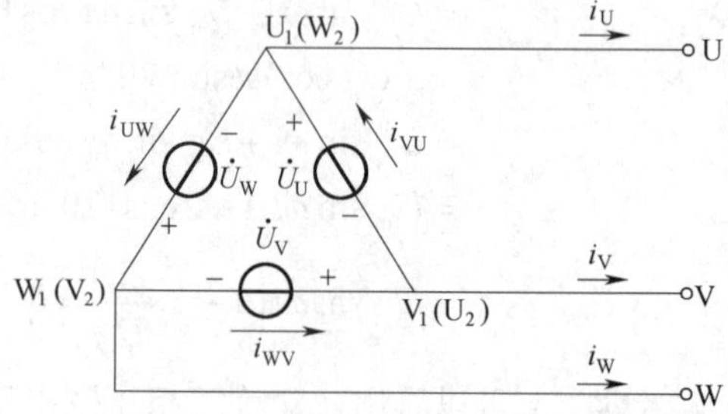

图 6-5　三相电源的三角形连接

（3）术语。

通常所说的火线、中线、地线是指在三相四线制供电系统中不同用途的线路。

端线（火线）：发电机 3 个线圈的末端连接在一起，3 个线圈的头端引出 3 条线，即端线。与中线之间的电压是 220V，所以也称火线。端线与中线构成工作回路。

中线（零线）：发电机 3 个线圈的末端连接在一起，成为一个公共端点（也称为中性点），从中性点引出的输电线称为中性线（中线），中性点通常与大地相接，接大地的中性点称为零点，对地保持零电平。这也就是把中线称为零线的原因。

地线：地线也叫保护线，是给电气设备金属外壳接地的线。地线通常是为了安全和消除静电而设的，不作为工作回路。

2. 三相电源的相电压与线电压

（1）相电压：每相电源两端的电压，参考方向为由端线指向中点。

每相电源绕组的首端与末端之间的电压称为电源的相电压，用 u_U、u_V、u_W 表示。每相负载两端的电压为负载的相电压，用 u'_U、u'_V、u'_W 表示。

（2）线电压：两条端线间的电压。

三相电源的任意两条端线间的电压称为电源线电压，用 u_{UV}、u_{VW}、u_{WU} 表示。任意两条负载端线间的电压称为负载的线电压，用 u'_{UV}、u'_{VW}、u'_{WU} 表示。

（3）线电压和相电压的关系。

① 星形连接。

三相电源星形连接时，其线电压和相电压如图 6-6 所示。

由 KVL 可知，线电压与相电压之间的关系如下。

瞬时值关系

$$u_{UV} = u_U - u_V$$
$$u_{VW} = u_V - u_W$$
$$u_{WU} = u_W - u_U$$

相量关系

$$\dot{U}_{UV} = \dot{U}_U - \dot{U}_V$$
$$\dot{U}_{VW} = \dot{U}_V - \dot{U}_W$$
$$\dot{U}_{WU} = \dot{U}_W - \dot{U}_U$$

三相电源相电压对称时的相量图如图 6-7 所示。

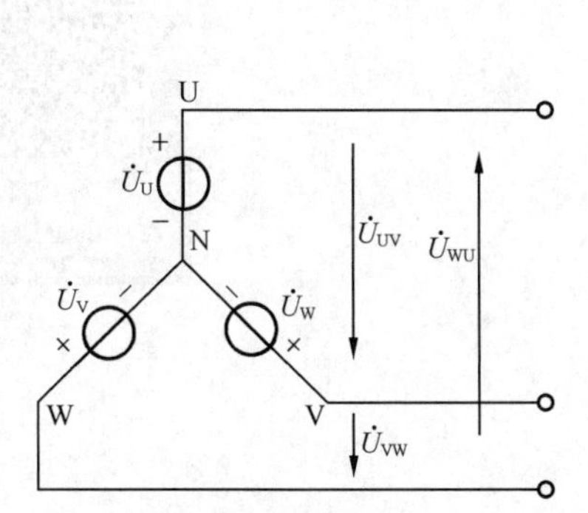

图 6-6　三相电源星形连接时的线电压和相电压

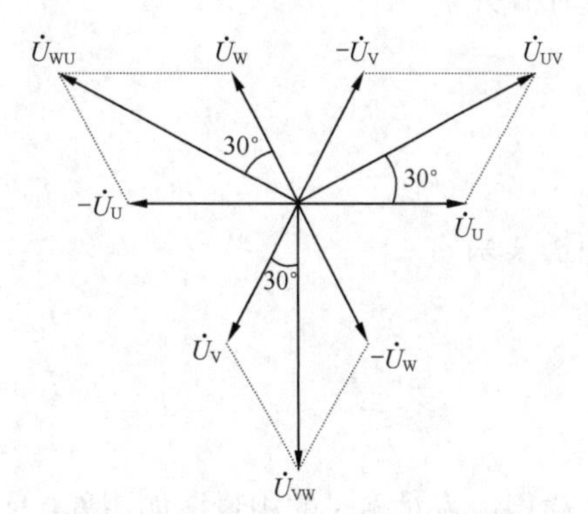

图 6-7　三相电源相电压对称时的相量图

根据相量图可以看出

$$U_{UV} = 2U_U\cos 30° = \sqrt{3}U_U$$
$$U_{VW} = 2U_V\cos 30° = \sqrt{3}U_V$$
$$U_{WU} = 2U_W\cos 30° = \sqrt{3}U_W$$

即线电压在相位上分别超前于相电压 30°，数值关系为线电压等于 $\sqrt{3}$ 倍的相电压。在对称情况下 U_L 表示线电压的有效值，U_P 表示相电压的有效值，那么 $U_L=\sqrt{3}U_P$。

线电压和相电压的相量关系为

$$\dot{U}_{UV} = \sqrt{3}\dot{U}_{U}\angle 30^\circ$$
$$\dot{U}_{VW} = \sqrt{3}\dot{U}_{V}\angle 30^\circ$$
$$\dot{U}_{WU} = \sqrt{3}\dot{U}_{W}\angle 30^\circ$$

② 三角形连接。

根据线电压和相电压的定义可知，线电压与相电压相等，即

$$\dot{U}_{UV} = \dot{U}_{U},\quad \dot{U}_{VW} = \dot{U}_{V},\quad \dot{U}_{WU} = \dot{U}_{W}$$

三相电源星形连接的相电压和线电压

有效值关系为$U_L = U_P$。

3. 三相电路的相电流与线电流

（1）相电流：流过每相负载或电源的电流。

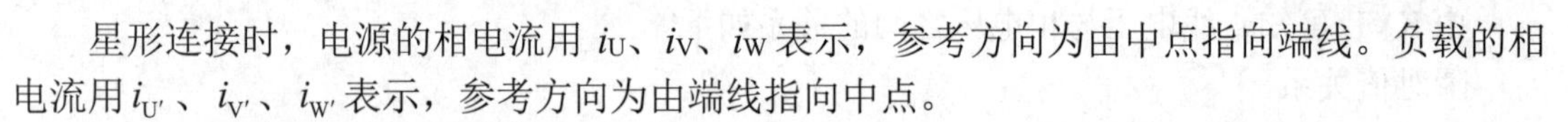

星形连接时，电源的相电流用 i_U、i_V、i_W 表示，参考方向为由中点指向端线。负载的相电流用$i_{U'}$、$i_{V'}$、$i_{W'}$表示，参考方向为由端线指向中点。

三角形连接时，负载的相电流参考方向为$i_{U'V'}$、$i_{V'W'}$、$i_{W'U'}$。

（2）线电流：流过端线的线电流用 i_U、i_V、i_W 表示。

（3）线电流和相电流的关系。

三相负载的星形连接

① 星形连接。

根据线电流和相电流的定义可知，线电流与相电流相等。

② 三角形连接。

三相电路三角形连接时，其线电流和相电流如图 6-8 所示。

由 KCL 可知，线电流与相电流之间的关系如下。

三相负载的三角形连接

瞬时值关系

$$i_U = i_{UV} - i_{WU}$$
$$i_V = i_{VW} - i_{UV}$$
$$i_W = i_{WU} - i_{VW}$$

相量关系

$$\dot{I}_U = \dot{I}_{UV} - \dot{I}_{WU}$$
$$\dot{I}_V = \dot{I}_{VW} - \dot{I}_{UV}$$
$$\dot{I}_W = \dot{I}_{WU} - \dot{I}_{VW}$$

负载相电流对称时的相量图如图 6-9 所示。

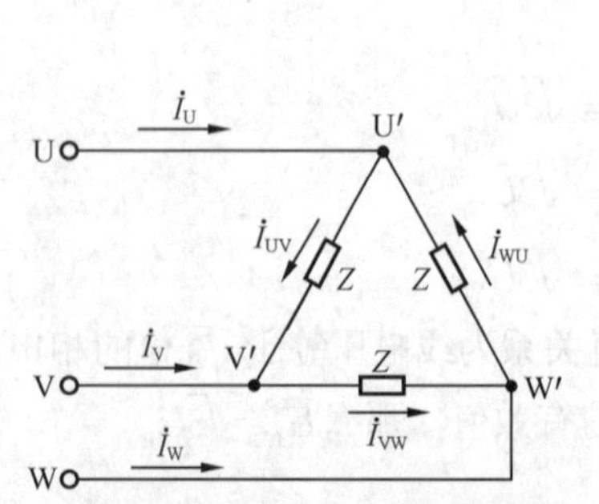

图 6-8　三相电路三角形连接时的线电流和相电流

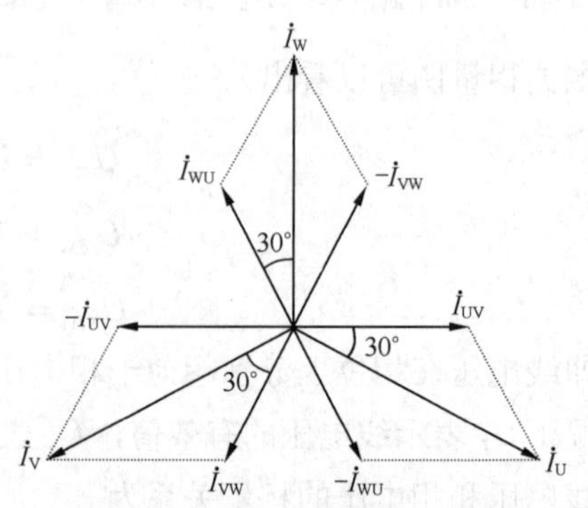

图 6-9　负载相电流对称时的相量图

根据相量图可以看出

$$I_{\mathrm{U}} = 2I_{\mathrm{UV}}\cos 30° = \sqrt{3}I_{\mathrm{UV}}$$
$$I_{\mathrm{V}} = 2I_{\mathrm{VW}}\cos 30° = \sqrt{3}I_{\mathrm{VW}}$$
$$I_{\mathrm{W}} = 2I_{\mathrm{WU}}\cos 30° = \sqrt{3}I_{\mathrm{WU}}$$

即线电流在相位上分别滞后于相电流 30°。数值关系为线电流等于 $\sqrt{3}$ 倍的相电流。在对称情况下，I_{L} 表示线电流的有效值，I_{P} 表示相电流的有效值，则 $I_{\mathrm{L}} = \sqrt{3}I_{\mathrm{P}}$，线电流和相电流的相量关系为

$$\dot{I}_{\mathrm{U}} = \sqrt{3}\dot{I}_{\mathrm{UV}} \angle -30°$$
$$\dot{I}_{\mathrm{V}} = \sqrt{3}\dot{I}_{\mathrm{VW}} \angle -30°$$
$$\dot{I}_{\mathrm{W}} = \sqrt{3}\dot{I}_{\mathrm{WU}} \angle -30°$$

4. 概念

（1）对称三相电路：由对称三相电源、对称三相负载和复阻抗相等的端线组成的电路。

（2）对称三相电源：三相电动势对称且三相内阻抗相等的电源。

（3）对称三相负载：复阻抗相等的三相负载。

5. 电路分析

在图 6-10 所示的三相四线制对称电路中，设三相电源的电压分别为

$$\dot{U}_{\mathrm{U}} = U_{\mathrm{P}} \angle 0°$$
$$\dot{U}_{\mathrm{V}} = U_{\mathrm{P}} \angle -120°$$
$$\dot{U}_{\mathrm{W}} = U_{\mathrm{P}} \angle 120°$$

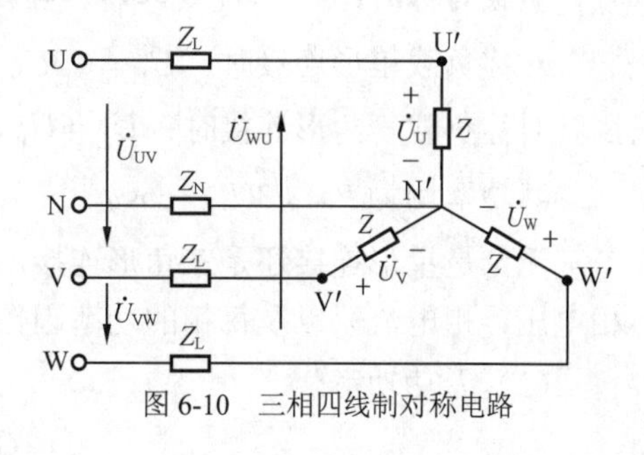

图 6-10 三相四线制对称电路

三相负载的复阻抗为 $Z_{\mathrm{U}} = Z_{\mathrm{V}} = Z_{\mathrm{W}} = Z$，每根端线的复阻抗为 Z_{L}，中线的复阻抗为 Z_{N}。

应用弥尔曼定律求得

$$\dot{U}_{\mathrm{N'N}} = \frac{\dfrac{\dot{U}_{\mathrm{U}}}{Z+Z_{\mathrm{L}}} + \dfrac{\dot{U}_{\mathrm{V}}}{Z+Z_{\mathrm{L}}} + \dfrac{\dot{U}_{\mathrm{W}}}{Z+Z_{\mathrm{L}}}}{\dfrac{1}{Z+Z_{\mathrm{L}}} + \dfrac{1}{Z+Z_{\mathrm{L}}} + \dfrac{1}{Z+Z_{\mathrm{L}}} + \dfrac{1}{Z_{\mathrm{N}}}} = 0$$

对于星形–星形连接的对称三相正弦交流电路，电源中性点 N 与负载中性点 N′ 等电位，所以可以用无阻抗的导线将中性点连接起来，可以通过求某一相的电流或电压来对电路进行计算。

例如，根据电路对称原理可知

$$\dot{I}_{\mathrm{U}} = \frac{\dot{U}_{\mathrm{U}}}{|Z_{\mathrm{L}}+Z|} = \frac{U}{|Z_{\mathrm{L}}+Z|} \angle -\varphi_{\mathrm{P}}$$

$$\dot{I}_{\mathrm{V}} = \frac{\dot{U}_{\mathrm{V}}}{|Z_{\mathrm{L}}+Z|} = \frac{U}{|Z_{\mathrm{L}}+Z|} \angle -120° - \varphi_{\mathrm{P}}$$

$$\dot{I}_{\mathrm{W}} = \frac{\dot{U}_{\mathrm{W}}}{|Z_{\mathrm{L}}+Z|} = \frac{U}{|Z_{\mathrm{L}}+Z|} \angle 120° - \varphi_{\mathrm{P}}$$

3个线电流等于各自的相电流中线电流之和

$$\dot{I}_N = \dot{I}_U + \dot{I}_V + \dot{I}_W = 0$$

那么，各相负载的电压为

$$\dot{U}'_U = Z\dot{I}_U$$

$$\dot{U}'_V = Z\dot{I}_V$$

$$\dot{U}'_W = Z\dot{I}_W$$

负载上的线电压为

$$\dot{U}'_{UV} = \sqrt{3}\dot{U}'_U \angle 30° = \sqrt{3}Z\dot{I}'_U \angle 30°$$

$$\dot{U}'_{VW} = \sqrt{3}\dot{U}'_V \angle 30° = \sqrt{3}Z\dot{I}'_V \angle 30°$$

$$\dot{U}'_{WU} = \sqrt{3}\dot{U}'_W \angle 30° = \sqrt{3}Z\dot{I}'_W \angle 30°$$

所以，对于对称电路，只要求出一相，就可以相应写出其余两相的电压、电流。

6. 功率

（1）有功功率。

三相负载的有功功率等于每相负载上的有功功率之和，即 $P = P_V + P_W + P_U$。

负载对称时：$P = 3P_U = 3U_pI_p\cos\varphi$。

对称负载星形连接时：$U_L = \sqrt{3}U_P$，$I_L = I_P$。

对称负载三角形连接时：$U_L = U_P$，$I_L = \sqrt{3}I_P$。

其功率均为 $P = \sqrt{3}U_LI_L\cos\varphi$。

无论是星形连接还是三角形连接，对称三相负载的有功功率总可以用线电压、线电流（或相电压、相电流）以及每相的功率因数来表示，即 $P = \sqrt{3}U_LI_L\cos\varphi = 3U_PI_P\cos\varphi$。

（2）无功功率。

$$Q = Q_V + Q_W + Q_U$$

三相负载对称时：$Q = \sqrt{3}U_PI_P\sin\varphi = 3U_LI_L\sin\varphi$。

（3）视在功率。

$$S = \sqrt{P^2 + Q^2}$$

三相负载对称时：$S = \sqrt{3}U_LI_L$。

（4）三相负载的功率因数。

$$\cos\varphi' = \frac{P}{S} = \frac{P}{\sqrt{P^2 + Q^2}}$$

对称负载时：$\cos\varphi' = \cos\varphi$，即一相负载的功率因数角 $\varphi' = \varphi$，为负载的阻抗角。

不对称负载时：各相的功率因数不同，三相负载的功率因数无实际意义。

三相电路的功率

例 6.1 有一台三相异步电动机接在线电压为380V的对称电源上，已知此电动机的功率为4.5kW，功率因数为0.85，求线电流。

解：三相电动机是对称负载，无论为何种连接方法，均有线电流

$$I_{\mathrm{L}}=\frac{P}{\sqrt{3}U_{\mathrm{L}}\cos\varphi}=\frac{4\,500}{\sqrt{3}\times380\times0.85}\approx8.04(\mathrm{A})$$

例 6.2　某三相异步电动机每相绕组的等效阻抗$|Z|=27.74\Omega$，功率因数为0.8，正常运行时绕组按三角形连接，电源线电压为380V:

① 试求正常运行时的相电流、线电流和电动机的输入功率;

② 为减小起动电流，在起动时改接成星形，试求此时的相电流、线电流及电动机的输入功率。

解: ① 正常运行时，电动机按三角形连接

$$I_{\mathrm{P}}=\frac{U_{\mathrm{P}}}{|Z|}=\frac{380}{27.74}\approx13.7(\mathrm{A})$$

$$I_{\mathrm{L}}=\sqrt{3}I_{\mathrm{P}}=\sqrt{3}\times13.7\approx23.7(\mathrm{A})$$

$$P=\sqrt{3}U_{\mathrm{L}}I_{\mathrm{L}}\cos\varphi=\sqrt{3}\times380\times23.7\times0.8\approx12.51(\mathrm{kW})$$

② 起动时，电动机按星形连接

$$I_{\mathrm{P}}=\frac{U_{\mathrm{P}}}{|Z|}=\frac{380/\sqrt{3}}{27.74}\approx7.9(\mathrm{A})$$

$$I_{\mathrm{L}}=I_{\mathrm{P}}=7.9(\mathrm{A})$$

$$P=\sqrt{3}U_{\mathrm{L}}I_{\mathrm{L}}\cos\varphi=\sqrt{3}\times380\times7.9\times0.8\approx4.17(\mathrm{kW})$$

可知，同一对称三相负载按三角形连接时的线电流是星形连接时的线电流的3倍，按三角形连接时的功率也是按星形连接时的功率的3倍。

认识接地装置

（三）接地及防雷

1. 接地

（1）接地的有关概念。

电气设备的某部分与土壤之间良好的电气连接称为接地，与土壤直接接触的金属物件称为接地体。连接接地体与电气设备接地部分的金属线称为接地线简称地线。接地体与接地线总称为接地装置。

当电气设备发生接地短路时，电流就通过接地装置向大地呈半球形散开，此电流称为接地短路电流。由于此半球形球面在距接地体越远的地方球面越大，因此其电阻值也就越小，电位值也就越低。试验证明，在距单根接地体或故障点20m左右的地方，实际的流散电阻已趋近于零，故这里的电位也已趋近于零。把电位为零的地方称为电气上的“地”或“大地”。

电气设备的接地部分（如接地的金属外壳和接地体等）与零电位的“地”之间的电位差，称为接地部分的对地电压。

在用星形连接的三相电路中，3个线圈连接在一起的点称为三相电路的中性点。当中性点接地时，则该点称为零点。由中性点引出的线，称为中性线（中线）；由零点引出的线称为零线，以符号N表示。

为了防止触电为目的而用来使设备或线路的金属外壳与接地母线、接地端子、接地板、接地金属部件等作电气连接的导线与导体，称为保护线，以符号PE表示。当零线N与保护

线 PE 共为一体时，就同时具有零线和保护线两种功能，称为保护零线或保护中线，以符号 PEN 表示。

（2）接地的类型。

电力系统和设备接地，按其功能可分为工作接地和保护接地两大类，此外还有进一步保证保护接地的重复接地。

① 工作接地。在电力系统中凡运行所需的接地均称为工作接地，例如，系统变压器的中性点接地、防雷设备的接地等。

② 保护接地。为保障人身安全、防止间接触电而将设备的外露可导电部分进行的接地，称为保护接地。

③ 重复接地。重复接地是指线路中除中性点工作接地以外，在其他一处或多处将 N 线再次接地。在架空线的干线和分支线的终端及沿线 1km 处，N 线应重复接地。每一重复接地装置的接地电阻应不大于 10Ω。工作接地电阻允许 10Ω的场合，每一重复接地装置的接地电阻应不大于 30Ω，但重复接地不得少于 3 处。重复接地电阻与工作电阻并联，可降低总的接地电阻阻值，从而降低 N 线对地电压，增加故障时的短路电流，加速线路保护装置的动作，使保护水平进一步提高。

（3）接地的运行方式。

保护接地根据电力系统中的中性点运行方式分为 TN 系统、TT 系统和 IT 系统 3 种。

① TN 系统。在中性点直接接地系统中，将设备的外露可导电部分经公共的 PE 线接地，这种系统称为 TN 系统，即三相四线制的保护接零。TN 系统广泛用于 220V/380V 供电线路中。根据 N 线和 PE 线的不同排列方式，TN 系统又分为以下 3 种。

a．TN-C 系统。在这种系统中，PE 线和 N 线合为一根 PEN 线，所有设备的外露可导电部分均与 PEN 线连接，如图 6-11 所示。在这种系统中，当三相负荷不平衡或只有单相用电设备时，PEN 线上有电流流过。一般情况下，只要开关保护装置和导线截面选择适当，是能够满足供电可靠性要求的，而且投资较小，又节约导电材料。这种系统目前在我国应用得最为普遍。

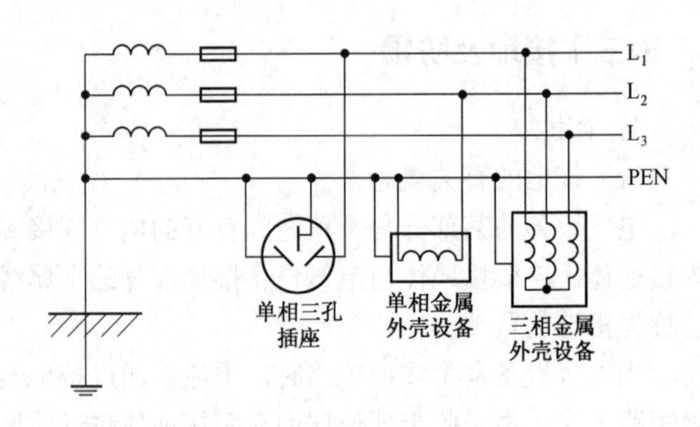

图 6-11　TN-C 低压配电系统

b．TN-S 系统。这种系统的 N 线和 PE 线是分开设置的，所有设备的外露可导电部分经公共的 PE 线相连，如图 6-12 所示。在 TN-S 系统中，N 线主要用于通过单相负载电流、三相不平衡电流，故称为保护零线。由于正常情况下，PE 线上无电流通过，因此用电设备之间不会产生电磁干扰，但这种系统消耗的导电材料较多，投资较大。由于设备间不会产生电磁干扰，因此广泛适用于条件较差、对安全可靠性要求较高及设备对电磁干扰要求较严的场合。

c．TN-C-S 系统。这种系统前面部分为 TN-C 系统（即 N 线和 PE 线合一），后面部分为 TN-S 系统（即 N 线和 PE 线分开，分开后不允许再合并），如图 6-13 所示。这种系统兼有 TN-C 系统和 TN-S 系统的特点，保护性能介于两者之间，常用于配电系统末端环境条件较差或有数据处理等设备的场合。

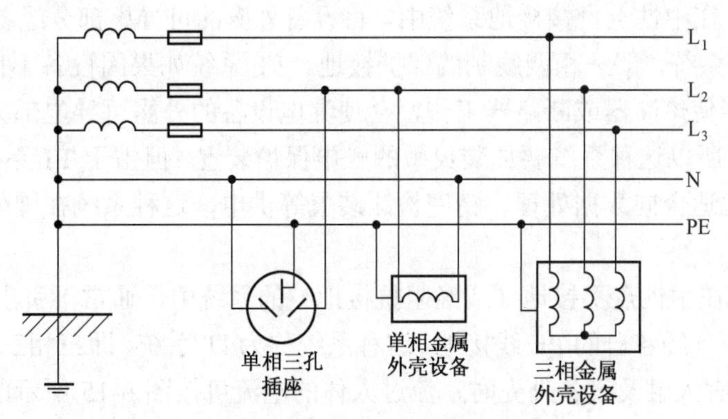

图 6-12 TN-S 低压配电系统

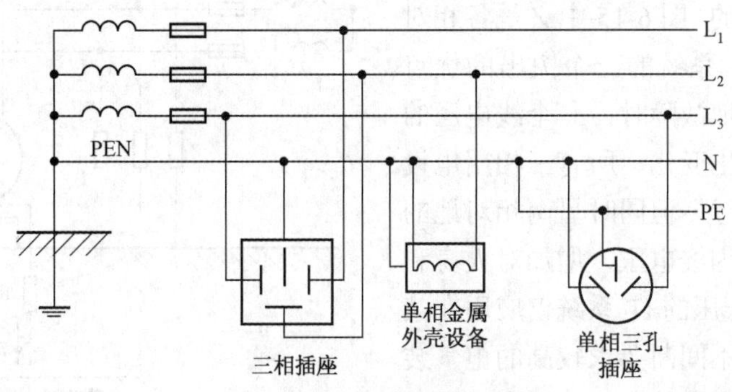

图 6-13 TN-C-S 低压配电系统

例 6.3 有一低压 220V/380V 中性点直接接地系统，单相接地电流不超过 9A。当电气设备某相碰壳时，为限制壳对地电压在 36V 以内，试计算此设备的保护接地电阻阻值为 R_d，当人触壳时会致命吗？（设人体电阻为 1 700Ω。）

解：按题意，根据图 6-14 所示的电路，可估算出接地电阻

$$R_{\mathrm{d}} = \frac{U_{\mathrm{d}}}{I_{\mathrm{d}}} = \frac{36}{9} = 4(\Omega)$$

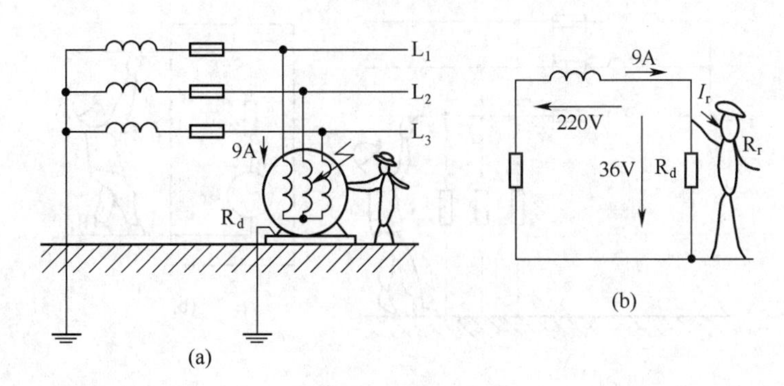

图 6-14 例 6.3 的图

即当把接地电阻限制在小于 4Ω，人触壳的触电电压不会超过 36V，通过人体的电流

$$I_{\mathrm{r}} = \frac{U_{\mathrm{d}}}{R_{\mathrm{r}}} = \frac{36}{1\,700} \approx 21.2(\mathrm{mA})$$

小于致命电流 50mA，不会致命。

② TT 系统。在中性点直接接地系统中，将设备外露的可导电部分经各自的 PE 线接地，这种系统称为 TT 系统，即三相四线制的保护接地。TT 系统如果因设备不良引起漏电，而漏电电流较小，不能使熔断器或断路器工作，会使漏电设备的外露可导电部分长期带电，增加人体触电的危险。所以这种系统要加装灵敏的触电保护装置。但由于 TT 系统各自的 PE 线间无电磁联系，因此适合向数据处理、精密检测装置等供电，这种系统在国外应用比较广泛，国内应用较少。

③ IT 系统。在中性点不接地（或经阻抗接地）的系统中，通常不引出 N 线，这时电气设备外露可导电部分经各自的 PE 线接地，这种系统称为 IT 系统，即三相三线制的保护接地。在 IT 系统中，当有人触及设备外壳时，流过人体的电流可按图 6-15 所示的方式被各自的接地装置分流（减少流过人体电流），从而达到保护人身安全的目的。图 6-15 中 Z 是各相对地的绝缘电阻。IT 系统的一个突出的优点是，当发生一相接地故障时，3 个线电压的相位和数值均未发生变化，所有三相用电设备仍可暂时继续运行。但同时另两相对地的电压将由相电压升为线电压，增加对人身和设备安全的威胁。低压的 IT 系统仅应用在某些矿井下和对供电不间断要求较高的电气装置中，如发电厂的用电等。

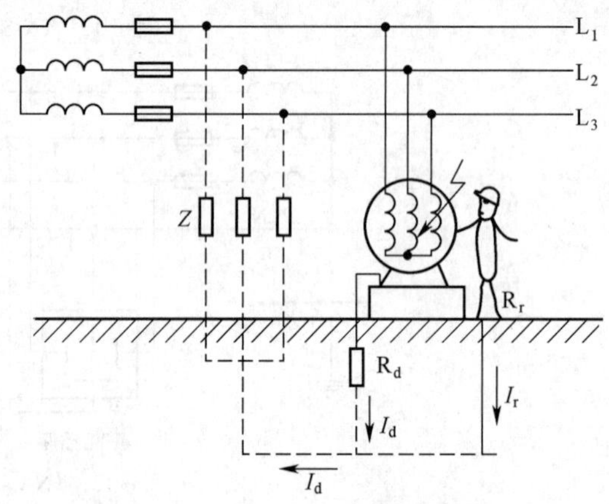

图 6-15 IT 系统人在中性点不接地系统中外壳触电

中性点对地绝缘的电网发生人体单相触电时，设人体电阻阻值为 R_r，通过人体电流为 I_r，如图 6-16（a）所示。用戴维南定理画出其等效电路如图 6-16（b）所示，这时通过人体的电流为

$$I_r = \frac{U_P}{\frac{Z}{3}+R_r} = \frac{3U_P}{Z+3R_r}$$

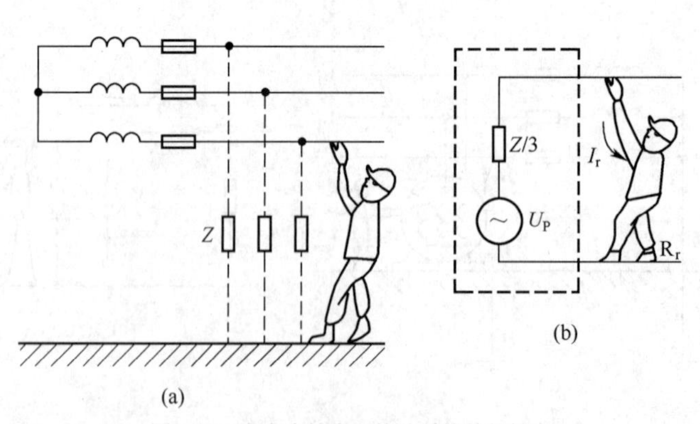

图 6-16 人在中性点不接地系统单相触电

例 6.4 有一中性点不接地系统，三相对称电压 $U_P = 220V$，各相对地绝缘电抗为 $Z = 0.5M\Omega$。当电网发生一相接地时，接地电阻 $R_d = 300\Omega$，人体在接地相触电，设人体电阻 $R_r = 1\,500\Omega$，求通过人体电流 I_r。

解：

$$R = R_r // R_d = \frac{1\,500 \times 300}{1\,500 + 300} = 250(\Omega)$$

总电流 $$I = \frac{3U_P}{Z + 3R} = \frac{3 \times 220}{0.5 \times 10^6 + 3 \times 250} \approx 1.32(\text{mA})$$

通过人体的电流 $$I_r = \frac{U_L}{R_d + R_r} = \frac{380}{300 + 1\,500} \approx 211(\text{mA})$$

2. 防雷

（1）过电压和雷电的有关概念。

过电压是指超过正常运行电压并可使电力系统绝缘体或保护设备损坏的电压升高。过电压按其发生的原因可分为两大类，即内部过电压和雷电过电压。

① 内部过电压。内部过电压是由于电力系统内部电磁能量的转换或传递引起电压升高。

内部过电压又分为操作过电压和谐振过电压等。操作过电压是由于系统中的开关操作、负荷骤变或由于故障出现连续性电弧而引起的过电压；谐振过电压是由于系统中的电路参数（R、L、C）在特定组合时发生谐振而引起的过电压。内部过电压的能量源于电网本身。

实际运行表明，内部过电压一般不会超过系统正常运行时额定电压的3～3.5倍。

② 雷电过电压。雷电过电压又称大气过电压，是由于雷云放电所形成的，可以分成直击雷过电压、感应过电压、侵入波过电压。

直击雷过电压（直击雷）是雷云直接对设备或导体放电造成的。由于直击雷过电压幅值极高，是任何绝缘体都无法直接承受的，因此必须采取有效的保护措施。通常用避雷针或避雷线进行保护。

感应过电压（感应雷）是当雷云在架空线路上方时，架空线感应出与雷云相反的电荷，雷云放电后，架空线上的电荷被释放，形成的自由电荷流向线路两端，产生很高的过电压。

侵入波过电压（侵入雷）是由于远处线路的导线上有直击雷或感应雷时，电磁波沿导线以光速传向变电所，在变电所中出现的过电压。通常采用避雷器或保护间隙来限制，以保证电气设备的绝缘体不受危害。

（2）防雷设备。

一个完整的防雷设备一般由接闪器或避雷器、引下线和接地装置3个部分组成。

① 接闪器。接闪器就是专门接收雷击的金属体，如避雷针、避雷带、避雷线及避雷网等。这些接闪器都经过引下线与接地体相连。

a．避雷针。避雷针一般用镀锌圆钢或镀锌焊接钢管制成，通常安装在构架、支柱或建筑物上，其下端经引下线与接地装置焊接。

避雷针的功能实质上是引雷。由于避雷针高出所有被保护物，又和大地直接相连，因此当发生雷云放电时，所有雷电流经避雷针引入大地，保护了线路、设备及建筑物免受雷击的影响。

b．避雷线。避雷线一般用截面不小于35mm^{2}的镀锌钢绞线，架设在架空线路之上，以保护架空线路免受直击雷击。避雷线的作用原理与避雷针相同，只是保护范围小一些。

② 避雷器。避雷器用来防止雷产生的大气过电压沿线侵入变电所或其他建筑物内，以免高电位危害被保护设备的绝缘体。避雷器在电路中应与被保护设备并联，当线路出现危及设备绝缘体的过电压时，避雷器首先对地放电。避雷器的形式有阀式、管式、保护间隙等。

最常用的阀式避雷器由火花间隙和电阻阀片串联叠装在密封的瓷套内。在正常情况下，火花间隙阻止线路工频电流通过，但在大气过电压作用下，火花间隙被击穿放电。正常电压时，电阻阀片的电阻值很大；过电压时，电阻阀片的电阻值很小，使雷电流畅地流入大地。过电压消失后，电阻阀片的阻值增高，使火花间隙绝缘迅速恢复而限制工频电流，保证线路恢复正常运行。

知识点滴

观看央视纪录片《超级电网》，了解我国电网建设过程，了解工程师如何攻克技术难关、克服地理环境等困难完成电网工程建设。

纪录片《超级电网》介绍的是一个超级电网——藏中联网工程，它涉及供青藏高原1 000万人使用的稳定电能；在严苛的环保要求下，挑战复杂的地表褶皱；5万人同时开始在世界最高的高原上施工，4万台重型卡车在险峻的318川藏线上输送物料；我国所有顶级的电力科研院所与输变电建设单位全部参与其中。我们要从中学习工程师们攻坚克难、勇于探索、精益求精的工匠精神，提高对中国制造的热爱与自信。

三、任务实施

任务一　通过Proteus仿真实验测量三相照明电路

利用Proteus软件测量三相照明电路参数。具体内容见附带的《实训手册》。

任务二　实际使用设备测量三相照明电路

使用实训室设备测量三相照明电路参数。具体内容见附带的《实训手册》。

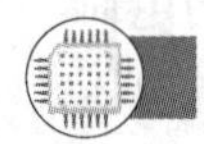

四、拓展知识

（一）电工安全基本知识

1. 触电的概念

触电是指人体的不同部位同时接触到不同电位时，人体内通过电流而构成电路的一部分的状况。根据电流通过人体，对人的身体和内部组织造成的损伤的不同程度，把触电形式分为电击和电伤两种。

① 电击指电流通过人体，影响呼吸系统、心脏和神经系统，造成人体内部组织的破坏乃至死亡。

② 电伤是指在电弧作用下或熔断丝熔断时，对人体外部的伤害，如烧伤、金属伤等。

2. 决定伤害程度的因素

① 伤害程度与电流大小的关系。当通过人体的电流为1mA（即10^{-3}A）时，人有针刺感觉；10mA时，人感到不能忍受；20mA时，人的肌肉收缩，长久通电会导致死亡；50mA以上时，即使通电时间很短，也有生命危险。

② 电流的种类和频率。电流的种类和频率不同，触电的危险性也不同。根据实验可以知道，交流电比直流电危险性略大一些，频率很低或者很高的电流触电危险性较小。

③ 伤害程度与通电时间的关系。触电时间越长，危险性越大。

④ 伤害程度与电流路径的关系。触电时电流在人体内通过是取最短路径的。例如，人站在地上左手单手触电，电流就经过躯体的心、肺再经左脚入地，这是最危险的路径。如果双手同时触电，电流路径是由一只手到另一只手，中间要通过心肺，这也是很危险的。如果一只脚触电，电流路径是由这只脚流入，另一只脚流出，危险同样存在，但对人体的伤害，要比以上两种路径的小一些。

⑤ 伤害程度与电压高低的关系。电压越高越危险。我国规定 36V 及以下为安全电压。超过 36V，就有触电死亡的危险。

⑥ 伤害程度与人体电阻的关系。电阻越大，电流越难以通过。一般人体的电阻约为 1 000～2 000Ω，但在出汗或手脚沾水时，人体电阻可能降到 400Ω左右，此时触电就很危险。如果赤脚站在稻田或水中，电阻就很小，一旦触电，便会死亡。

⑦ 伤害程度与人体质的关系。患有心脏病、内分泌失调、肺病或精神病的人触电，和健康的人触电比较，其危险性更大，也较难救活。

3. 触电事故产生的原因

由于人的身体能传电，大地也能传电，因此如果人的身体碰到带电的物体，电流就会通过人体传入大地，引起人触电。

4. 触电的方式

按照人体触及带电体的方式和电流流过人体的途径，触电可分为单相触电、两相触电和跨步电压触电，如图 6-17 所示。

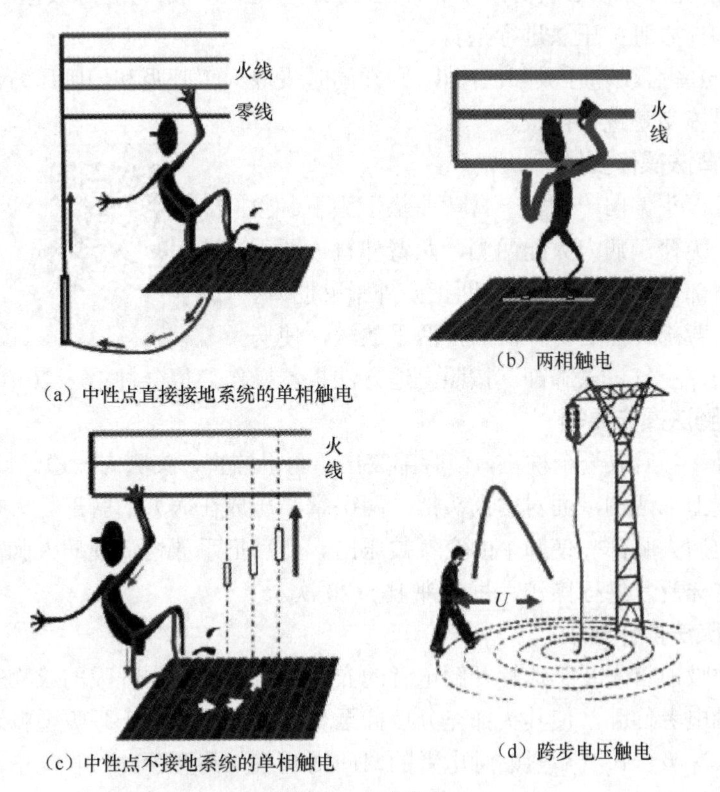

（a）中性点直接接地系统的单相触电

（b）两相触电

（c）中性点不接地系统的单相触电

（d）跨步电压触电

图 6-17　触电方式

① 单相触电。当人体直接碰触带电设备其中的一相时，电流通过人体流入大地，这种触电现象称为单相触电。

② 两相触电。人体同时接触带电设备或线路中的两相导体，或在高压系统中，人体同时接近不同相的两相带电导体，而发生电弧放电，电流从一相导体通过人体流入另一相导体，构成一个闭合回路，这种触电方式称为两相触电。

几种触电情况

认识安全用电

③ 跨步电压触电。当电气设备发生接地故障，接地电流通过接地体向大地流散，在地面上形成电位分布时，若人在接地短路点周围行走，两脚之间产生电位差，即跨步电压。由跨步电压引起的人体触电，为跨步电压触电。

（二）触电急救方法

1. 发生触电事故后的处理步骤

（1）迅速切断电源。低压触电事故的处理、高压触电事故的处理的首要步骤都是迅速切断电源。

（2）判断触电程度轻重。检查瞳孔、检查呼吸、检查心跳。

（3）根据检查结果采取相应的急救措施。

① 对触电后神志清醒者，要有专人照顾、观察，待情况稳定后，方可正常活动；对轻度昏迷或呼吸微弱者，尽快送医院救治。

② 对触电后无呼吸但心脏有跳动者，应立即采用人工呼吸；对有呼吸但心脏停止跳动者，则应立刻采用胸外心脏按压法进行抢救。

③ 如果触电者心跳和呼吸都已停止，则须同时采取人工呼吸和俯卧压背法、仰卧压胸法、心脏按压法等措施交替进行抢救。

2. 俯卧压背法操作要领

触电现场的抢救 1　触电现场的抢救 2

被救者俯卧，头偏向一侧，一臂弯曲垫于头下。救护者两腿分开，跪跨于病人大腿两侧，两臂伸直，两手掌心放在病人背部。拇指靠近脊柱，四指向外紧贴肋骨，以身体压迫病人背部，然后身体向后，两手放松，使病人胸部自然扩张，空气进入肺部。按照上述方法重复操作，每分钟16～20次。

3. 仰卧压胸法操作要领

被救者仰卧，背后放一个枕垫，使胸部突出，两手伸直，头侧向一边。救护者两腿分开，跪跨在病人大腿上部两侧，面对病人头部，两手掌心压放在病人的胸部，大拇指向上，四指伸开，自然压迫病人胸部，使肺中的空气被压出。然后把手放松，使病人胸部自然扩张，空气进入肺内。这样反复进行操作，每分钟16～20次。

4. 人工呼吸法操作要领

进行人工呼吸前首先要迅速解开触电者的衣领、腰带等妨碍呼吸的衣物等，并取出口腔中的异物。使触电者仰卧，使其头部充分后仰至鼻孔朝上，以利于呼吸道畅通。使触电者鼻孔紧闭，救护人深吸一口气后紧贴触电者的口向内吹气，约两秒钟。吹气毕，立即离开触电者的口，并松开触电者的鼻孔，让其自行呼气，约3s。然后重复此过程。

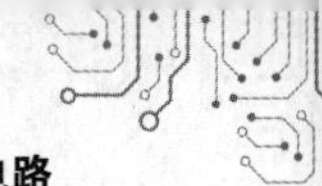

5. 胸外心脏按压法操作要领

触电者心跳停止时，必须立即用心脏按压法进行抢救，具体方法如下。

① 将触电者衣服解开，使其仰卧在地板上，头向后仰，姿势与人工呼吸法相同。

② 救护者跪跨在触电者的腰部两侧，两手相叠，手掌根部放在触电者心口上方，胸骨下1/3处。

③ 掌根用力垂直向下，向脊背方向按压，对成人应压陷3～4cm，以每秒按压1次，即每分钟按压60次为宜。

④ 按压后，掌根迅速全部放松，让触电者胸部自然扩张，每次放松时掌根不必完全离开胸部。

上述步骤反复操作。如果触电者的呼吸和心跳都停止了，应同时进行人工呼吸和胸外心脏按压。如果现场仅一人抢救，两种方法应交替进行。每次吹气2～3次，再挤压10～15次。

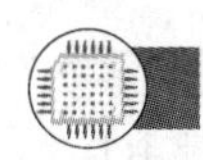

小 结

1．对称三相正弦电压

$$u_{\mathrm{U}} = U_{\mathrm{m}} \sin \omega t$$
$$u_{\mathrm{V}} = U_{\mathrm{m}} \sin(\omega t - 120^{\circ})$$
$$u_{\mathrm{W}} = U_{\mathrm{m}} \sin(\omega t + 120^{\circ})$$

其相序为正序。

2．对称三相电路线值与相值的关系。

（1）星形连接（电源或负载）。

线电压是相电压的$\sqrt{3}$倍，并且超前对应相电压30°；线电流就是相电流。

（2）三角形连接（电源或负载）。

线电流是相电流的$\sqrt{3}$倍，并且滞后对应的相电流30°；线电压就是相电压。

3．对称三相电路的计算。

在对称三相电路中，线电压、相电压、线电流、相电流都对称，统称为对称三相正弦量。它们的瞬时值之和、相量之和都等于零。

根据对称性，只要计算出一相的电压、电流，就可以推算出其他两相的电压和电流。

$$\dot{I}_{\mathrm{P}} = \frac{\dot{U}_{\mathrm{P}}}{Z}$$

4．中性线的作用。

在对称三相四线制系统中，中线电流为零，可省去中线，中线没有作用。

在不对称三相四线制系统中，中线的作用就是保证不对称负载上的相电压对称，使负载正常工作。

5．对称三相电路的功率。

有功功率

$$P = 3U_{\mathrm{P}} I_{\mathrm{P}} \cos\varphi = \sqrt{3} U_{\mathrm{L}} I_{\mathrm{L}} \cos\varphi$$

无功功率

$$Q = 3U_P I_P \sin\varphi = \sqrt{3} U_L I_L \sin\varphi$$

视在功率

$$S = 3U_P I_P = \sqrt{3} U_L I_L = \sqrt{P^2 + Q^2}$$

6. 人体触及带电体承受过高的电压而导致死亡或局部受伤的现象称为触电。触电依伤害程度不同可分为电击和电伤两种。一般场合，我们所指的安全电压是 36V 以下。

7. 电气设备的某部分与土壤之间作良好的电气连接称为接地，与土壤直接接触的金属物件，称为接地体。连接接地体与电气设备接地部分的金属线称接地线。接地体与接地线总称为接地装置。

8. 在星形连接的三相电路中，3 个线圈连接在一起的点称为三相电路的中性点。当中性点接地时，该点称为零点。由中性点引出的线，称为中性线（中线）。由零点引出的线称为零线。同时具有零线和保护线两种功能的导体，称为保护零线或保护中线。

9. 保护接地根据电力系统中性点运行方式分为 TN 系统、TT 系统和 IT 系统 3 种。

10. 雷电过电压又称大气过电压，是由雷云放电所形成的。它又可以分为直击雷过电压、感应过电压和侵入波过电压。一个完整的防雷设备一般由接闪器或避雷器、引下线和接地装置 3 个部分组成。

11. 人们在长期的生产实践中逐渐积累了丰富的安全用电经验。各种安全工作规程以及有关保证安全的各种规章制度，都是这些丰富经验的总结。

12. 当发现有人触电时，应立即进行抢救。人触电以后会出现神经麻痹、呼吸中断、心跳停止、昏迷不醒等症状，不论出现何种症状，都应该进行迅速而持久的抢救，以免错过时机，造成无可挽回的损失。触电事故应以预防为主，必须按操作规程采取必要的预防措施。

习题与思考题

1. 填空题

（1）三相电源相线与中线之间的电压称为________，三相电源相线与相线之间的电压称为________。

（2）在三相四线制的照明电路中，相电压是________V，线电压是________V。

（3）在三相四线制电源中，线电压等于相电压的________倍，相位比相电压________。负载按星形连接时，线电流与相电流________。

（4）在三相对称负载三角形连接的电路中，线电压为 220V，每相电阻均为 110Ω，则相电流 I_P=________，线电流 I_L=________。

2. 选择题

（1）三相对称负载按三角形连接时，________。

A. $I_L = \sqrt{3} I_P$，$U_L = U_P$　　B. $I_L = I_P$，$U_L = \sqrt{3} U_P$

C. 不一定　　D. 都不正确

（2）若要求三相不对称负载中各相电压均为电源相电压，则负载应接成________。

A. 星形有中线　B. 星形无中线　C. 三角形连接　D. 都可以

（3）已知三相电源线电压 U_L=380V，三角形连接对称负载 Z=(6+j8)Ω，则线电流

I_L=________Ω。

A．$38\sqrt{3}$　　B．$22\sqrt{3}$　　C．38　　D．22

（4）对称三相交流电路中，三相负载为三角形连接，当电源电压不变，而负载变为星形连接时，对称三相负载所吸收的功率________。

A．减小　　B．增大　　C．不变

（5）在三相四线制供电线路中，三相负载越接近对称负载，中线上的电流________。

A．越小　　B．越大　　C．不变

（6）三相负载对称的条件是________。

A．每相复阻抗相等　　B．每相阻抗的模相等

C．每相阻抗值相等，阻抗角相差120°　　D．每相阻抗值和功率因数相等

3．判断题

（1）三相负载按三角形连接时，必有线电流等于相电流。（　）

（2）三相不对称负载越接近对称，中线上通过的电流就越小。（　）

（3）中线不允许断开，因此不能安装熔断丝和开关。（　）

（4）假设三相电源的正序为U—V—W，则V—W—U为负序。（　）

（5）对称三相电路按星形连接，中线电流不为零。（　）

4．计算题

（1）对称星形连接的三相电源，已知$\dot{U}_W = 220\angle 90°\text{V}$，求$\dot{U}_U$、$\dot{U}_V$和$\dot{U}_{UV}$、$\dot{U}_{VW}$、$\dot{U}_{WU}$。

（2）一组对称电流中的$\dot{I}_U = 10\angle -30°\text{A}$，求$\dot{I}_V$、$\dot{I}_W$和$\dot{I}_U + \dot{I}_V + \dot{I}_W$。

（3）星形连接的对称三相电源的线电压为380V，试求电源的相电压。如果把电源连接成三角形，那么线电压是多少？

（4）三角形连接的三相电源中，相电流对称且$\dot{I}_U = 10\angle -20°\text{A}$，求$\dot{I}_{VU}$、$\dot{I}_{VW}$及$\dot{I}_U$、$\dot{I}_V$、$\dot{I}_W$。

（5）三相四线制电路中，电源线电压$\dot{U}_{UV} = 380\angle 30°\text{V}$，三相负载均为$Z = 40\angle 30°\ \Omega$，求各相电流，并画出相量图。

（6）线电压为380V的三相四线制电路中，对称星形连接的负载，每相复阻抗$Z = (60+\text{j}80)\Omega$，试求负载的相电流和中线电流。

（7）对称三角形负载，每相复阻抗$Z = (100+\text{j}173.2)\Omega$，接到线电压为380V的三相电源上，试求相电流、线电流。

（8）对称三相电路中，线电压$U_L = 380\text{V}$，负载阻抗$Z = (50+\text{j}86.6)\Omega$。试求：

① 当负载作星形连接时，相电流及线电流为多少；

② 当负载作三角形连接时，相电流及线电流又为多少。

（9）在三相四线制电路中，已知线电压$U_L = 380\text{V}$，星形连接负载分别为$R_U = 10\Omega$，$R_V = 20\Omega$，$R_W = 40\Omega$，试求各相电流及中线电流。

（10）在（9）中，若L_1相负载断开，求L_2、L_3相负载的相电流及中线电流。

（11）在（9）中，若L_1相负载断开的同时，中线也断开，求L_2、L_3相负载的相电压及相电流。

（12）图6-18所示为星形连接的对称负载接在对称三相电源上，线电压$U_L = 380\text{V}$，每相负载$Z = 50\angle 60°\ \Omega$，若L_1相负载断开，求L_2、L_3相的电流和电压。

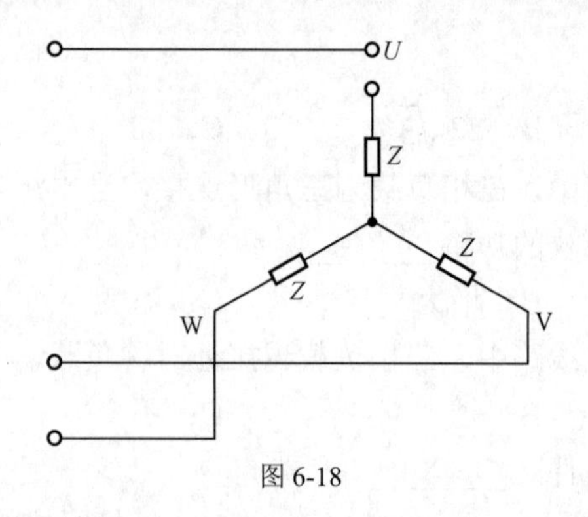

图 6-18

（13）在低压供电系统中为什么采用三相四线制？中线上为什么不能装熔断丝或开关？

（14）三相电动机接在线电压为 380V 的三相电源上运行，测得线电流为 12.6A，功率因数为 0.83，求电动机的功率。

（15）在对称三相电路中，有一星形负载，已知线电流 $I_U = 6\angle 15^\circ$ A，线电压 $U_{UV} = 380\angle 75^\circ$ V，求此负载的功率因数及功率。

（16）在三相四线制照明电路中，有一不对称负载，L_1 相接 20 盏灯，L_2 相接 30 盏灯，L_3 相接 40 盏灯，灯的额定电压均为 220V，功率均为 60W。现灯正常发光，则电源提供的功率是多少？

（17）试判断下列结论是否正确。

① 当负载按星形连接时，必须有中线。

② 当负载按三角形连接时，线电流必为相电流的 3 倍。

③ 当负载按三角形连接时，相电压必等于线电压。

（18）现有 120 只 220V、100W 的白炽灯泡，怎样将其接入线电压为 380V 的三相四线制供电线路最为合理？按照这种接法，在全部灯泡点亮的情况下，线电流和中线电流各是多少？

（19）什么叫触电？触电可分为哪几种形式？

（20）人体触电的危害程度与哪些因素有关？36V 的安全电压由哪些条件确定？

（21）接地的类型有哪几种？重复接地有什么好处？

（22）接地运行方式有哪几种？它们各有什么特点？

（23）在 220V/380V 电力系统中，有一电气设备采用保护接地，其接地电阻为 8Ω，而变压器中性点接地电阻为 4Ω。求当该设备发生单相碰壳且人体能触及该设备外壳时，流过人体的电流约为多少（设人体的电阻为 1 700Ω）？并说明其危险性。

（24）在 220V/380V 中性点不接地电力系统中，设人体电阻为 $R_r = 1\,500\Omega$，人体站立点对地电阻 $R_{d1} = 200\Omega$。当人体触及一相时，另一相接地，接地电阻 $R_{d2} = 300\Omega$，试计算通过人体的电流 I_r。

（25）保证电气安全的一般措施主要有哪些？

项目七　连接异步电动机及控制电路

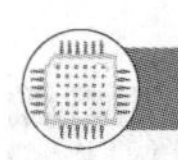

一、项目分析

电力拖动控制系统是由电动机与各种控制电器，通过线路连接，从而实现工程中所需各种功能的电气系统。它可以采用继电器-接触器的逻辑控制方式，也可以采用更先进的可编程逻辑控制及计算机控制方式。现代技术在很大程度上已将这些控制方式进行了整合与优化，所以在控制功能上，已很难对其严格区分。尽管如此，继电器-接触器逻辑控制系统还是最基本的，是各种控制方法的基础。工程中的生产机械或自动控制系统按其功能的不同，具有各自对应功能的控制环节，虽然结构各不相同，功能也多种多样，但它们都是由一些具有基本规律的基本环节、基本单元按一定的控制原则和逻辑规律组合而成的。熟悉这些基本的控制环节是掌握电气控制技术的基础。在长期的生产实践中，人们已将这些基本控制环节总结成最基本的单元电路。

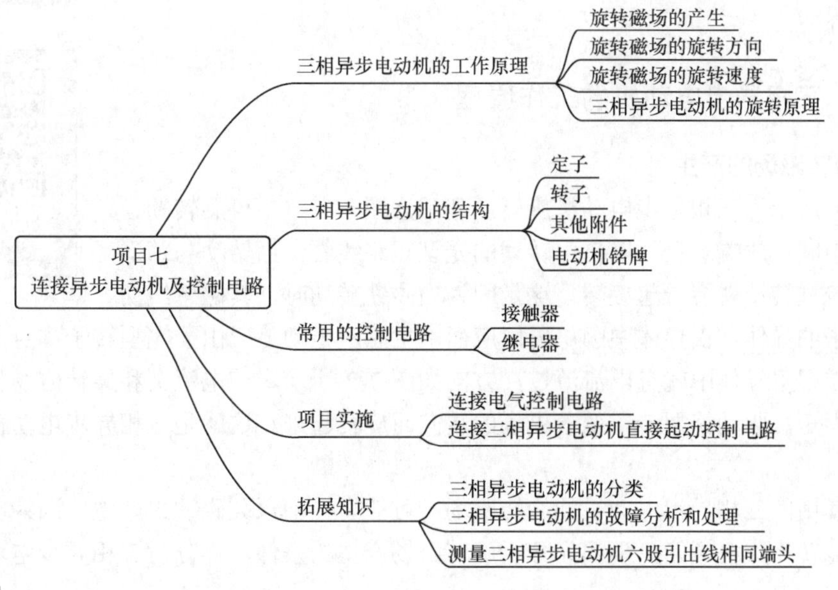

项目内容

本项目将从最基本、最常用的控制元器件及其单元电路入手，介绍工程中最常用或具有一定代表性的继电器–接触器的电力拖动控制电路。

知识点

（1）电机与电力拖动的主要零部件和控制电路的基本规律。

（2）电机及拖动电路的基本结构、运行原理及控制环节。

（3）三相异步电动机的基本结构原理。

（4）常用的控制电器的特点。

能力点

（1）会分析研究电机与电力拖动的主要零部件和控制电路的基本规律。

（2）能分析工程中常用的电机控制系统。

（3）会分析电机的起动、制动及控制系统的工作原理。

（4）培养安全规范操作习惯、一丝不苟的工匠精神，强化团队合作意识。

二、相关知识

异步电动机是指由交流电源供电，电动机的转速随负载变化而稍有变化的旋转电动机。按供电电源的不同，主要分为三相异步电动机和单相异步电动机两大工业类。三相异步电动机由三相交流电源供电。由于其结构简单、价格低廉、坚固耐用、使用维护方便，因此在工业、农业及其他各个领域中都获得了广泛的应用。据我国及世界上一些发达国家的统计表明，在整个电能消耗中，电动机的能耗占 60%～67%，而在整个电动机的耗能中，三相异步电动机又居首位。单相异步电动机采用单相交流电源，电动机功率一般都比较小，主要用于家庭、办公场所等只有单相交流电源的场所，例如，用于电扇、空调、冰箱、洗衣机等电器中。限于篇幅，本节仅就三相异步电动机的工作原理、结构、特性、使用与维护知识进行基本的介绍。

三相异步电动机

三相异步电动机的工作原理

（一）三相异步电动机的工作原理

1．旋转磁场的产生

图 7-1 所示为三相异步电动机旋转原理示意图，在一个可旋转的马蹄形磁铁中间，放置一只可以自由转动的笼型短路线圈。当转动马蹄形磁铁时，笼型转子就会一起旋转。这是因为当磁铁转动时，其磁感线切割笼型转子的导体，在导体中因电磁感应而产生感应电动势。由于笼型转子本身是短路的，在电动势作用下导体中就有电流流过，方向如图 7-2 所示。该电流又和旋转磁场相互作用，产生转动力矩，驱动笼型转子随着磁场的转向而旋转起来，这就是三相异步电动机的简单旋转原理。

实际使用的三相异步电动机的旋转磁场不可能靠转动永久磁铁来产生，因为电动机的职能是将电能转换成机械能。下面先分析旋转磁场产生的条件，再分析三相异步电动机的旋转原理。

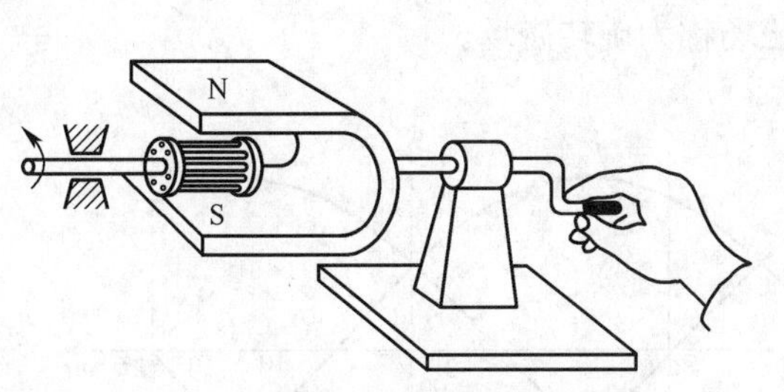

图 7-1　三相异步电动机旋转原理示意图

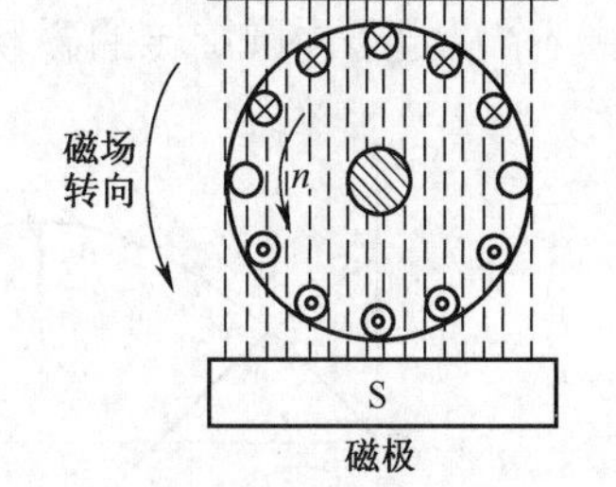

图 7-2　三相异步电动机旋转原理图

图 7-3 所示为三相异步电动机定子绕组结构示意图，图 7-3（a）所示为凸极式结构。在定子空间各相差 120° 电角度的位置上布置有三相绕组 U_1U_2、V_1V_2、W_1W_2，三相绕组接成星形连接。由于这种凸极式结构在电动机制造时比较复杂，因此实际生产的三相异步电动机均采用隐极式结构，即在定子铁芯中有均匀分布的铁芯槽，在槽中放置三相定子绕组 U_1U_2、V_1V_2、W_1W_2，如图 7-3（b）所示（具体结构可参见三相异步电动机的结构相关内容）。现向定子绕组中分别通入三相交流电 i_U、i_V、i_W，三相对称电流波形图及各相电流在定子绕组中分别产生的相应的旋转磁场如图 7-4 所示，对该图进行如下分析。

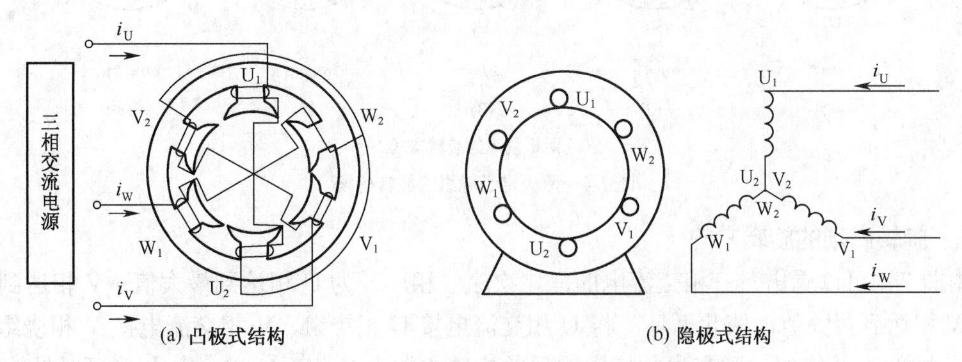

图 7-3　三相异步电动机定子绕组结构示意图

（1）$\omega t = 0$ 的瞬间。

$i_U = 0$，故 U_1U_2 绕组中无电流；i_V 为负，假定电流从绕组末端 V_2 流入，从首端 V_1 流出；i_W 为正，电流从绕组首端 W_1 流入，从末端 W_2 流出。绕组中电流产生的合成磁场如图 7-4(b)中(1)所示。

（2）$\omega t = \dfrac{\pi}{2}$ 的瞬间。

i_U 为正，电流从首端 U_1 流入，从末端 U_2 流出；i_V 为负，电流仍从末端 V_2 流入，从首端 V_1 流出；i_W 为负，电流从末端 W_2 流入，从首端 W_1 流出。绕组中电流产生的合成磁场如图 7-4(b)中(2)所示，可见合成磁场顺时针转了 90°。

（3）ωt 为 π、$\dfrac{3}{2}\pi$、2π 的不同瞬间。

三相交流电在定子绕组中产生的合成磁场，分别如图 7-4(b)中(3)、(4)、(5)所示，观察这些图中合成磁场的分布规律可知：合成磁场的方向按顺时针方向旋转，并旋转一周。

由此可以得出如下结论：在三相异步电动机定子上布置结构完全相同的空间各相差 120°

电角度的三相定子绕组，当分别向三相定子绕组通入三相交流电时，则在定子、转子与气隙中产生一个沿定子内圆旋转的磁场，该磁场称为旋转磁场。

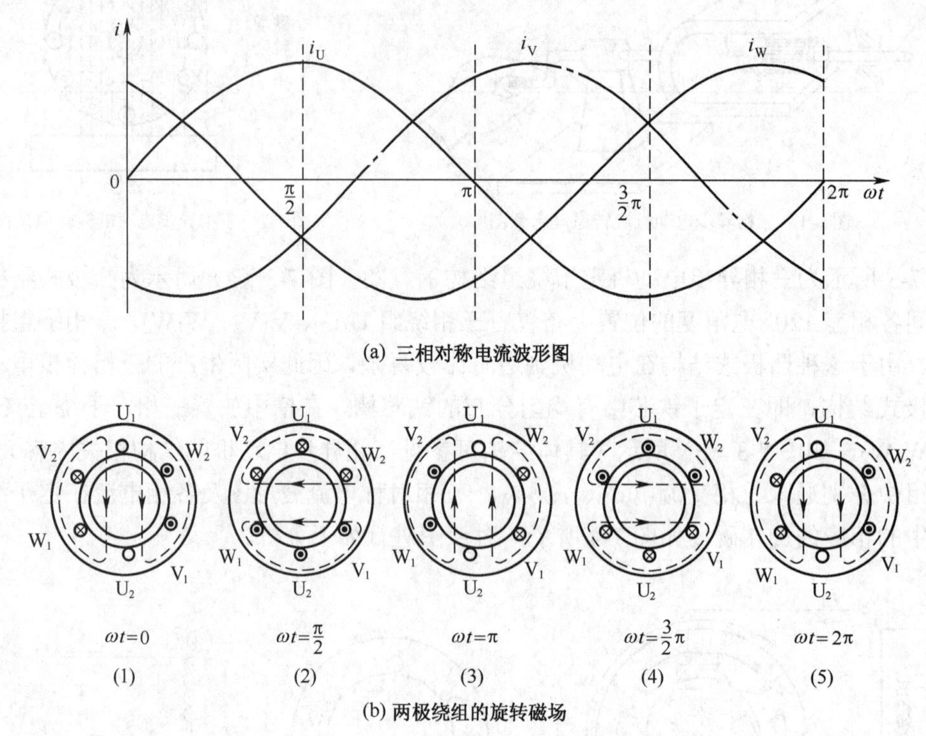

图 7-4 两极定子绕组的旋转磁场

2. 旋转磁场的旋转方向

由图 7-4 可以看出，三相交流电的变化次序（相序）为 U 相达到最大值→V 相达到最大值→W 相达到最大值，依此循环。将 U 相交流电接 U 相绕组，V 相交流电接 V 相绕组，W 相交流电接 W 相绕组，则产生的旋转磁场的旋转方向为 U 相→V 相→W 相（顺时针旋转），即与三相交流电的变化相序一致。如果任意调换电动机两相绕组所接交流电源的相序，即假设 U 相交流电仍接 U 相绕组，V 相交流电改为与 W 相绕组相接，W 相交流电与 V 相绕组相接，可以对照图 7-4 分别绘出 $\omega t=0$ 及 $\omega t=\frac{\pi}{2}$ 瞬时的合成磁场图，如图 7-5 所示。由图 7-5 可见，此时合成磁场的旋转方向已变为逆时针旋转，即与图 7-4 的旋转方向相反。由此可以得出结论：旋转磁场的旋转方向取决于通入定子绕组中的三相交流电源的相序，且与三相交流电源的相序 U→V→W 的方向一致。只要任意调换电动机两相绕组所接交流电源的相序，旋转磁场即可反向。这个结论很重要，因为后面将要分析到三相异步电动机的旋转方向与旋转磁场的转向一致，因此要改变电动机的转向，只要改变旋转磁场的转向即可。

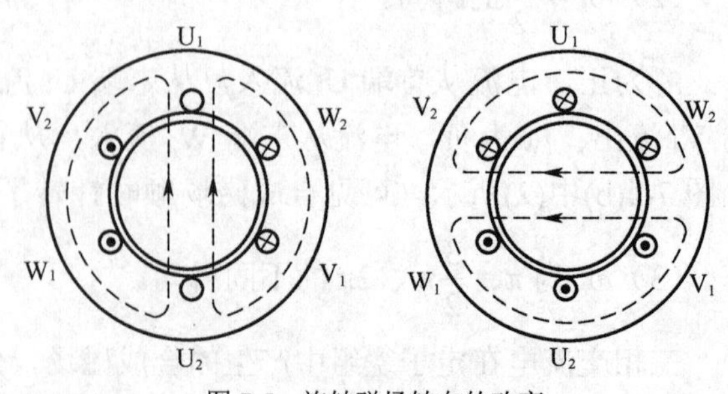

图 7-5 旋转磁场转向的改变

3. 旋转磁场的旋转速度

（1）当 $2p=2$ 时（p 为磁极对数），以上讨论的是两极三相异步电动机定子绕组产生的旋转磁场。由分析可见，当三相交流电变化一周后（即每相经过 360° 电角度），其所产生的旋转磁场也正好旋转一周。故在两极电动机中旋转磁场的转速等于三相交流电的变化速度，即 $n_1=60f_1=3\ 000\text{r/min}$。

（2）当 $2p=4$ 时，对四极三相异步电动机而言，采用与前面相似的分析方法（具体步骤略），可以得到如下结论，即当三相交流电变化一周时，四极三相异步电动机的合成磁场只旋转了半圈（即转过 180° 机械角度），故在四极三相异步电动机中旋转磁场的转速等于三相交流电变化速度的一半，即 $n_1=\frac{60}{2}f_1=30\times 50\text{r/min}=1\ 500\text{r/min}$。当磁极对数增加一倍时，旋转磁场的转速减少一半。

（3）当三相异步电动机定子绕组为 p 对磁极时，由以上分析可得，旋转磁场的转速为

$$n_1=\frac{60f_1}{p}$$

式中，f_1——交流电的频率，单位为 Hz；

p——电动机的磁极对数；

n_1——旋转磁场的转速，单位为 r/min，又称同步转速。

上述几个数据很重要，因为目前使用的各类三相异步电动机的转速与上述几种转速密切相关（均稍小于上述几种转速）。例如，Y132S-2 三相异步电动机（$p=1$）的额定转速 $n=2\ 900\text{r/min}$；Y132S-4（$p=2$）的额定转速 $n=1\ 440\text{r/min}$；Y132-6（$p=3$）为 960r/min；Y132S-8（$p=4$）为 710r/min。

4. 三相异步电动机的旋转原理

图 7-6 所示为一台三相笼型异步电动机定子与转子剖面图。转子上的 6 个小圆圈表示自成闭合回路的转子导体。当向三相定子绕组 U_1U_2、V_1V_2、W_1W_2 中通入三相交流电后，据前面的分析可知定子、转子及其气隙内将产生一个同步转速为 n_1，在空间按顺时针方向旋转的磁场。该旋转磁场将切割转子导体，从而在转子导体中产生感应电动势，由于转子导体自成闭合回路，因此该电动势将在转子导体中形成电流，其电流方向可用右手定则判定。在使用右手定则时必须注意，右手定则的磁场是静止的，导体在做切割磁感线的运动，而这里正好相反。为此，可以把磁场看成不动的，而导体以与旋转磁场相反的方向（逆时针）切割磁感线，从而可以判定出在该瞬间转子导体中的电流方向如图 7-6 所示，即电流从转子上半部的导体中流出，流入转子下半部的导体中。

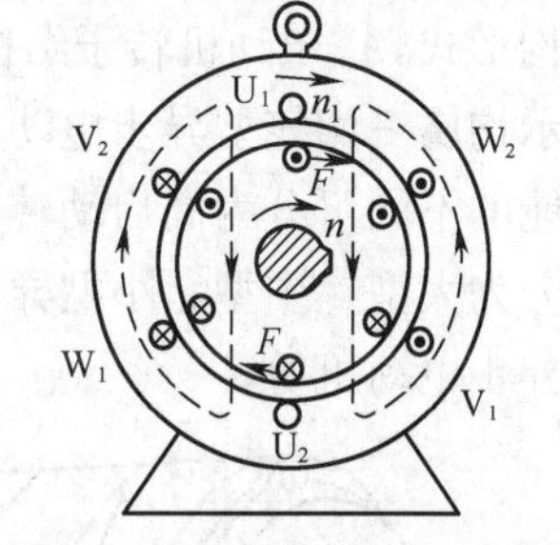

图 7-6 三相异步电动机定子与转子剖面图

有电流流过的转子导体将在旋转磁场中受电磁力 F 的作用，其方向可用左手定则判定，如图 7-6 中箭头所示。该电磁力 F 在转子轴上形成电磁转矩，使异步电动机的转子以转速 n 旋转。由此可见，电动机转子的旋转方向与旋转磁场的旋转方向一致。因此要改变三相异步电动机的旋转方向只需改变旋转磁场的转向即可。

由上面的分析还可看出，转子的转速 n 一定要小于旋转磁场的转速 n_1。如果转子转速与旋

转磁场转速相等，则转子导体不再切割旋转磁场，转子导体中就不再产生感应电动势和电流，电磁力 F 将为零，转子将减速。因此异步电动机的“异步”就是指电动机转速 n 与旋转磁场转速 n_1 之间存在着差异，两者的步调不一致。又由于异步电动机的转子绕组并不直接与电源相接，而是根据电磁感应来产生电动势和电流，获得电磁转矩而旋转，因此又称感应电动机。

把异步电动机旋转磁场的转速（同步转速）n_1 和电动机转子转速 n 之差与旋转磁场转速 n_1 之比称为异步电动机的转差率 s，即

$$s=\frac{n_1-n}{n_1}$$

下面对转差率 s 做进一步分析。

（1）当异步电动机在静止状态或刚接上电源的一瞬间，转子转速 $n=0$，则对应的转差率 $s=1$。

（2）如果转子转速 $n=n_1$，则转差率 $s=0$。

（3）异步电动机在正常状态下运行时，转差率 s 在 0～1 变化。

（4）三相异步电动机在额定状态（即加在电动机定子三相绕组上的电压为额定电压，电动机输出的转矩为额定转矩）下运行时，额定转差率 s_N 为 0.01～0.05。由此可看出，三相异步电动机的额定转速 n_N 与同步转速 n_1 较为接近。

（5）当三相异步电动机空载时（即轴上没有拖动机械负载，电动机空转），由于电动机只需克服空气阻力及摩擦阻力，故转速 n 与同步转速 n_1 相差甚微，转差率 s 很小，为 0.04～0.07。

在后面分析三相异步电动机的运行特性时将会看到，电动机的转差率 s 对电动机的运行有直接的影响，因此必须牢固地掌握有关转差率 s 的概念。

（二）三相异步电动机的结构

三相异步电动机种类繁多，按其外壳防护方式的不同可分为开启式、防护式[见图 7-7(a)]和封闭式[见图 7-7(b)]3 类。由于封闭式结构能防止固体异物、水滴等进入电动机内部，并能防止人与物触及电动机带电部位与运动部位，运行时安全性好，因而成为目前使用最广泛的结构形式。按电动机转子结构的不同又可分为笼型异步电动机和绕线转子异步电动机。图 7-7 所示均属三相笼型异步电动机外形，图 7-8 所示为三相绕线转子异步电动机外形。按其工作性能的不同可分为高启动转矩异步电动机和高转差异步电动机；按其外形尺寸及功率的大小可分为大型、中型、小型异步电动机；按其工作电压高低的不同可分为高压异步电动机和低压异步电动机等。

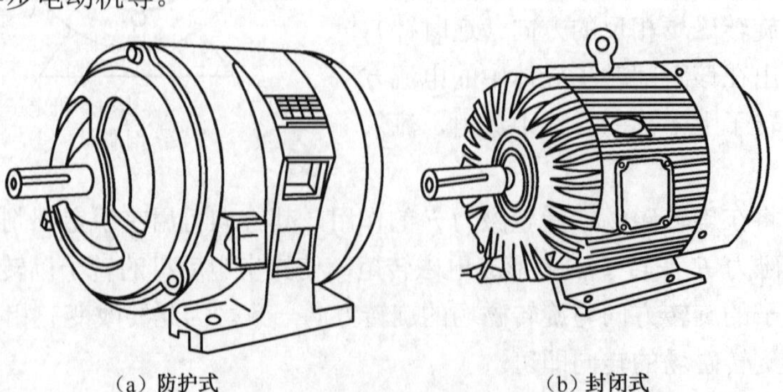

（a）防护式　　（b）封闭式

图 7-7　三相笼型异步电动机外形图

三相异步电动机的结构

三相异步电动机虽然种类繁多，但基本结构均由定子和转子两大部分组成，定子和转子之间有气隙。

图 7-9 所示为目前广泛使用的封闭式三相笼型异步电动机结构图，其主要组成部分如下。

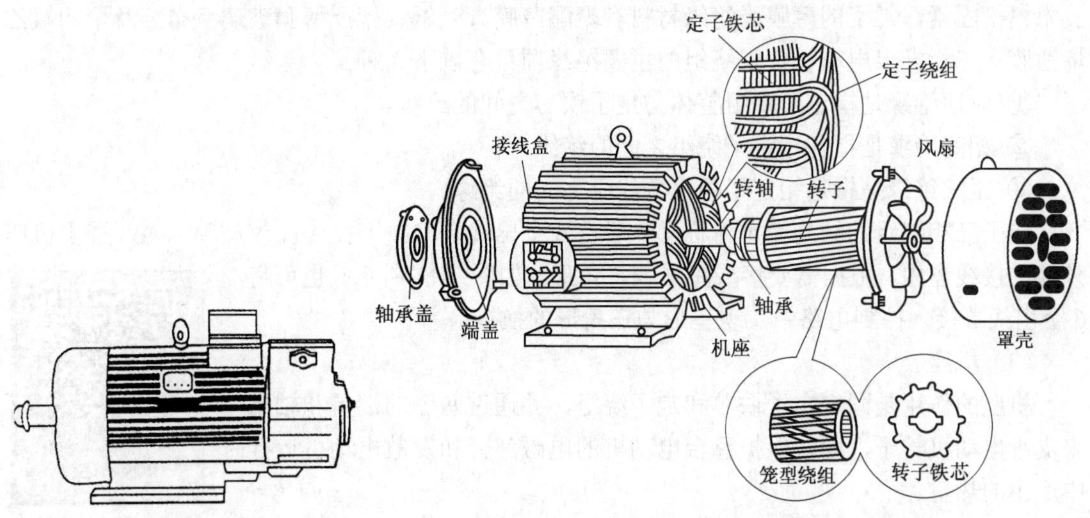

图 7-8 三相绕线转子异步电动机外形图

图 7-9 封闭式三相笼型异步电动机结构图

1. 定子

定子是指电动机中静止不动的部分，主要包括定子铁芯、定子绕组、机座、端盖、罩壳等部件。

（1）定子铁芯。

定子铁芯作为电动机磁通的通路，对铁芯材料的要求是既要有良好的导磁性能，剩磁小，又要尽量降低涡流损耗，一般用 0.5mm 厚、表面有绝缘层的硅钢片（涂绝缘漆或硅钢片表面具有氧化膜绝缘层）叠压而成。在定子铁芯的内圆中有沿圆周均匀分布的槽，在槽内嵌放三相定子绕组，如图 7-9 所示。

定子铁芯的槽有开口型、半开口型和半闭口型 3 种，如图 7-10 所示。半闭口型槽的优点是电动机的效率和功率因数较高，缺点是绕组嵌线和绝缘都较困难，一般用于小型低压电机中。半开口型槽可以嵌入成形绕组，故一般用于大型、中型低压电动机中。开口型槽用于嵌放成形绕组，所谓成形绕组即绕组事先经过绝缘处理后再放入槽内，因此绕组绝缘方法比半闭口型槽简单，主要用在高压电动机中。定子铁芯制作完成后可整体压入机座内，随后在铁芯槽内嵌放定子绕组。

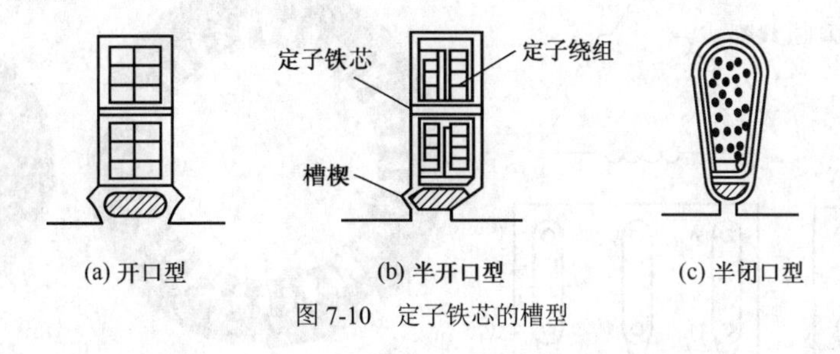

(a) 开口型　(b) 半开口型　(c) 半闭口型

图 7-10 定子铁芯的槽型

（2）定子绕组。

三相异步电动机的定子绕组作为电动机的电路部分，通入三相交流电后即可产生旋转磁场，它是由嵌在定子铁芯槽中的线圈按一定规则连接而成的。小型异步电动机定子绕组一般采用高强度漆包圆铜线绕制。大、中型异步电动机则采用漆包扁铜线或玻璃丝包扁铜线绕制。三相定子绕组之间及绕组与定子铁芯槽间均垫以绝缘材料，定子绕组在槽内嵌放完毕后再用胶木槽楔固紧。常用的薄膜类绝缘材料有聚酯薄膜青壳纸、聚酯薄膜玻璃漆布箔及聚四氟乙烯薄膜。三相异步电动机定子绕组的主要绝缘项目有以下3种。

① 对地绝缘是指定子绕组整体与定子铁芯之间的绝缘。

② 相间绝缘是指各相定子绕组之间的绝缘。

③ 匝间绝缘是指每相定子绕组各线匝之间的绝缘。

定子三相绕组的结构完全对称，一般有6个出线端 U_1、U_2、V_1、V_2、W_1、W_2 置于机座外部的接线盒内，根据需要接成星形或三角形，如图7-11所示。也可将6个出线端接入控制电路中实现星形与三角形的换接。

（3）机座。

机座的作用是固定定子铁芯和定子绕组，并通过两侧的端盖和轴承来支承电动机转子，同时保护整台电动机的电磁部分和发散电动机运行中产生的热量。

机座通常为铸铁件，大型异步电动机座一般用钢板焊成，而有些微型电动机的机座则采用铸铝件以减轻电动机的重量。封闭式电动机的机座外面有散热筋以增加散热面积，防护式电动机的机座两端端盖开有通风孔，使电动机内外的空气可以直接对流，以利于散热。

（4）端盖。

端盖除对内部起保护作用外，还借助于滚动轴承将电动机转子和机座连成一个整体。端盖一般均为铸钢件，微型电动机端盖则常用铸铝件。

2. 转子

转子指电动机的旋转部分，包括转子铁芯、转子绕组、风扇、转轴等。

（1）转子铁芯。

转子铁芯是电动机磁路的一部分，并用于放置转子绕组，一般用0.5mm硅钢片冲制叠压而成。硅钢片外圆冲有均匀分布的孔，用来安置转子绕组，通常用定子铁芯冲落后的硅钢片内圆来冲制转子铁芯。定子及转子铁芯冲片如图7-12所示。一般小型异步电动机的转子铁芯直接压装在转轴上，而大、中型异步电动机（转子直径在300～400mm以上）的转子铁芯借助于转子支架压在转轴上。

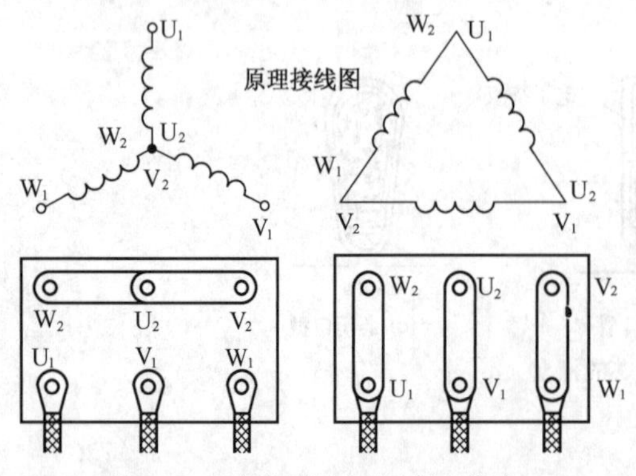

图7-11　三相笼型异步电动机出线端

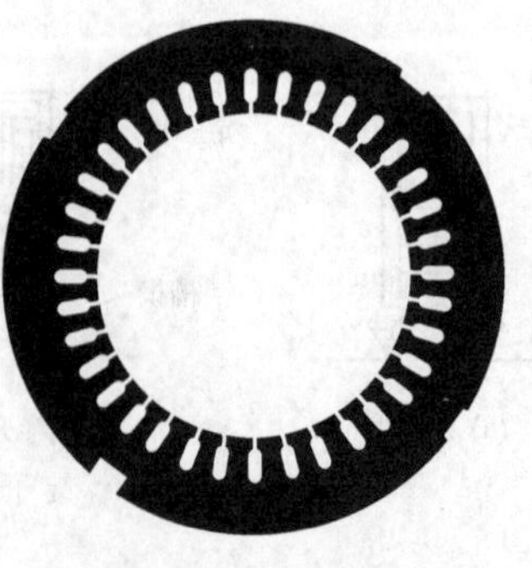

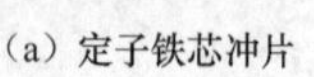

(a) 定子铁芯冲片

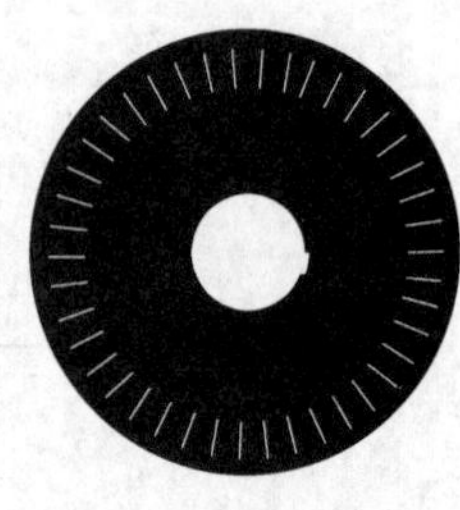

(b) 转子铁芯冲片

图7-12　定子及转子铁芯冲片

为了改善电动机的起动及运行性能，笼型异步电动机转子铁芯一般采用斜槽结构（即转子槽并不与电动转轴的轴线在同一平面上，而是扭斜一个角度），如图 7-9 所示。

（2）转子绕组。

转子绕组用来切割定子旋转磁场，产生感应电动势和电流，并在旋转磁场的作用下受力而使转子转动，分笼型转子和绕线转子两类，笼型转子和绕线转子异步电动机即由此得名。

① 笼型转子。笼型转子通常有两种不同的结构形式：一种结构为铜条转子，即在转子铁芯槽内放置没有绝缘的铜条，铜条的两端用短路环焊接起来，形成一个笼子的形状，如图 7-13（a）所示；另一种结构为中、小型异步电动机的笼型转子，一般为铸铝式转子，即采用离心铸铝法，将熔化了的铝浇铸在转子铁芯槽内成为一个整体，连两端的短路环和风扇叶片一起铸成，图 7-13（b）所示为铸铝转子的绕组部分及整个铸铝转子结构。而所谓离心铸铝法是让转子铁芯高速旋转，使熔化的铝在离心力的作用下充满铁芯槽内的各部分，以避免出现气孔或裂缝。随着压力铸铝技术的不断完善，目前不少工厂已改用压力铸铝工艺来替代离心铸铝法。

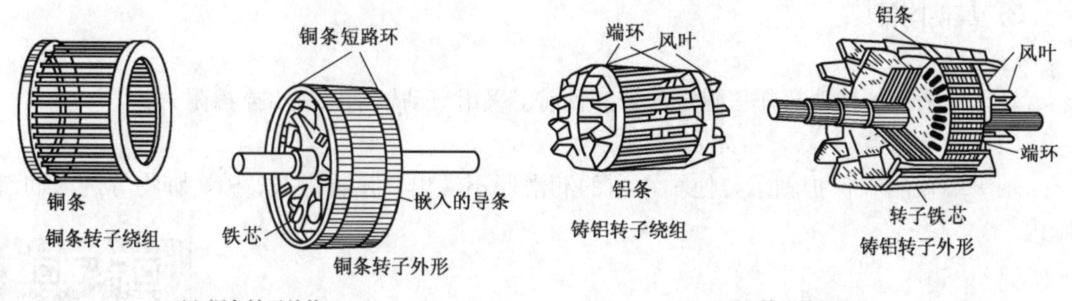

图 7-13　笼型异步电动机转子

为了提高电动机的起动转矩，在容量较大的异步电动机中，有的笼型转子采用双笼型或深槽结构，如图 7-14 所示。笼型转子上有内外两个笼，外笼采用电阻率较大的黄铜条制成，内笼则采用电阻率较小的紫铜条制成；而深槽转子绕组采用狭长的导体制成。

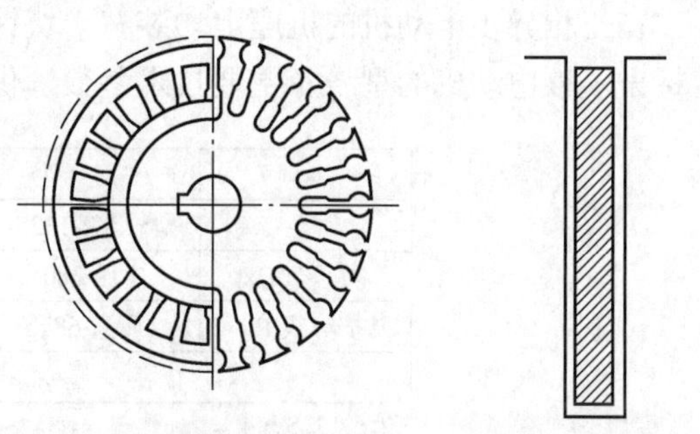

图 7-14　双笼型转子及深槽转子

② 绕线转子。三相异步电动机的另一种结构形式是绕线转子异步电动机。它的定子部分构成与笼型异步电动机相同，即也由定子铁芯、三相定子绕组和机座等构成。主要不同之处是转子绕组的结构，图 7-15 所示为三相绕线转子异步电动机的转子结构图及接线原理图。转子绕组的结构形式与定子绕组相似，也采用由绝缘导线绕制的三相绕组或成形的三相绕组嵌入转子铁芯槽内，并按星形连接。3 个引出端分别接到压在转子轴一端并且互相绝缘的铜制滑环（称为集电环）上，再通过压在集电环上的 3 个电刷与外电路相接。外电路与变阻器相接，该变阻器也采用星形连接，在后面会详述。调节该变阻器的电阻值就可达到调节电动机转速的目的。而笼型异步电动机的转子绕组由于被本身的端环直接短路，故转子电流无法按需进行调节。因此在某些对起动性能及

调速有特殊要求的设备（如起重设备、卷扬机械、鼓风机、压缩机和泵类等）中，较多采用绕线转子异步电动机。

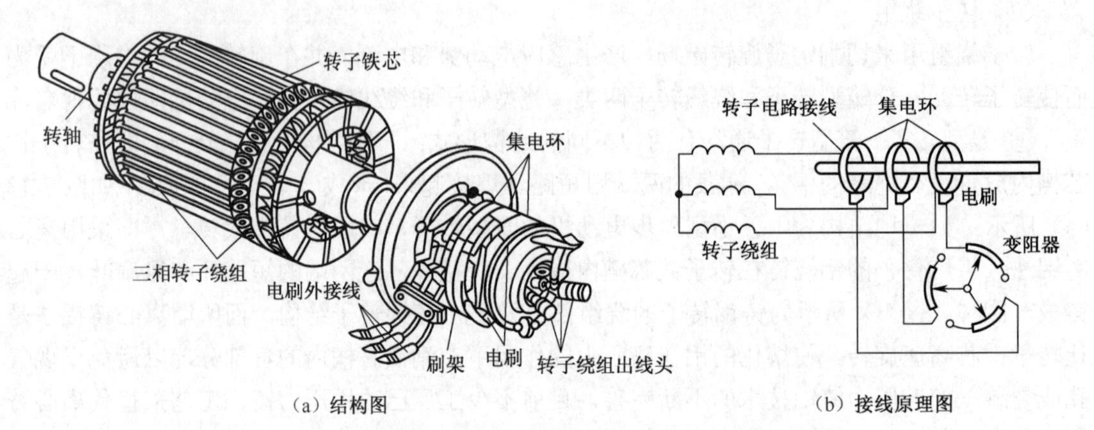

（a）结构图　　（b）接线原理图

图 7-15　三相绕线转子异步电动机的转子结构图及接线原理图

3．其他附件

（1）轴承。

轴承用来连接转动部分与固定部分，目前多采用滚动轴承以减少摩擦阻力。

（2）轴承端盖。

轴承端盖用来保护轴承，使轴承内的润滑脂不溢出，并防止灰、砂、脏物等进入润滑脂内。

（3）风扇。

风扇用于冷却电动机。

4．电动机铭牌

在三相异步电动机的机座上均装有一块铭牌，如图 7-16 所示。铭牌上标出了该电动机的型号及主要技术参数，供正确使用电动机时参考。

三相异步电动机的铭牌

	三相异步电动机		
	型号 Y2-132S-4	功率 5.5kW	电流 11.7A
频率 50Hz	电压 380V	接法△	转速 1 440r/min
防护等级 IP44	质量 68kg	工作制 S1	F 级绝缘
××电机厂			

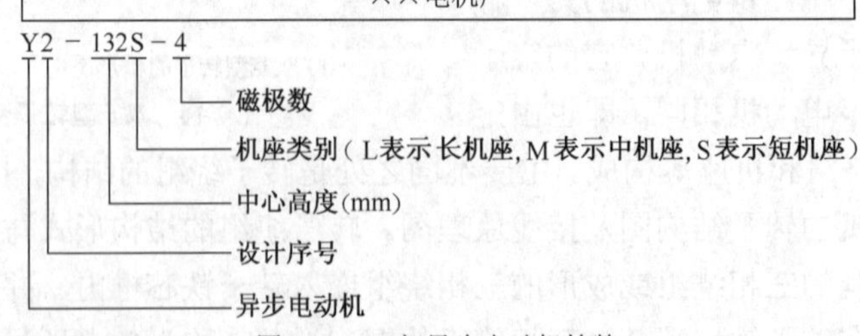

图 7-16　三相异步电动机铭牌

其具体说明如下。

（1）型号（Y2-132S-4）。

自 20 世纪 50 年代起，我国三相笼型异步电动机的生产进行了多次更新换代，电动机的整体质量不断提高。其中J、JO系列为我国20世纪50年代生产的产品，功率为0.6～125kW，现已少见。J2、JO2系列为我国20世纪60年代自行设计的统一系列产品，采用E级绝缘，性能较J、JO系列有较大的提高，目前仍在许多设备上使用。Y系列为我国20世纪80年代设计并定型的新产品。与JO2系列相比，其效率有所提高，起动转矩倍数平均为2，较JO2有了大幅度的提高，体积平均减小15%，重量减轻12%；采用B级绝缘，温升程度较大，功率等级较多，可避免“大马拉小车”的弊病。Y系列电动机完全符合国际电工委员会标准，有利于设备出口及与进口设备上的电动机互换。

从20世纪90年代起，我国又设计、开发了Y2系列三相异步电动机，机座中心高80～355mm，功率为0.55～315kW。它是在Y系列基础上设计的，已达到国际同期先进水平，是取代Y系列的更新换代产品。Y2系列电动机较Y系列的效率高、起动转矩大、噪声小、结构合理、体积小、重量轻、外形新颖美观，由于采用F级绝缘（用B级考核），故温升程度大，完全符合国际电工委员会标准。我国已开始实现从Y系列向Y2系列过渡。图7-17所示为Y2系列三相笼型异步电动机外形图。

图7-17 Y2系列三相笼型异步电动机外形图

（2）额定功率（5.5kW）。

额定功率表示电动机在额定工作状态下运行时，允许输出的机械功率。

（3）额定电流（11.7A）。

额定电流表示电动机在额定工作状态下运行时，定子电路输入的线电流。

（4）额定电压（380V）。

额定电压表示电动机在额定工作状态下运行时，定子电路所加的线电压。

（5）额定转速（1 440r/min）。

额定转速表示电动机在额定工作状态下运行时的转速。

（6）接法。

接法表示电动机定子三相绕组与交流电源的连接方法。对JO2、Y及Y2系列电动机而言，国家标准规定凡额定功率在3kW及以下者均采用星形连接，在4kW及以上者均采用三角形连接。

（7）防护等级（IP44）。

防护等级表示电动机外壳防护的方式。IP11是开启式，IP22、IP23是防护式，IP44是封闭式，如图7-7所示。

（8）频率（50Hz）。

频率表示电动机使用交流电源的频率。

（9）绝缘等级。

绝缘等级表示电动机各绕组及其他绝缘部件所用绝缘材料的等级。绝缘材料按耐热性能可分为7个等级，目前国产电动机使用的绝缘材料有B、F、H、C这4个等级。

（10）定额工作制。

定额工作制指电动机按铭牌值工作时，可以持续运行的时间和顺序。电动机定额分连续定额、短时定额和断续定额3种，分别用S1、S2、S3表示。

① 连续定额（S1）。S1 表示电动机按铭牌值工作时可以长期连续运行。

② 短时定额（S2）。S2 表示电动机按铭牌值工作时只能在规定的时间内短时运行。我国规定的短时运行时间为 10min、30min、60min 及 90min 4 种。

③ 断续定额（S3）。S3 表示电动机按铭牌值工作时，运行一段时间就要停止一段时间，周而复始地按一定周期重复运行。每一周期为 10min，我国规定的负载持续率为 15%、25%、40%及 60% 4 种（如标明 40%则表示电动机工作 4min 就需休息 6min）。

表 7-1 所示为常用的 Y2 系列电动机技术数据。

表 7-1　　常用 Y2 系列电动机技术数据

<table>
<tr><th rowspan="2">型号</th><th rowspan="2">额定功率
/kW</th><th colspan="4">满载时 380V</th><th rowspan="2">堵转电流
额定电流</th><th rowspan="2">堵转转矩
额定转矩</th><th rowspan="2">最大转矩
额定转矩</th></tr>
<tr><th>转速
/(r·min^{-1})</th><th>电流
/A</th><th>功率</th><th>功率因数
/cos φ</th></tr>
<tr><td>Y2-801-2</td><td>0.75</td><td rowspan="2">2 830</td><td>1.8</td><td>75%</td><td>0.83</td><td>6.1</td><td rowspan="10">2.2</td><td rowspan="10">2.3</td></tr>
<tr><td>Y2-802-2</td><td>1.1</td><td>2.5</td><td>77%</td><td rowspan="2">0.84</td><td rowspan="3">7.0</td></tr>
<tr><td>Y2-90S-2</td><td>1.5</td><td rowspan="2">2 840</td><td>3.4</td><td>79%</td></tr>
<tr><td>Y2-90L-2</td><td>2.2</td><td>4.8</td><td>81%</td><td>0.85</td></tr>
<tr><td>Y2-100L-2</td><td>3.0</td><td>2 870</td><td>6.3</td><td>83%</td><td>0.87</td><td rowspan="6">7.5</td></tr>
<tr><td>Y2-112M-2</td><td>4.0</td><td>2 890</td><td>8.2</td><td>85%</td><td rowspan="3">0.88</td></tr>
<tr><td>Y2-132SI-2</td><td>5.5</td><td rowspan="2">2 900</td><td>11.1</td><td>86%</td></tr>
<tr><td>Y2-132S2-2</td><td>7.5</td><td>15.0</td><td>87%</td></tr>
<tr><td>Y2-160M1-2</td><td>11</td><td rowspan="2">2 930</td><td>21.3</td><td>88%</td><td rowspan="2">0.89</td></tr>
<tr><td>Y2-160M2-2</td><td>15</td><td>28.7</td><td>89%</td></tr>
<tr><td>Y2-801-4</td><td>0.55</td><td rowspan="2">1 390</td><td>1.5</td><td>71%</td><td>0.75</td><td>5.2</td><td>2.4</td><td rowspan="2">2.3</td></tr>
<tr><td>Y2-802-4</td><td>0.75</td><td>2.0</td><td>73%</td><td>0.77</td><td>6.0</td><td>2.3</td></tr>
</table>

常用的部分中、小型异步电动机的型号、结构特点和用途等如表 7-2 所示。

表 7-2　　异步电动机的型号、结构特点和用途

型号	名称	功率	结构特点	用途	对应的旧产品型号
Y	封闭式三相笼型异步电动机	0.55～160kW	铸铁外壳，自扇冷式，外壳上有散热片，铸铝转子；定子绕组为铜线，均匀 B 级绝缘	一般拖动用，适用于灰尘多、尘土飞溅的场所，如球磨机、碾米机、磨粉机及其他农村机械、矿山机械等	J、JO、JO2
Y2	封闭式三相笼型异步电动机	0.55～315kW	铸铁外壳，自扇冷式，外壳上有散热片，铸铁转子；定子绕组为铜线，均匀 F 级绝缘	一般拖动用，适用于灰尘多、尘土飞溅的场所，如球磨机、碾米机、磨粉机及其他农村机械、矿山机械等	JO2、Y
YQ	高起动转矩三相异步电动机	0.6～100kW	结构同 Y 系列电动机，转子导体电阻较大	适用于起动静止负载或惯性较大的机械，如压缩机、传送带、粉碎机等	JQ、JQO
YD	变极式多速三相异步电动	0.6～100kW	有双速、三速、四速等	适用于需要分级调速的一般机械设备，可以简化或代替传动齿轮箱	JD、JDO2

续表

型号	名称	功率	结构特点	用途	对应的旧产品型号
YH	高转差率三相异步电动机	0.6～100kW	结构同Y系列电动机，转子用合金铝浇铸	适用于拖动飞轮、转矩较大、具有冲击性负载的设备，如剪床、冲床、锻压机械和小型起重、运输机械等	JH、JHO2
YR	三相绕线转子异步电动机	2.8～100kW	转子为绕线型	适用于需要小范围调速的传动装置；当配电网容量小，不足以起动笼型电动机或要求较大起动转矩的场合	JR、JRO
YZ YZR	起重冶金用三相异步电动机	1.5～100kW	YZ 转子为笼型 YZR 转子为绕线型	适用于各种形式的起重机械及冶金设备中辅助机械的驱动。按断续方式运行	JZ、JZR
YLB	深井水泵异步电动机	11～100kW	防滴立式，自扇冷式，底座有单列向心推力球轴承	专供驱动立式深井水泵，工矿、农业及高原地带提取地下水时适用	JLB2、DM、JTB
YQS	井用潜水三相异步电动机	4～115kW	充水式，转子为铸铝笼型，机体密封	适用于井下直接驱动潜水泵，吸取地下水供农业灌溉，工矿用水	JQS
YB	隔爆型异步电动机	0.6～100kW	电机外壳适应隔爆的要求	适用于有爆炸性混合物的场所	JB、JBS

表 7-3 所示为绝缘材料耐热性能等级。

表 7-3 绝缘材料耐热性能等级

绝缘等级	Y	A	E	B	F	H	C
最高允许温度/℃	90	105	120	130	155	180	大于 180

（三）常用的控制电器

工程中，常用的控制电路有各种开关，如刀开关、熔断器、断路器、主令电器、接触器、继电器等，下面重点介绍接触器和继电器。

1. 接触器

接触器是一种用途较为广泛的开关电器。它利用电磁、气动或液动原理，通过控制电路来实现主电路的通断。接触器具有断电流能力强、动作迅速、操作安全、能频繁操作、远距离控制等优点，缺点是不能切断短路电流，因此接触器通常须与熔断器配合使用。接触器的主要控制对象是电动机，也可用来控制其他电力负载，如电焊机、电炉等。

接触器的分类方法较多，可以按驱动触点系统动力来源的不同分为电磁式接触器、气动式接触器和液动式接触器；也可按灭弧介质的性质分为空气式接触器、油浸式接触器、真空接触器等。

在电力控制系统中使用最为广泛的为电磁式交流接触器。

交流接触器主要用于接通和分断电压 1 140V 以下、电流 630A 以下的交流电路。在设备自动控制系统中，可实现对电动机和其他电气设备的频繁操作和远距离控制。

（1）交流接触器的基本结构与工作原理。

接触器由电磁机构、触点系统和灭弧系统 3 部分组成。电磁机构一般为交流机构，也可采用直流机构。吸引线圈为电压线圈，使用时并联在电压相当的控制电源上。触点可分为主触点和辅助触点。主触点一般为三极动合触点，电流容量大，通常装设灭弧机构，因此具有较大的电流通断能力，主要用于大电流电路（主电路）；辅助触点电流容量小，不专门设置灭弧机构，主要用在小电流电路（控制电路或其他辅助电路）中作联锁或自锁之用。图 7-18 所示为常见 CJ20 接触器外形、结构示意图，其图形及文字符号如图 7-19 所示。

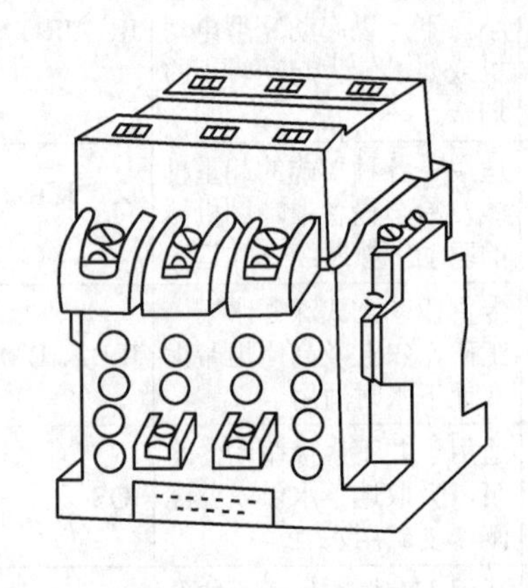

(a) 接触器外形

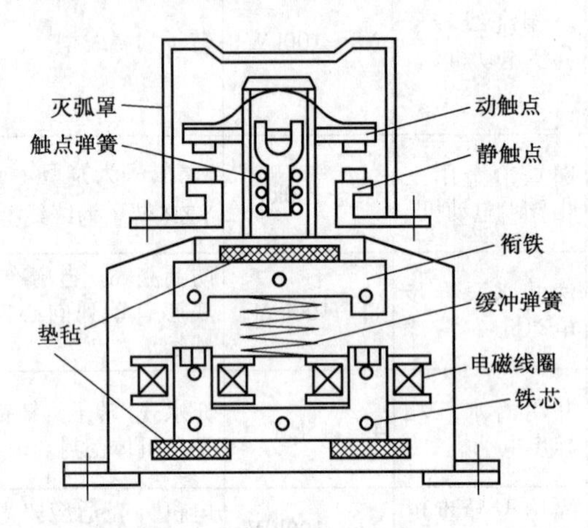

(b) 接触器结构

图 7-18　CJ20 接触器外形、结构示意图

交流接触器的工作原理：当吸引线圈通电后，衔铁被吸合，并通过传动使动触点动作，达到接通或断开电路的目的；当线圈断电后，衔铁在反力弹簧的作用下回到原始位置并使动触点复位。接触器电磁机构的动作值与释放值不需要调整，所以无整定机构。

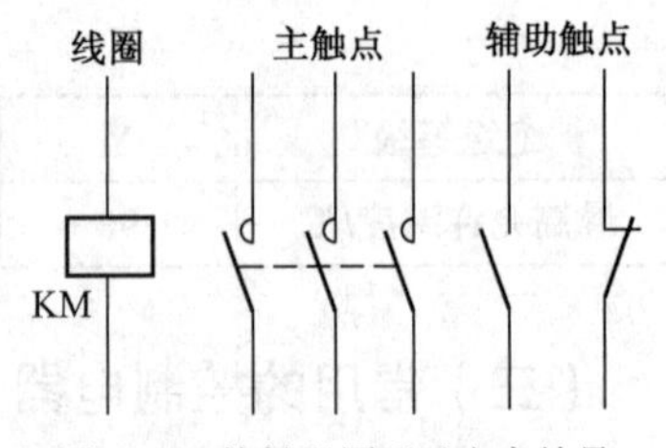

图 7-19　接触器图形及文字符号

（2）交流接触器的主要技术参数。

交流接触器的主要技术参数有额定电压、额定电流、通断能力、机械寿命与电寿命等。

① 额定电压。额定电压是指在规定条件下，能保证电器正常工作的电压值。它与接触器的灭弧能力有很大的关系。根据我国电压标准，接触器额定电压常见的有交流 110V、127V、220V、380V、660V、1 140V 等。

② 额定电流。额定电流是由接触器在额定的工作条件（额定电压、操作频率、使用类别、触点寿命等）下所决定的电流值。目前我国生产的接触器额定电流一般小于或等于 630A。

③ 通断能力。通断能力以电流大小来衡量，包括接通能力和断开能力。接通能力是指开关闭合接通电流时不会造成触点熔焊的能力；断开能力是指开关断开切断电流时能可靠熄灭电弧的能力。通断能力与接触器的结构及灭弧方式有关。

④ 机械寿命。机械寿命是指在无须修理的情况下所能承受的不带负载的操作次数。一般接触器的机械寿命达 600 万～1 000 万次。

⑤ 电寿命。电寿命是指在规定使用类别和正常操作条件下无须修理或更换零件的负载操作次数。一般接触器的电寿命约为机械寿命的1/20。

此外，还有操作频率，吸引线圈的参数，如额定电压、起动功率、吸持功率和线圈消耗功率等。

交流接触器的型号及意义如下。

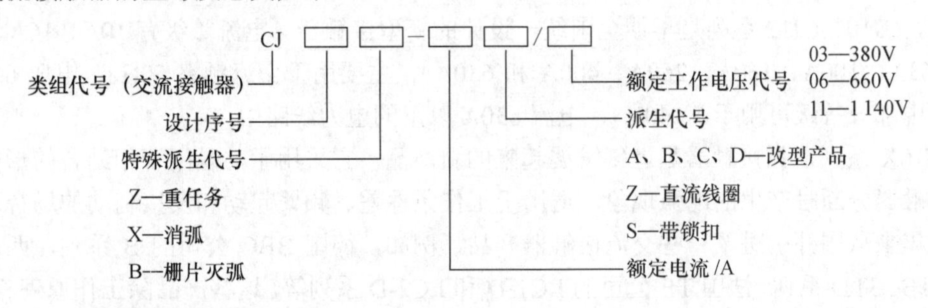

（3）交流接触器的选用。

由于使用场合及控制对象不同，接触器的操作条件与工作繁重程度也不相同。为了尽可能经济、正确地使用接触器，必须对控制对象的工作情况以及接触器性能进行全面了解。接触器铭牌上所规定的电压、电流、控制功率等参数是在某一使用条件下的额定数据，而电气设备实际使用时的工作条件是千差万别的，因此在选用接触器时必须根据实际使用条件正确选用。

① 根据接触器控制负载的实际工作任务的繁重程度选用相应类别的接触器。

接触器产品系列是按使用类别设计的，交流接触器使用类别有 5 种：AC-0～AC-4。

AC-0 类用于微感负载或电阻性负载，接通和分断额定电压和额定电流。

AC-1 类用于起动和运转中断开绕线转子电动机。在额定电压下可接通和分断 2.5 倍额定电流。

AC-2 类用于起动、反接制动、反向接通与断开绕线转子电动机。在额定电压下可接通和分断 2.5 倍额定电流。

AC-3 类用于起动和运转中断开笼型异步电动机。在额定电压下可接通 6 倍额定电流，在17%的额定电压下可断开额定电流。

AC-4 类用于起动、反接制动、反向接通与断开笼型异步电动机。在额定电压下可接通和分断 6 倍额定电流。

例如，当接触器控制电动机时，若电动机承担一般任务，即在起动和运转中断开笼型或绕线转子异步电动机，那么接触器在额定电压下可接通 6 倍额定电流，在满速运行时断开，但操作频率不高。这类任务属于 AC-3 使用类别，可选用按 AC-3 类任务设计的 CJ10 系列接触器。

若承担繁重任务，即较频繁地运行于点动、反接制动的笼型或绕线转子异步电动机，这类任务属于 AC-4 使用类别，此时选用 CJ10Z 系列接触器较为合适。

低类别接触器用于高类别控制任务时必须降级使用，即使如此，其使用寿命也会有不同程度的下降。

② 根据电动机（或其他负载）的功率和操作情况确定接触器的容量等级，在选定适合负载使用类别的接触器后，再确定接触器的容量等级。接触器的容量等级应与被控制的负载容量相当或稍大，切勿仅仅根据负载的额定功率来选择接触器的容量等级，应留有一定的余量。

③ 根据控制电路要求确定吸引线圈参数。

由于同一系列、同一容量等级的接触器，其线圈的额定电压有多种规格，所以应指明线圈的额定电压。线圈的额定电压应与控制回路的电压相同。

④ 根据特殊环境条件选用接触器的派生产品以满足环境要求。

交流接触器品种繁多，在自动控制系统中广泛使用的型号有 CJ10、CJ20、CJ12、CJ10X 等系列，CJ10、CJ12 系列是早期全国统一设计的新型接触器（电流等级有 10A、16A、25A、40A、63A、100A、160A、250A、400A 和 630A），主要用于交流频率 50Hz、电压 660V 以下（其中部分等级可用于 1 140V）、电流 630A 以下的电力线路中。

CJ10X 系列消弧接触器是近年发展起来的新产品，它采用了与晶闸管相结合的形式，避免了接触器分断时产生的电弧现象，适用于工作条件差、频繁起动和反接制动的场合。

近年来从国外引进了一些交流接触器产品，例如，德国 BBC 公司的 B 系列，西门子公司的 3TB、3TD 系列，法国 TE 公司的 LC1-D 和 LC2-D 系列等。这些产品除工作原理相同外，在结构上有较大的区别，有的产品采用“积木式”结构，本体部分由电磁机构与主触点构成，可临时装配很多由本体电磁机构驱动的附件（如辅助触点、空气式延时器等），使用较为方便。

2. 继电器

继电器是根据外界输入信号（电信号或非电信号）来控制电路“接通”或“断开”的一种自动电器，主要用于控制、线路保护或信号转换。

继电器的种类很多，分类方法也较多，按用途可分为控制继电器和保护继电器；按反映的信号可分为电压继电器、电流继电器、时间继电器、热继电器、速度继电器等；按动作原理可分为电磁式继电器、电子式继电器、电动式继电器等。

（1）电磁式继电器。

电磁式继电器主要有电压继电器、电流继电器、中间继电器、通用继电器等。

① 电磁式继电器的基本结构与工作原理。电磁式继电器的结构、工作原理与接触器相似，由电磁系统、触点系统和反力系统 3 部分组成。其中电磁系统为感测机构，由于其触点主要用于小电流电路中（电流一般不超过 10A），因此不专门设置灭弧装置。

图 7-20 所示为电磁式继电器结构示意图。电磁式继电器的图形和文字符号如图 7-21 所示。

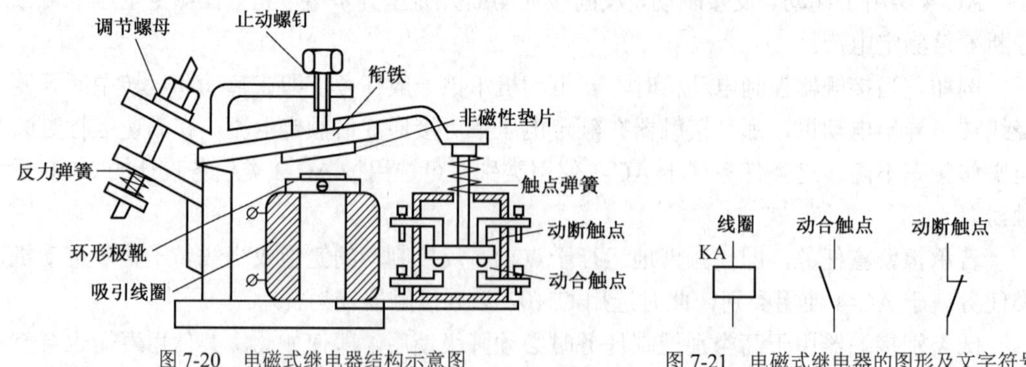

图 7-20　电磁式继电器结构示意图

图 7-21　电磁式继电器的图形及文字符号

电磁式继电器工作原理与接触器相同，当吸引线圈通电（或电流、电压达到一定值）时，衔铁运动驱动触点动作。

通过调节反力弹簧的弹力、止动螺钉的位置或非磁性垫片的厚度，可以达到改变电器动作值和释放值的目的。

② 常用电磁式继电器的介绍。

a．电压继电器。电压继电器根据电路中电压的大小控制电路的“接通”或“断开”，主要用于电路的过电压或欠电压保护，使用时其吸引线圈直接（或通过电压互感器）并联在被控电路中。

电压继电器有直流电压继电器和交流电压继电器之分，同一类型又可分为电压继电器、欠电压继电器和零电压继电器。交流电压继电器用于交流电路，而直流电压继电器则用于直流电路，它们的工作原理是相同的。

过电压继电器用于电路过电压保护。当电路电压正常时，过电压继电器不动作；当电路电压超过某一整定值，一般为（105%～120%）U_N时，过电压继电器动作。

欠（零）电压继电器用于电路欠（零）电压保护，其电路电压正常时欠（零）电压继电器电磁机构动作；当电路电压下降到某一整定值，一般为（30%～50%）U_N以下或消失时，欠（零）电压继电器电磁机构释放，将电路断开，实现欠（零）电压保护。

b．电流继电器。电流继电器根据电路中电流的大小动作或释放，用于电路的过电流或欠电流保护，使用时其吸引线圈直接（或通过电流互感器）串联在被控电路中。

电流继电器有直流电流继电器和交流电流继电器之分，其工作原理与电压继电器相同。

过电流继电器用于电路过电流保护，电路工作正常时不动作，当电路出现故障，电流超过某一整定值时，过电流继电器动作，切断电路。

欠电流继电器用于电路欠电流保护，电路工作正常时不动作，当电路中电流减小到某一整定值以下时，欠电流继电器释放，切断电路。

c．中间继电器。中间继电器实际上是一种动作值与释放值不能调节的电压继电器，它主要用于传递控制过程中的中间信号。中间继电器的触点数量比较多，可以将一路信号转变为多路信号，以满足控制要求。

d．通用继电器。通用继电器的磁路系统由 U 形静铁芯和一块板状衔铁构成。U 形静铁芯与铝座浇铸成一体，线圈安装在静铁芯上并通过环形极靴定位。

通用继电器可以很方便地更换不同性质的线圈，从而将其制成电压继电器、电流继电器、中间继电器或时间继电器等。例如，通用继电器装上电流线圈后就是一个电流继电器。

（2）时间继电器。

当继电器的感测机构接收到外界动作信号、经过一段时间延时后触点才动作的继电器，称为时间继电器。

时间继电器按动作原理可分为电磁式、空气阻尼式、电动式和电子式；按延时方式可分为通电延时和断电延时两种。

① 电子式时间继电器。电子式时间继电器具有体积小、延时范围大、精度高、寿命长以及调节方便等特点，目前在自动控制系统中使用十分广泛。

图 7-22 所示为时间继电器的图形和文字符号。

下面简单介绍常用的 JS20 系列电子式时间继电器。

JS20 系列电子式时间继电器采用插座式结构，所有元件装在印制电路板上，用螺钉使之与插座紧固，再装上塑料罩壳组成本体部分，在罩壳顶面装有铭牌和速度电位器旋钮，并有动作指示等。图 7-23 所示为其外形图。

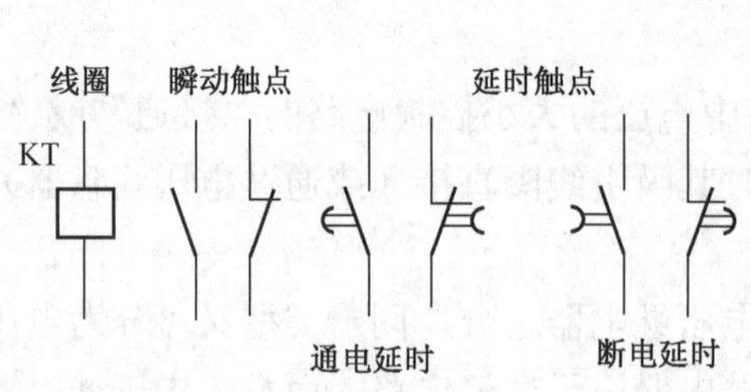

图 7-22　时间继电器的图形和文字符号

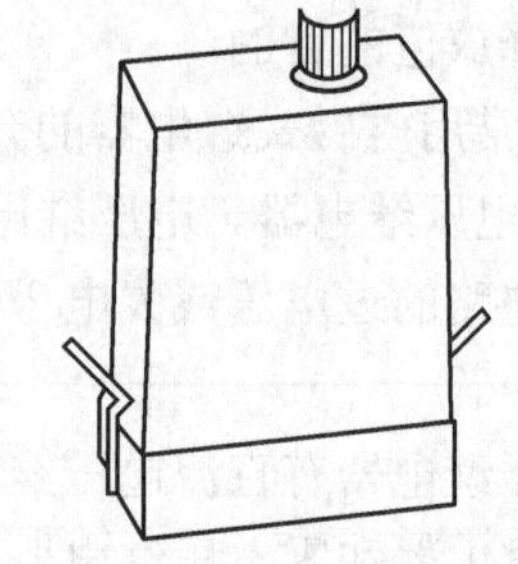
图 7-23　电子式时间继电器外形图

JS20 系列电子式时间继电器采用的延时电路分为两类：一类为场效应晶体管电路，另一类为单结晶体管电路。

常用电子式时间继电器有 JS20、JS13、JS14、JS14P、JS15 等系列。国外引进生产的产品有 ST、HH、AR 等系列。

② 电动式时间继电器。电动式时间继电器由同步电机、传动机构、离合器、凸轮、调节旋钮和触点几部分组成。图 7-24 所示为其外形图。

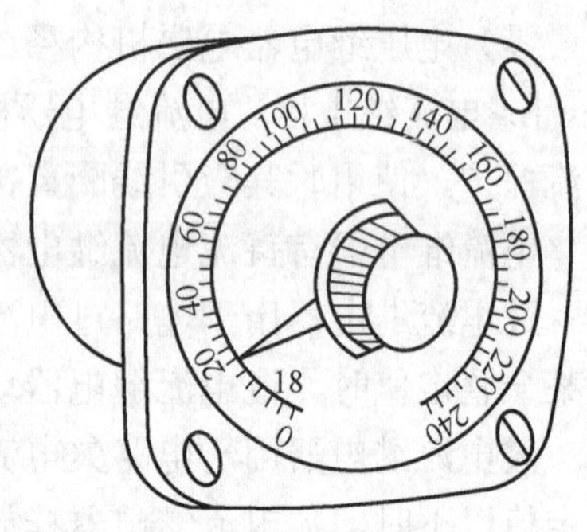

图 7-24　电动式时间继电器外形图

电动式时间继电器的延时时间不受电源电压波动及环境温度变化的影响，调整方便，重复精度高，延时范围大（可达数十小时）；但结构复杂，寿命低，受电源频率影响较大，不适合频繁工作。

常用电动式时间继电器的型号有 JS11 系列、JS-10 型时间继电器、JS-17 型时间继电器等。

（3）热继电器。

电动机在运行过程中经常会遇到过载（电流超过额定值）现象，只要过载不严重、时间不长，电动机绕组的温升没有超过其允许温升范围，这种过载就是允许的；但如果电动机长时间过载，温升超过允许温升范围，轻则使电动机的绝缘体加速老化而缩短其使用寿命，严重时可能会使电动机因温度过高而烧毁。

热继电器是利用电流通过发热元件时所产生的热量，使双金属片受热弯曲而推动触点动作的一种保护电器。它主要用于电动机的过载保护、断相保护以及电流不平衡运行保护，也可用于其他电气设备发热状态的控制。

① 热继电器的保护特性。作为对电动机过载保护的热继电器，应能保证电动机不因过载而烧毁，同时要能最大限度地发挥电动机的过载能力，因此热继电器必须具备以下条件。

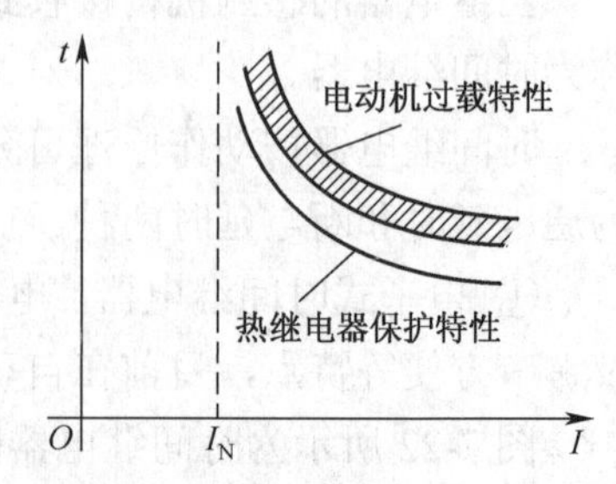

图 7-25　电动机过载特性与热继电器保护特性的配合

a．具备一条与电动机过载特性相似的反时限保护特性，其特性曲线位置应在电动机过载特性曲线的下方。为充分发挥电动机的过载能力，保护特性应尽可能与电动机过载特性贴近。图 7-25 所示为电动机过载特性与热继电器保护特性之间理想的配合情况。图中阴影区域为电动机极限工作区，热继电器应在电动机进入极限工作状态之前动作以切断电源。

b. 具有一定的温度补偿特性，在周围环境温度发生变化引起双金属片弯曲而带来动作误差时，应具有自动调节补偿功能。

c．热继电器的动作值应能在一定范围内调节，以适应生产和使用要求。

② 热继电器的结构及工作原理。

a. 热继电器的结构。热继电器由发热元件、双金属片、触点系统和传动机构等部分组成，有两相结构和三相结构之分。三相结构热继电器又可分为带断相保护和不带断相保护两种。图 7-26 所示为三相结构热继电器外形图，图 7-27 所示为其工作原理示意图（图中热继电器无断相保护功能）。

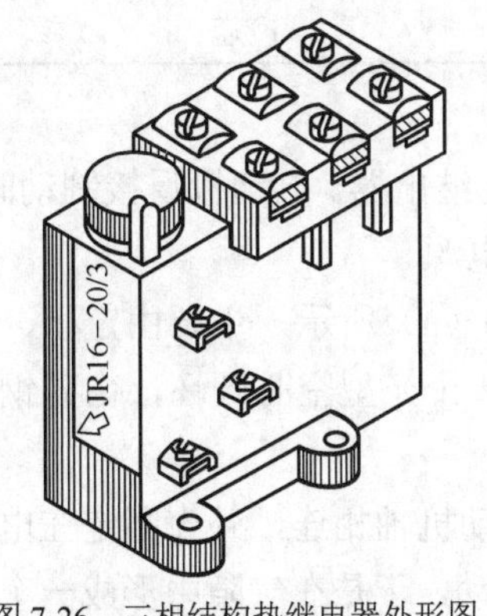

图 7-26　三相结构热继电器外形图

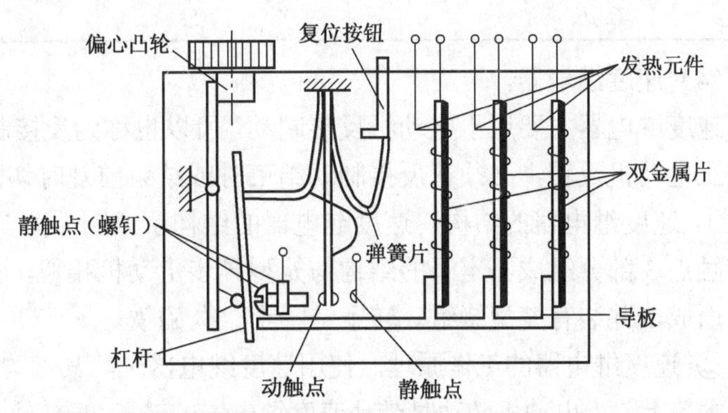

图 7-27　三相结构热继电器工作原理示意图

b．发热元件。发热元件由电阻丝制成，使用时应与主电路串联（或通过电流互感器），当电流通过热元件时，热元件对双金属片进行加热使其弯曲。热元件对双金属片加热有直接加热、间接加热和复式加热 3 种方式，如图 7-28 所示。

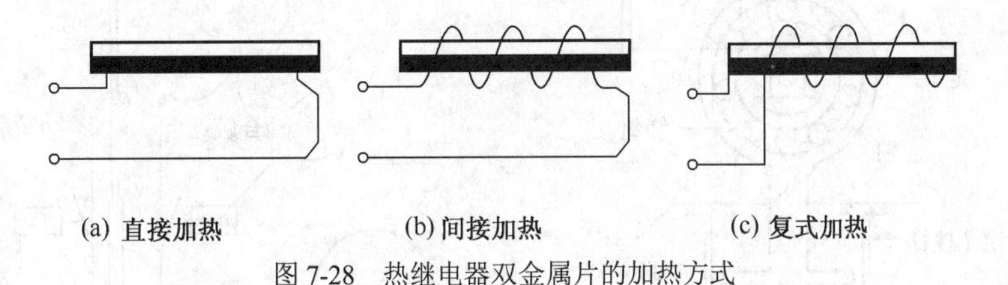

(a) 直接加热　　(b) 间接加热　　(c) 复式加热

图 7-28　热继电器双金属片的加热方式

c．双金属片。它是热继电器的核心部件，由两种热膨胀系数不同的金属材料碾压而成。当它受热膨胀时，会向热膨胀系数小的一侧弯曲。

另外还有调节机构和复位机构等。

热继电器的图形及文字符号如图 7-29 所示。

d. 热继电器的工作原理。当电动机电流不超过额定电流时，双金属片自由端弯曲的程度（位移）不足以触及动作机构，因此热继电器不会动作；当电流超过额定电流时，双金属片自由端弯曲的位移将随时间而增加，最终将触及动作机构而使热继电器动作。由于双金属片弯曲的速度与电流大小有关，电流越大，弯曲的速度也越快，于是动作时间就短；反之，动作时间就长，这种特性称为反时限特性。只要热继电器整定恰当，就可以使电动机在温度超过允许值之前停止运转，避免

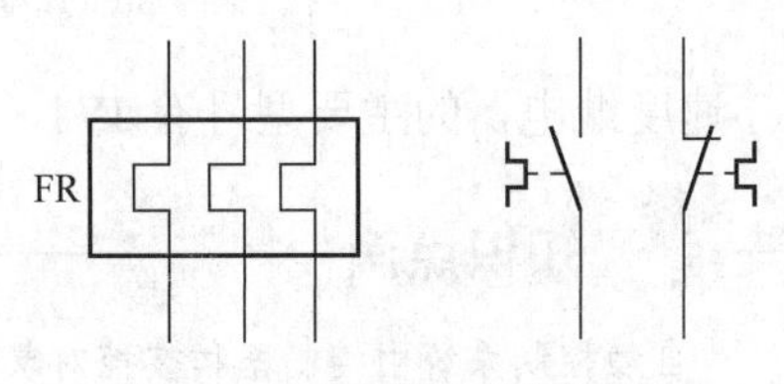

图 7-29　热继电器图形及文字符号

因高温造成损坏。

当电动机起动时，电流往往很大，但时间很短，热继电器不会影响电动机的正常起动。表 7-4 所示为热继电器动作时间和电流之间的关系。

表 7-4 热继电器动作时间和电流之间的关系

电流	动作时间	实验条件
$1.05I_N$	＞1～2h	冷态
$1.2I_N$	＜20min	热态
$1.5I_N$	＜2min	热态
$6.0I_N$	＞5s	冷态

（4）速度继电器。

速度继电器主要用于电动机反接制动，所以也称为反接制动继电器。电动机反接制动时，为防止电动机反转，必须在反接制动结束时或结束前及时切断电源。

① 速度继电器的结构。速度继电器的结构示意图如图 7-30（a）所示，主要由定子、转子和触点 3 部分组成。定子的结构与笼型异步电动机相似，是一个笼型空心圆环，由硅钢片叠压而成，并装有笼型绕组。转子是一个永久磁铁。

② 速度继电器的工作原理。使用速度继电器时，其轴与电动机轴相连，外壳固定在电动机的端盖上。当电动机转动时带动速度继电器的转子（磁极）转动，于是在气隙中形成一个旋转磁场，定子绕组切割该磁场而产生感应电流，进而产生力矩，定子受到的磁场力的方向与电动机的旋转方向相同，从而使定子向轴的转动方向偏摆，通过定子拨杆拨动触点，使触点动作。

图 7-30（b）所示为速度继电器的图形与文字符号。

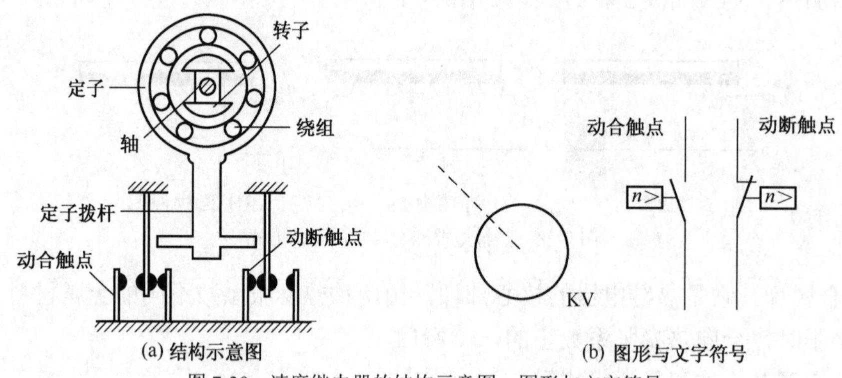

图 7-30 速度继电器的结构示意图、图形与文字符号

速度继电器的主要型号有 JY1、JFZ0 等。

知识点滴

自动控制系统由控制器和被控对象组成。控制对象正常运转需要控制器有序协调地工作，如果一个控制器出现问题将会影响整个系统。同时控制器工作需要控制系统统一调度。由此得到整体与部分的辩证关系，整体居于主导地位，统率着部分，关键的部分也会决定整体的发挥；整体和部分二者不可分割，相互影响，由此体现出团队合作的重要性。本项目能力素养要求是能看懂电气原理图并且能按照电路图接线，主要培养学生安全规范操作习惯和一丝不苟的工匠精神。

三、任务实施

任务一　连接电气控制电路

能读懂电气原理图和安装图。具体内容见附带的《实训手册》。

任务二　连接三相异步电动机直接起动控制电路

能正确连接三相异步电动机控制电路。具体内容见附带的《实训手册》。

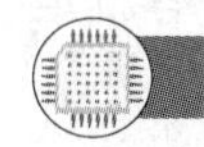

四、拓展知识

（一）三相异步电动机的分类

三相异步电动机一般为系列产品，其系列、品种、规格繁多，因而分类也较多。

1. 按电动机尺寸大小分类

大型电动机：定子铁芯外径 D＞1 000mm 或机座中心高 H＞630mm。

中型电动机：D = 500～1 000mm 或 H = 355～630mm。

小型电动机：D = 120～500mm 或 H = 80～315mm。

2. 按电动机外壳防护结构分类

电动机按其外壳防护结构不同，可分为开启式、防护式和封闭式 3 种。

3. 按电动机冷却方式分类

电动机按冷却方式可分为自冷式、自扇冷式、他扇冷式等。可参见国家标准 GB/T 1993—1993《旋转电机冷却方式》。

4. 按电动机的安装形式分类

IMB3：卧式，机座带底脚，端盖上无凸缘。

IMB5：卧式，机座不带底脚，端盖上有凸缘。

IMB35：卧式，机座带底脚，端盖上有凸缘。

5. 按电动机运行工作制分类

S1——连续工作制；S2——短时工作制；S3～S8——周期性工作制。

6. 按转子结构形式分类

三相异步电动机按转子结构形式可分为三相笼型异步电动机、三相绕线异步电动机等。

（二）三相异步电动机的故障分析和处理

绕组是电动机的组成部分。老化、受潮、受热、受侵蚀、异物侵入、外力的冲击都会对绕组造成伤害。此外，电动机过载、欠电压、过电压、缺相运行也会引起绕组故障。绕组故障一般分为绕组接地、短路、断路、接线错误。

下面分别说明故障现象、产生原因、检查方法及处理方法。

1. 绕组接地

绕组接地是指绕组与铁芯或与机壳的绝缘体被破坏而造成的接地。

（1）故障现象。

机壳带电、控制线路失控、绕组短路发热，使电动机无法正常运行。

（2）产生原因。

绕组受潮使绝缘电阻下降，电动机长期过载运行，有害气体腐蚀，金属异物侵入绕组内部损坏绝缘体，重绕定子绕组时绝缘体损坏碰及铁芯，绕组端部碰及端盖机座，定、转子摩擦引起绝缘灼伤，引出线绝缘体损坏与壳体相碰，过电压（如雷击）使绝缘体击穿。

（3）检查方法。

① 观察法。通过目测绕组端部及线槽内绝缘体观察有无损伤和焦黑的痕迹，如果有就是接地点。

② 万用表检查法。用万用表电阻挡检查，如果读数很小，则为接地点。

③ 兆欧表检查法。根据不同的等级选用不同的兆欧表测量每组电阻的绝缘电阻，若读数为 0，则表示该项绕组接地，但对电动机绝缘受潮或因事故而击穿，则需依据经验判定。一般来说指针在“0”处摇摆不定时，可认为其具有一定的电阻值。

④ 试灯法。如果试灯亮，说明绕组接地，若发现某处伴有火花或冒烟，则该处为绕组接地故障点。若灯微亮，则绝缘体有接地击穿。若灯不亮，但测试棒接地时也出现火花，说明绕组尚未击穿，只是严重受潮。也可用硬木在外壳的止口边缘轻敲，敲到某一处灯一灭一亮时，说明电流时通时断，则该处就是接地点。

⑤ 电流穿烧法。用一台调压变压器接上电源，接地点很快发热，绝缘体冒烟处为接地点。应特别注意小型电动机不得超过额定电流的两倍，时间不超过半分钟；大型电动机为额定电流的 20%～50%或逐步增大电流，接地点刚冒烟时立即断电。

⑥ 分组淘汰法。当接地点在铁芯内且烧灼比较厉害，烧损的铜线与铁芯熔在一起时可采用此方法。方法是把接地的一相绕组分成两半，依此类推，直到最后找出接地点。

此外，还有高压实验法、磁针探索法、工频振动法等，此处不一一介绍。

（4）处理方法。

① 绕组受潮引起接地的应先烘干，当冷却到 60～70℃时，浇上绝缘漆后再烘干。

② 绕组端部绝缘体损坏时，在接地处重新进行绝缘处理，涂漆再烘干。

③ 绕组接地点在槽内时，应重绕绕组或更换部分绕组元件。

最后应用不同的兆欧表进行测量，满足技术要求即可。

2. 绕组短路

绕组短路是指由于电动机电流过大、电源电压变动过大、单相运行、机械碰伤、制造不良等造成绝缘体损坏，分为绕组匝间短路、绕组间短路、绕组极间短路和绕组相间短路。

（1）故障现象。

离子的磁场分布不均、三相电流不平衡而使电动机运行时振动和噪声加剧，严重时电动机不能起动，而在短路线圈中产生很大的短路电流，导致线圈迅速发热而烧毁。

（2）产生原因。

电动机长期过载，使绝缘体老化失去绝缘作用；嵌线时造成绝缘体损坏；绕组受潮使绝缘体电阻下降造成绝缘体击穿；端部和层间绝缘材料没垫好或整形时损坏；端部连接线绝缘体损坏；过电压或遭雷击使绝缘体击穿；转子与定子绕组端部相互摩擦造成绝缘体损坏；金属异物落入电动机内部和油污过多。

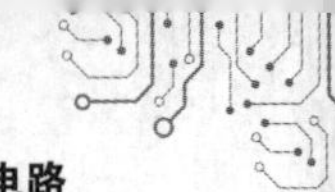

（3）检查方法。

① 外部观察法。观察接线盒、绕组端部有无烧焦，绕组过热留下深褐色痕迹，并有臭味。

② 探温检查法。空载运行 20min（发现异常时应马上停止），用手背感觉绕组各部分是否超过正常温度。

③ 通电实验法。用电流表测量，若某相电流过大，说明该相有短路处。

④ 电桥检查法。测量绕组直流电阻，一般相差不应超过 5%以上。如果超过，则电阻小的一相有短路故障。

⑤ 短路侦查器法。如果被测绕组有短路，则钢片会产生振动。

⑥ 万用表或兆欧表法。测任意两相绕组相间的绝缘电阻，若读数极小或为 0，说明该两相绕组相间短路。

⑦ 电压降法。把三绕组串联后通入低压安全交流电，测得读数小的一组有短路故障。

⑧ 电流法。电动机空载运行，先测量三相电流，再调换两相测量并对比，若不随电源调换而改变，则较大电流的一相绕组有短路。

（4）处理方法。

① 短路点在端部。可用绝缘材料将短路点隔开，也可重包绝缘线，再上漆烘干。

② 短路在线槽内。将其软化后，找出短路点修复后，重新放入线槽，再上漆烘干。

③ 对短路线匝数少于 1/12 的每相绕组，串联匝数时切断全部短路线，将导通部分连接，形成闭合回路，供应急使用。

④ 绕组短路点匝数超过 1/12 时，要全部拆除重绕。

3. 绕组断路

由于焊接不良或使用腐蚀性焊剂，焊接后又未清除干净，就可能造成壶焊或松脱；受机械应力或碰撞时线圈短路，短路与接地故障也可使导线烧毁；在并联的几根导线中有一根或几根导线短路时，另几根导线由于电流的增加而温度上升，引起绕组发热而断路。一般分为一相绕组端部断线、匝间短路、并联支路处断路、多根并联导线中一根断路、转子断路。

（1）故障现象。

电动机不能起动，三相电流不平衡，有异常噪声或振动大，温升超过允许值或冒烟。

（2）产生原因。

① 在检修和维护保养时碰断或制造质量问题。

② 绕组各元件、极（相）组和绕组与引接线等接线头焊接不良，长期运行过热脱焊。

③ 受机械力和电磁场力影响使绕组损伤或拉断。

④ 匝间或相间短路及接地造成绕组严重烧焦或熔断等。

（3）检查方法。

① 观察法。断点大多数发生在绕组端部，看有无碰折、接头处有无脱焊。

② 万用表法。利用电阻挡，对于星形接法，是将一根表笔接在星形的中性点上，另一根依次接在三相绕组的首端，无穷大的一相为断路点；对于三角形接法应在断开连接后，分别测每组绕组，无穷大的一相为断路点。

③ 试灯法。方法同前。灯不亮的一相为断路点。

④ 兆欧表法。阻值趋向无穷大（即不为零值）的一相为断路点。

⑤ 电流表法。电动机在运行时，用电流表测三相电流，若三相电流不平衡又无短路现象，

则电流较小的一相绕组有部分短、断路故障。

⑥ 电桥法。当电动机某一相电阻比其他两相电阻大时，说明该相绕组有部分断路故障。

⑦ 电流平衡法。对于星形接法，可将三相绕组并联后，通入低电压大电流的交流电，如果三相绕组中的电流相差大于10%，电流小的一端为断路；对于三角形接法，先将定子绕组的一个接点拆开，再逐相通入低压大电流，其中电流小的一相为断路。

⑧ 断路侦查器（毫伏表）检查法。检查时，如果转子断路，则毫伏表的读数应减小。

（4）处理方法。

① 断路点位于端部时，重新连接好后焊牢，包上绝缘材料，套上绝缘管，绑扎好，再烘干。

② 由于匝间、相间短路和接地等原因而造成绕组严重烧焦的一般应更换新绕组。

③ 对断路点在槽内的，属少量断路点的做应急处理，采用分组淘汰法找出断路点，在绕组断部将其连接好并在绝缘合格后方可使用。

④ 对笼型转子断路点的可采用焊接法、冷接法或换条法修复。

4．绕组接错

绕组接错会造成不完整的旋转磁场，致使起动困难、三相电流不平衡、噪声大等，严重时若不及时处理会烧坏绕组。主要有下列几种情况：某相中一只或几只线圈嵌反或头尾接错，相组接反，某相绕组接反，多路并联绕组支路接错，三角形、星形接法错误。

（1）故障现象。

电动机不能起动、空载电流过大或不平衡过大、温升太快或有剧烈振动并有很大的噪声、烧断熔断丝等现象。

（2）产生原因。

误将三角形接成星形；维修保养时三相绕组有一相首尾接反；减压起动时抽头位置选择不合适或内部接线错误；新电动机在下线时，绕组连接错误；旧电动机抽头判断不对。

（3）检查方法。

① 滚珠法。如果滚珠沿定子内圆周表面旋转滚动，说明正确，否则说明绕组接错。

② 指南针法。如果绕组没有接错，则在一相绕组中，指南针经过相邻的极（相）组时，所指的极性应相反，在三相绕组中相邻的不同相的极（相）组也相反；若极性方向不变，说明有一极（相）组接反；若指向不定，则相组内有反接的线圈。

③ 万用表电压法。按接线图，如果两次测量电压表均无指示，或一次有读数、一次没有读数，说明绕组有接反处。

④ 常见的检查方法还有干电池法、毫安表剩磁法、电动机转向法等。

（4）处理方法。

① 一个线圈或线圈组接反，则空载电流有较大的不平衡，应送厂返修。

② 引出线错误的应正确判断首尾后重新连接。

③ 减压起动接错的应对照接线图或原理图，认真校对重新接线。

④ 新电动机下线或重接新绕组后接线错误的，应送厂返修。

⑤ 定子绕组一相接反时，接反的一相电流特别大，可根据这个特点查找故障并进行维修。

⑥ 把星形接成三角形或匝数不够，则空载电流大，应及时更正。

（三）测量三相异步电动机六股引出线相同端头

方法：用干电池和万用表判别，步骤如下。

（1）先判别三相绕组各自的两个首尾端，将万用表调到电阻挡进行测量。凡是同一相的线圈就连接没有阻值，凡不是同一相的线圈就不相通，因此根据万用表可分清两个线端属于同一相绕组引出线。

（2）判别其中两侧线圈引出线的同名端，将万用表调到量程最小的直流电流挡，再将任意一相的绕组的两个线端接到表上，然后将另一相绕组的两个线端一同分别瞬时碰触干电池的正极和负极。在干电池与线圈接通的一瞬间，如果表针摆向大于零的一边（也就是顺时针摆动），则电池正极和万用表黑色表笔为同名端，逆时针摆动则为异名端。

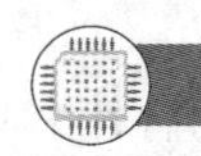

小　结

三相异步电动机主要由定子、转子和气隙 3 部分组成。在三相异步电动机的定子绕组中通过三相对称的交流电流时，在气隙中会产生一个合成的旋转磁场。这个旋转磁场的幅值是恒定的，其转速取决于电流的频率和电动机的极数，电动机的输出转速也主要由这两个因素决定。

在电力拖动控制系统中，继电器和接触器是最常用的器件。随着电力电子技术及控制技术的发展，继电器和接触器的结构、功能以及特性在当今已有相当大的改进及提高，了解与掌握这些器件的特性与功能，对掌握机电一体化技术的发展与应用有着重要的意义。

生产机械的实际工作性能往往是多种多样的，根据不同的拖动需求，选择相应的拖动控制电路环节，是机电工程人员最基本的技能。掌握电气工程图纸的阅读方法，了解各种拖动电路环节的控制原理与特点，才能准确、灵活地对相关的电路系统进行运用，在相关设备的运行检查、操作维护及检修改进等方面做到有的放矢。

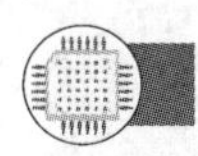

习题与思考题

（1）常用的异步电动机可分哪几类？

（2）为什么目前使用最广泛的是异步电动机？

（3）什么叫旋转磁场？它是怎样产生的？

（4）如何改变旋转磁场的转速？如何改变旋转磁场的转向？

（5）三相异步电动机的起动方法分哪两大类？说明适用的范围。

（6）什么叫三相异步电动机的降压起动？有哪几种降压起动方法？比较它们的优缺点。

（7）一台吊扇采用电容运转单相异步电动机，通电后无法启动，而用手拨动风叶后即能运转，请问是由哪些故障造成的？

（8）家用电扇的调速开关放在低速挡时，电动机的电压降低，风量减少，问风扇电动机是否会过热？为什么？（风扇的负载阻力转矩近似与电扇的转速平方成正比。）

（9）什么是低压电器？低压电器按其动力来源可分为哪两大类？试各举一例说明。

（10）断路器的主要用途是什么？常用的断路器有哪几种？各有什么特点？

（11）熔断器的作用是什么？电动机控制电路常用的熔断器有哪几种？各有什么特点？

（12）接触器的主要用途和原理是什么？交流接触器的结构可分为哪几大部分？

（13）断路器有哪些功能？

（14）热继电器可否用于电动机的短路保护，为什么？

（15）熔断器的选用原则是什么？有一台三相异步电动机的额定电流为 2.6A，空载直接起动，试选择作其短路保护用的熔断器的参数。

（16）有一台三角形连接的笼型异步电动机，其额定电流为 5.5A，试选择其控制电路中胶壳开关热继电器和熔断器的技术参数。

（17）电气控制电路的电气图有几种？阅读电气原理图时应该注意哪些问题？

（18）什么叫“互锁”？在控制电路中互锁起什么作用？

（19）试分析自耦变压器降压起动控制电路的工作原理。

（20）既然在电动机的主电路中装有熔断器，为什么还要装热继电器？它们的作用有什么不同？如只装有热继电器不装熔断器，可以吗？为什么？

（21）什么是失电压、欠电压保护？利用哪些电器电路可以实现失电压、欠电压保护？

（22）电动机正、反转直接起动控制电路中，为什么正反向接触器必须互锁？

（23）试采用按钮、断路器、接触器和中间继电器，画出异步电动机点动、连续运行的混合控制线路。

（24）设计一个按速度原则控制的电动机能耗制动控制电路。

（25）设计一个控制 3 台三相异步电动机的控制电路，要求 M1 起动 20s 后，M2 自行起动，运行 5s 后，M1 停转，同时，M3 起动，再运行 5s 后，3 台电动机全部停转。

（26）有两台电动机 M1 和 M2，要求：①M1 先起动，M1 起动 20s 后，M2 才能起动；②若 M2 起动，M1 立即停转。试画出其控制电路。

第4版

目录

实训项目一　认识电路元件及万用表 …… 1
任务　万用表的使用方法和技巧 …… 1
（一）实施要求 …… 1
（二）实施内容 …… 1
（三）实施步骤 …… 4
（四）任务分析与总结 …… 5
实训项目二　认识直流电路 …… 7
任务一　通过 Multisim 仿真实验验证定律和定理 …… 7
子任务一　验证基尔霍夫电流定律 …… 7
（一）实施要求 …… 7
（二）实施步骤 …… 7
（三）任务分析与总结 …… 10
子任务二　验证基尔霍夫电压定律 …… 11
（一）实施要求 …… 11
（二）实施步骤 …… 11
（三）任务分析与总结 …… 12
子任务三　验证戴维南定理 …… 13
（一）实施要求 …… 13
（二）实施步骤 …… 13
（三）任务分析与总结 …… 14
子任务四　验证叠加定理 …… 15
（一）实施要求 …… 15
（二）实施步骤 …… 15
（三）任务分析与总结 …… 16
任务二　通过润尼尔虚拟仿真软件验证定律和定理 …… 17
子任务一　验证基尔霍夫电流定律 …… 17
（一）实施要求 …… 17
（二）实施步骤 …… 17
（三）任务分析与总结 …… 20
子任务二　验证基尔霍夫电压定律 …… 21
（一）实施要求 …… 21
（二）实施内容 …… 21
（三）实施步骤 …… 21
（四）任务分析与总结 …… 24
子任务三　验证戴维南定理 …… 25
（一）实施要求 …… 25
（二）实施步骤 …… 25
（三）任务分析与总结 …… 26
子任务四　验证叠加定理 …… 27
（一）实施要求 …… 27
（二）实施步骤 …… 27
（三）任务分析与总结 …… 28
任务三　通过 Proteus 软件仿真实验验证定律和定理 …… 29
子任务一　验证基尔霍夫电流定律 …… 29
（一）实施要求 …… 29
（二）实验内容 …… 29
（三）实验步骤 …… 29
（四）任务分析与总结 …… 33
子任务二　验证基尔霍夫电压定律 …… 33
（一）实施要求 …… 33
（二）实施步骤 …… 33
（三）任务分析与总结 …… 34

子任务三　验证戴维南定理…………35
（一）实施要求…………………………35
（二）实施内容…………………………35
（三）实施步骤…………………………35
（四）任务分析与总结………………39
子任务四　验证叠加定理……………40
（一）实施要求…………………………40
（二）实施内容…………………………40
（三）实验步骤…………………………40
（四）任务分析与总结………………43
任务四　实际使用设备验证戴维南定理………………………………44
（一）实施要求…………………………44
（二）实施步骤…………………………44
（三）任务分析与总结………………45
实训项目三　连接单相正弦交流电路………………………………47
任务一　通过Multisim仿真实验分析正弦稳态交流电路相量………47
（一）实施要求…………………………47
（二）实施内容…………………………47
（三）实施步骤…………………………49
（四）任务分析与总结………………51
任务二　通过润尼尔虚拟仿真软件分析正弦稳态交流电路相量………52
（一）实施要求…………………………52
（二）实施内容…………………………52
（三）实验步骤…………………………53
（四）任务分析与总结………………54
任务三　提高日光灯电路功率因数……55
（一）实施要求…………………………55
（二）实施内容…………………………55
（三）实验步骤…………………………55
（四）任务分析与总结………………56
任务四　通过Proteus仿真实验分析正弦稳态交流电路………………57
（一）实施要求…………………………57
（二）实施内容…………………………57
（三）实施步骤…………………………57
（四）任务分析与总结………………60
任务五　测量单相交流电路…………61
（一）实施要求…………………………61
（二）实施内容…………………………61
（三）实施步骤…………………………62
（四）任务分析与总结………………63
实训项目四　使用电工测量仪表及安全工具…………………………65
任务一　正确使用电工工具…………65
（一）实施要求…………………………65
（二）实施步骤…………………………65
（三）任务分析与总结………………67
任务二　使用兆欧表测量绝缘电阻……68
（一）实施要求…………………………68
（二）实施步骤…………………………68
（三）任务分析与总结………………69
任务三　安装和使用电能表…………70
（一）实施要求…………………………70
（二）实施步骤…………………………70
（三）任务分析与总结………………70
任务四　测量接地电阻………………71
（一）实施要求…………………………71
（二）实施步骤…………………………71
（三）任务分析与总结………………72
实训项目五　认识变压器…………73
任务一　用万用表判别变压器的同名端……………………………………73
（一）实施要求…………………………73
（二）实施步骤…………………………73
（三）任务分析与总结………………73
任务二　测量变压器直流电阻、绝缘电阻……………………………………74
（一）实施要求…………………………74

（二）实施步骤 ………………………… 74
（三）任务分析与总结 ………………… 75
任务三　变压器的故障检修…………… 76
（一）实施要求 ………………………… 76
（二）实施步骤 ………………………… 76
（三）任务分析与总结 ………………… 76
实训项目六　连接三相交流电路 ………………… 77
任务一　通过 Proteus 软件仿真实验测量三相照明电路………………… 77
（一）实施要求 ………………………… 77
（二）实施步骤 ………………………… 77
（三）任务分析与总结 ………………… 80
任务二　实际使用设备测量三相照明电路 ……………………………… 82
（一）实施要求 ………………………… 82
（二）实施内容 ………………………… 82
（三）实施步骤 ………………………… 84
（四）任务分析与总结 ………………… 84
实训项目七　连接异步电动机及控制电路 ………………… 85
任务一　连接电气控制电路…………… 85
（一）实施要求 ………………………… 85
（二）实施步骤 ………………………… 85
（三）任务分析与总结 ………………… 90
任务二　连接三相异步电动机直接起动控制电路………………………… 91
（一）实施要求 ………………………… 91
（二）实施步骤 ………………………… 91
（三）任务分析与总结 ………………… 96

实训项目一 认识电路元件及万用表

任务　万用表的使用方法和技巧

（一）实施要求

（1）能熟练使用机械万用表。

（2）能熟练使用数字万用表。

（二）实施内容

1. 机械万用表的使用步骤

机械万用表（也称指针式万用表、指针表）如图 S1-1 所示。其具体使用步骤如下。

图 S1-1　机械万用表

（1）熟悉表盘上各符号的意义及各个旋钮和转换开关的主要作用。

（2）进行机械调零。

（3）根据被测量的种类及大小，选择转换开关的挡位及量程，找出对应的刻度线。

（4）选择表笔插孔的位置。

（5）测量电压：测量电压（或电流）时要选择好量程，如果用小量程去测量大电压，会有烧表的危险；如果用大量程去测量小电压，那么指针偏转太小，无法读数。选择量程时应尽量使指针偏转到满刻度的 2/3 左右。如果事先不清楚被测电压的大小，应先选择最高量程挡，然后逐渐减小到合适的量程。

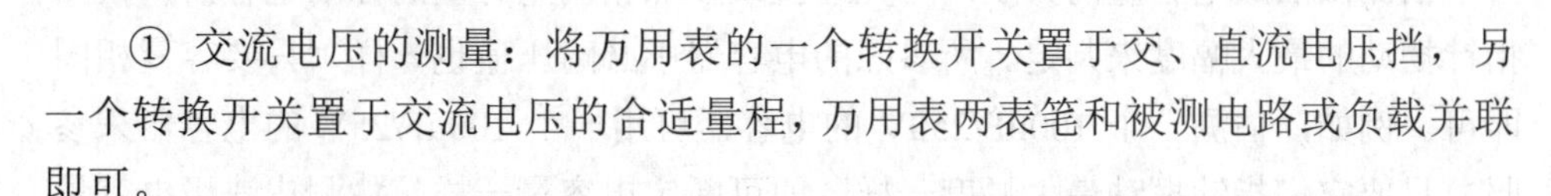

① 交流电压的测量：将万用表的一个转换开关置于交、直流电压挡，另一个转换开关置于交流电压的合适量程，万用表两表笔和被测电路或负载并联即可。

② 直流电压的测量：将万用表的一个转换开关置于交、直流电压挡，另一个转换开关置于直流电压的合适量程，且“+”表笔（红表笔）接到高电位处，“−”表笔（黑表笔）接到低电位处，即让电流从红表笔流入，从黑表笔流出。若表笔

接反，表头指针会反方偏转，容易撞弯指针。

（6）测电流：测量直流电流时，将万用表的一个转换开关置于直流电流挡，另一个转换开关置于50μA～500mA的合适量程，电流的量程选择和读数方法与电压的一样。测量时必须先断开电路，然后按照电流从“+”到“−”的方向，将万用表串联到被测电路中，即电流从红表笔流入，从黑表笔流出。如果误将万用表与负载并联，则因表头的内阻很小，会造成短路烧毁仪表。其读数方法如下：

$$实际值 = 指示值 \times 量程 / 满偏量程$$

（7）测电阻：用万用表测量电阻时，应按下列方法操作。

① 选择合适的倍率挡。万用表欧姆挡的刻度线是不均匀的，所以选择倍率挡时应使指针停留在刻度线较稀的部分，且指针越接近刻度尺的中间，读数越准确。一般情况下，应使指针指在刻度尺的1/3～2/3。

② 欧姆调零。测量电阻之前，应将2个表笔短接，同时调节“欧姆（电气）调零旋钮”，使指针刚好指在欧姆刻度尺右边的零位。如果指针不能调到零位，说明电池电压不足或仪表内部有问题。每换一次倍率挡，都要再次进行欧姆调零，以保证测量准确。

③ 读数：表头的读数乘以倍率，就是所测电阻的电阻值。

（8）注意事项。

① 在测电流、电压时，不能带电换量程。

② 选择量程时，要先选大的量程，后选小的量程，尽量使被测值接近于量程。

③ 测电阻时，不能带电测量。因为测量电阻时，万用表由内部电池供电，带电测量则相当于接入一个额外的电源，可能损坏表头。

④ 万用表使用完毕，应将转换开关拨到交流电压最大挡位或空挡上。

（9）万用表的使用技巧。

① 测扬声器、耳机、动圈式话筒时：用$R\times1\Omega$挡，任一表笔接一端，另一表笔点触另一端，正常时会发出清脆响亮的“哒”声。如果不响，则表示线圈断了；如果响声小而尖，则说明有擦圈问题，也不能使用。

② 测电容时：用电阻挡测量，可根据电容量选择适当的量程，并注意在测量电解电容器时，黑表笔要接电容正极。

估测微法级电容量的大小：可凭经验或参照相同电容量的标准电容器，根据指针摆动的最大幅度来判定。所参照的电容器不必耐压值也一样，只要容量相同即可。例如，估测一个100μF/250V的电容器可用一个100μF/25V的电容器来参照，只要它们指针摆动最大幅度一样，即可断定电容量一样。估测皮法级电容量大小：要用$R\times10k\Omega$挡，但只能测到1 000pF以上的电容。对1 000pF或稍大一点的电容，只要表针稍有摆动，即可认为容量够了。

测电容是否漏电：对1 000μF以上的电容，可先用$R\times10\Omega$挡将其快速充电，并初步估测电容量，然后改到 $R\times 1\text{k}\Omega$ 挡继续测，这时指针不应回返，而应停在或十分接近∞处，否则就说明有漏电现象。对一些几十微法以下的定时电容器或振荡电容器（比如彩电开关电源的振荡电容器），其漏电特性要求非常高，只要稍有漏电就不能用，这时可在 $R\times 1\text{k}\Omega$ 挡充完电后再改用 $R\times 10\text{k}\Omega$ 挡继续测量，同样表针应停在∞处而不应回返。

③ 测电阻时：重要的是要选好量程，当指针指在 1/3～2/3 满量程时，测量精度最高，读数最准确。要注意的是，在用 $R\times 10\text{k}\Omega$ 挡测兆欧级的大阻值电阻器时，不可将手指捏在电阻器两端，因为这样人体电阻会使测量结果偏小。

万用表的使用

2. 数字万用表的使用步骤

现在，数字式测量仪表已成为主流，有取代模拟式仪表的趋势。与模拟式仪表相比，数字式仪表灵敏度高、准确度高、显示清晰、过载能力强、便于携带、使用更简单。下面以 VC9802 型数字万用表（见图 S1-2）为例，简单介绍其使用方法和注意事项。

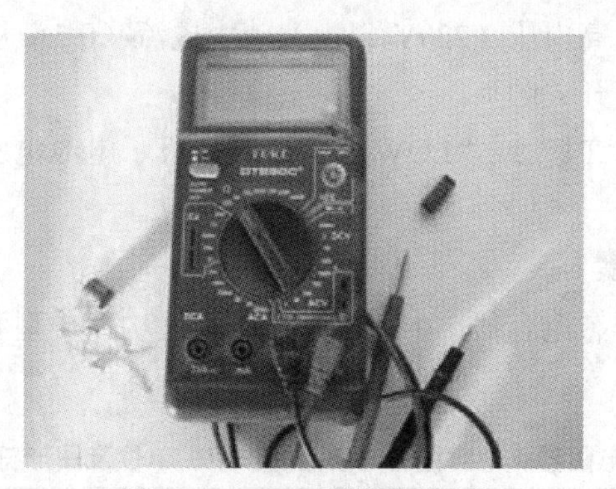

图 S1-2　VC9802 型数字万用表

使用方法如下。

（1）使用前，应认真阅读有关的使用说明书，熟悉电源开关、量程开关、插孔、特殊插口的作用。

（2）将电源开关置于 ON 位置。

（3）交、直流电压的测量。根据需要将量程开关拨至 DCV（直流）或 ACV（交流）的合适量程位置，红表笔插入 V/Ω孔，黑表笔插入 COM 孔，并将表笔与被测线路并联，显示读数。

（4）交、直流电流的测量。将量程开关拨至 DCA（直流）或 ACA（交流）的合适量程位置，红表笔插入 mA 孔（$<$200mA 时）或 10A 孔（$>$200mA 时），黑表笔插入 COM 孔，并将万用表串联在被测电路中即可。测量直流量时，数字万用表能自动显示极性。

（5）电阻的测量。将量程开关拨至Ω的合适量程位置，红表笔插入 V/Ω孔，黑表笔插入 COM 孔。如果被测电阻值超出所选择量程的最大值，万用表将显示“1”，这时应选择更大的量程。测量电阻时，红表笔为正极，黑表笔为负极，这与指针式万用表正好相反。因此，测量晶体管、电解电容器等有极性的元器件时，必须注意表笔的极性。

使用注意事项如下。

（1）如果无法预先估计被测电压或电流的大小，则应先拨至最大量程挡测量一次，再视情况逐渐把量程减小到合适位置。测量完毕，应将量程开关拨到最高电压挡，并关闭电源。

（2）满量程时，仪表仅在最高位显示数字“1”，其他位均空白，这时应选择更大的量程。

（3）测量电压时，应将数字万用表与被测电路并联；测电流时应将其与被测电路串联，测直流量时不必考虑正、负极性。

（4）当误用交流电压挡测量直流电压，或者误用直流电压挡测量交流电压时，显示屏将显示“000”，或低位上的数字出现跳动。

（5）禁止在测量高电压（220V 以上）或大电流（0.5A 以上）时换量程，以防止产生电弧，烧毁开关触点。

（6）当显示“BATT”或“LOW BAT”时，表示电池电压低于工作电压，应及时更换电池。

（三）实施步骤

（1）熟悉电阻器、电容器、电感器的作用、结构、类型和使用常识，并完成表 S1-1 的填写。

表 S1-1　电阻器、电容器、电感器的作用、单位及图形符号

元器件名称	主要作用	单位	图形符号
电阻器			
电感器			
电容器			

（2）通过电阻器的色环确定电阻器的标称值和允许误差完成表 S1-2 的填写。通过电阻器串联、并联测量确定阻值，完成表 S1-3 的填写。

表 S1-2 电阻器不同色环对应的阻值

色环	标称阻值 ± 允许误差/Ω	阻值范围/Ω
棕、黑、棕、银		
蓝、灰、红、银		
黄、紫、橙、金		
橙、蓝、绿、金、红		
灰、红、绿、红、棕		

表 S1-3 电阻器串联、并联对应的阻值

类型	理论值	实际测量值
两电阻器串联测量		
两电阻器并联测量		

（3）读取电解电容器、瓷片电容器的标称值和耐压值，完成表 S1-4。

表 S1-4 不同类型电容器的标称值、耐压值及测量值

电容器	标称值	耐压值	实际测量值
电解电容器 1			
瓷片电容器 2			
电解电容器串联			
电解电容器并联			

（4）画出二极管电路符号；画出二极管的伏安特性曲线，并在曲线图上标识出各工作区。

（四）任务分析与总结

（1）选择电阻器时，通常会考虑哪些参数？选择电容器时，主要考虑哪些参数？总结电阻器与电容器串联、并联计算方法有什么不同。

（2）素质拓展题：观看纪录片《超级电容》，简述我国超级电容的发展现状及其在新能源汽车的应用情况。

实训项目二 认识直流电路

任务一 通过 Multisim 仿真实验验证定律和定理

子任务一 验证基尔霍夫电流定律

(一)实施要求

(1)掌握 Multisim 的基本功能和操作。

(2)掌握使用仿真基本元件组建简单电路的方法，验证基尔霍夫电流定律。

(二)实施步骤

(1)打开软件 Multisim，如图 S2-1 所示。

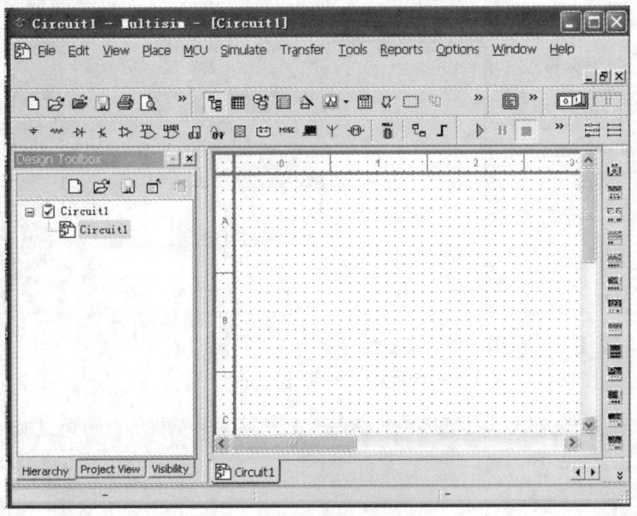

图 S2-1　Multisim 面板

(2)选择合适的元器件。

① 单击元件栏中的按钮，选择“DC-POWER”，如图 S2-2 所示，然后单击“OK”按钮，即选择了所需的直流电源元件。

② 再在图 S2-2 的基础上选择“GROUND”，如图 S2-3 所示，然后单击“OK”按钮，即选择了所需的接地元件。

③ 单击“Close”按钮，关闭图 S2-3 所示的界面，接着单击元件栏中的按钮，在“Family”中选择“RESISTOR”，再在“Component”中选择所需的电阻值，单击“OK”按钮即可选择相关阻值的电阻，如图 S2-4 所示。重复该步骤，

可以选择多个不同阻值的电阻。

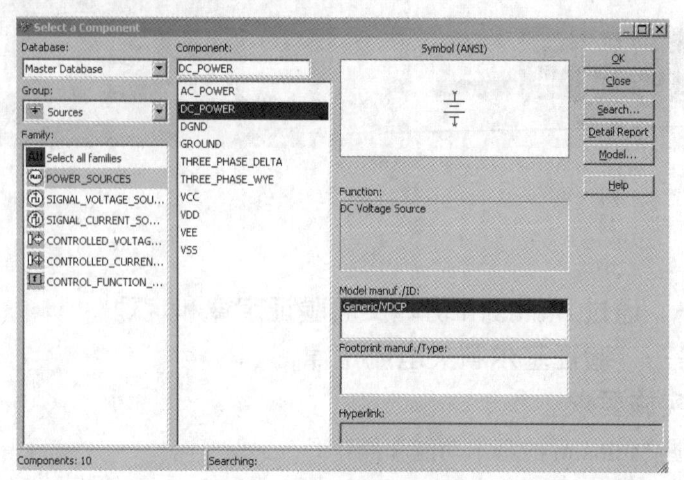

图 S2-2　选择直流电源元件

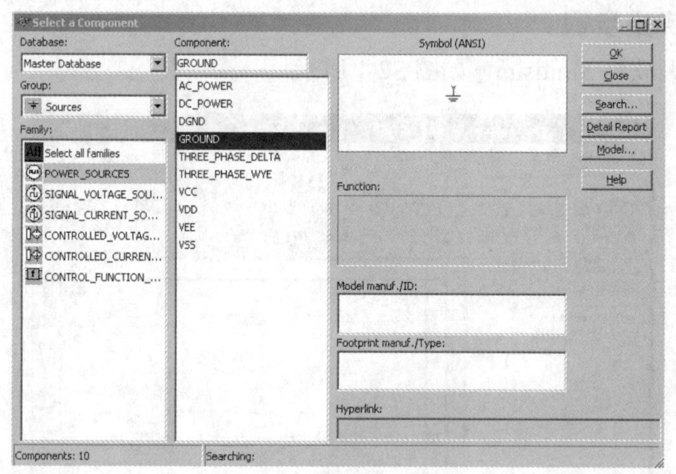

图 S2-3　选择接地元件

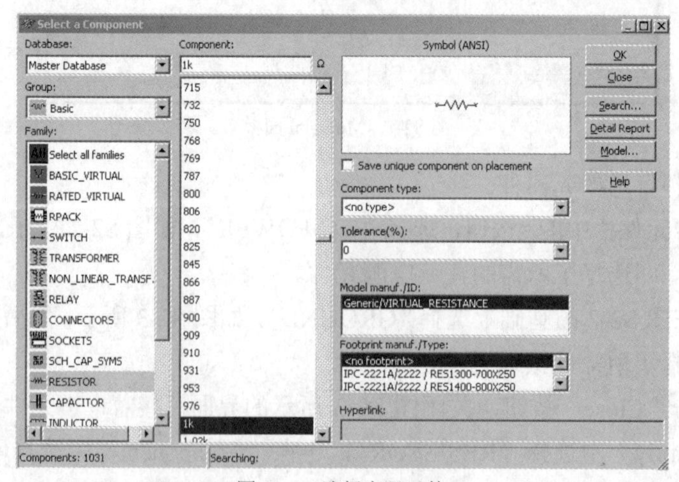

图 S2-4　选择电阻元件

④ 在面板的右侧单击按钮，将鼠标指针移回编辑窗，可看到有个仪表框图跟随鼠标指针移动，在合适的地方单击，即可选择万用表，如图 S2-5 所示。重复该步骤，即可选用多个万用表。

（3）按图 S2-6 所示的方式进行连接，构建简单的电路。

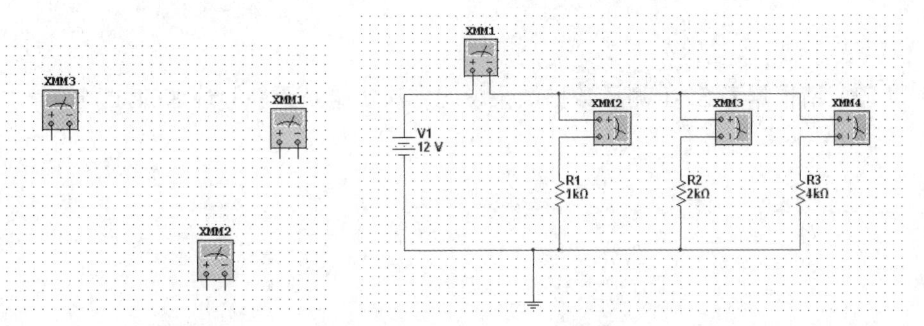

图 S2-5　选择万用表　　　　图 S2-6　电路图

（4）选择，单击按钮，即可对电路进行仿真，打开万用表配套的指导图，通过仿真结果来验证基尔霍夫电流定律（KCL），如图 S2-7 所示。

$$I = I_1 + I_2 + I_3$$

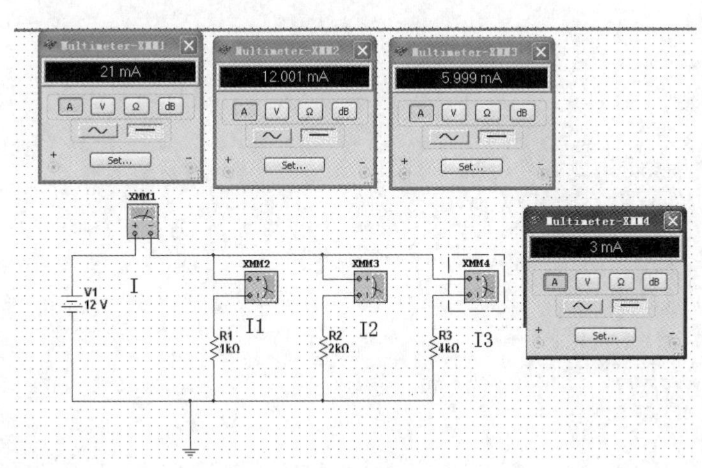

图 S2-7　仿真图

将测试的实验数据填入表 S2-1 中。

表 S2-1　　KCL 测试实验数据

电流	I	I_1	I_2	I_3	$I_1+I_2+I_3$
测量值/A					
理论值/A					
误差/A					

（三）任务分析与总结

（1）请复述基尔霍夫电流定律的内容，并且说明它的应用情况。

（2）请根据表 S2-1 测量数据结果说明本次实验是否能验证 KCL。

子任务二 验证基尔霍夫电压定律

（一）实施要求

（1）掌握 Multisim 的基本功能和操作。

（2）掌握使用仿真基本元件组建简单电路的方法，验证基尔霍夫电压定律。

（二）实施步骤

（1）打开软件 Multisim。

（2）选择合适的元器件，构建简单的电路，电路图如图 S2-8 所示。

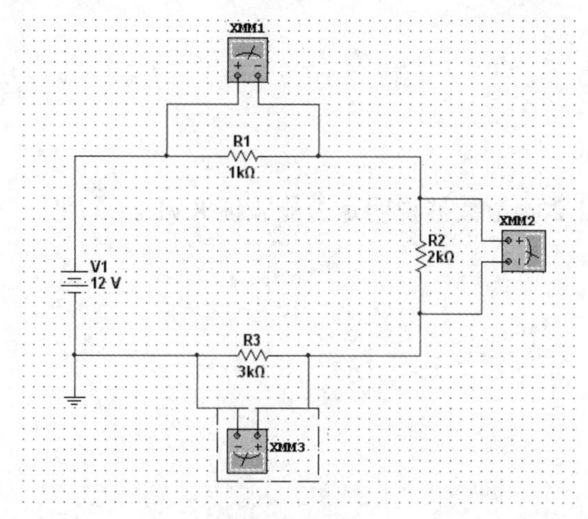

图 S2-8 电路图

（3）对电路进行仿真，通过仿真结果来验证基尔霍夫电压定律（KVL），如图 S2-9 所示。

$$U = U_1 + U_2 + U_3$$

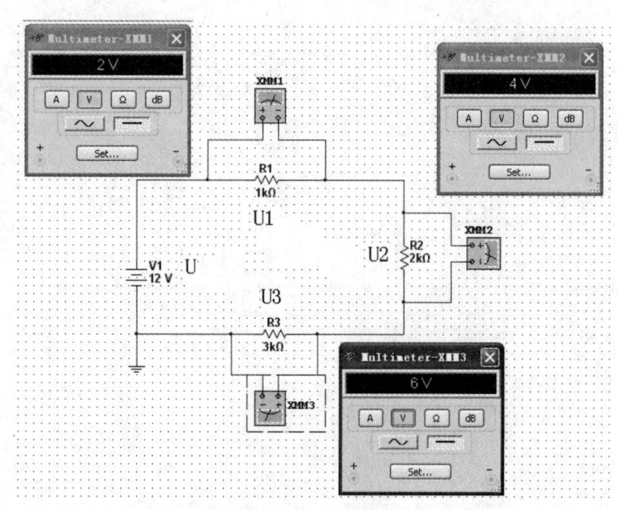

图 S2-9 仿真图

将测试的实验数据填入表 S2-2 中。

表 S2-2　　KVL 测试实验数据

电压	U_1	U_2	U_3	$U_1+U_2+U_3$
测量值/V				
理论值/V				
误差/V				

（三）任务分析与总结

（1）请复述基尔霍夫电压定律的内容，并说明应用该定律解题的步骤。

（2）根据表 S2-2 测量数据说明是否能验证 KVL。

子任务三　验证戴维南定理

(一) 实施要求

（1）掌握 Multisim 的基本功能和操作。

（2）掌握使用仿真基本元件组建简单电路的方法，验证戴维南定理。

(二) 实施步骤

（1）打开软件 Multisim。

（2）选择合适的元器件，构建电路。

① 测量流过15kΩ电阻的电流，如图S2-10所示。

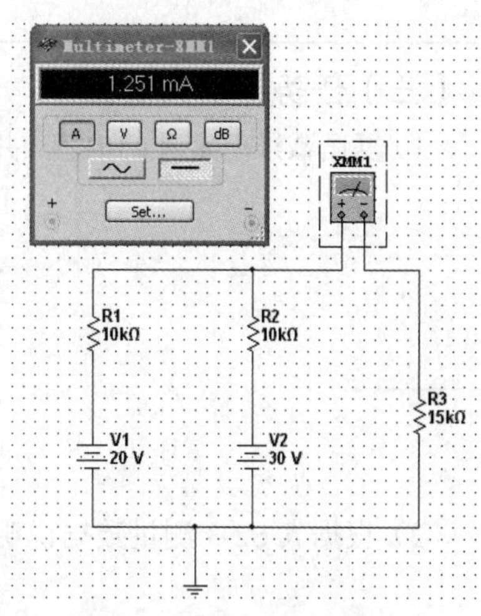

图 S2-10　测量 15kΩ电阻的电流

② 断开 15kΩ电阻支路，测量其开路电压，如图 S2-11 所示。

③ 测量等效电阻，如图 S2-12 所示。

④ 搭建戴维南等效电路，测量流过15kΩ电阻的电流如图 S2-13 所示，并与步骤①所测的电流进行对比。

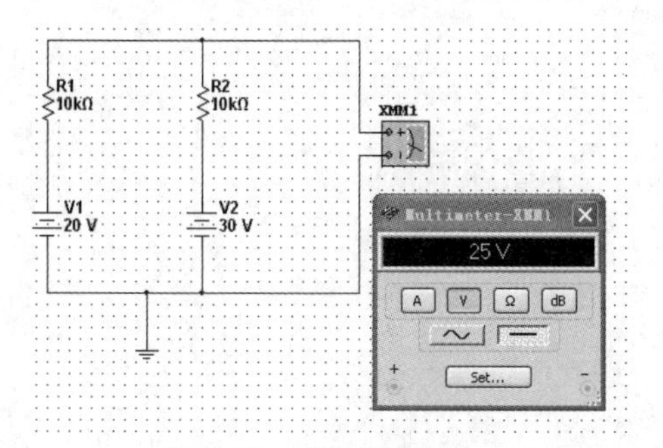

图 S2-11　测量开路电压

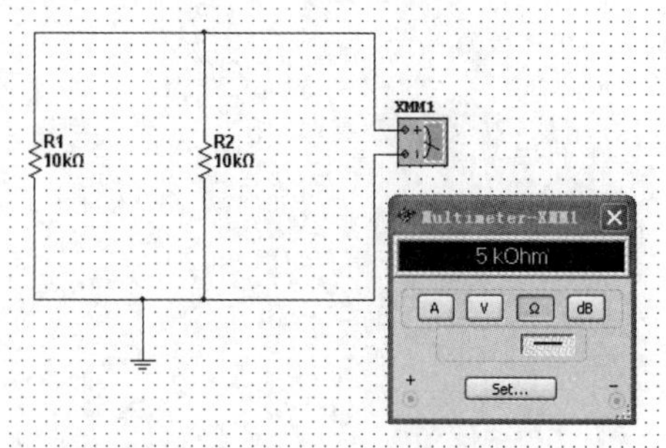

图 S2-12　测量等效电阻

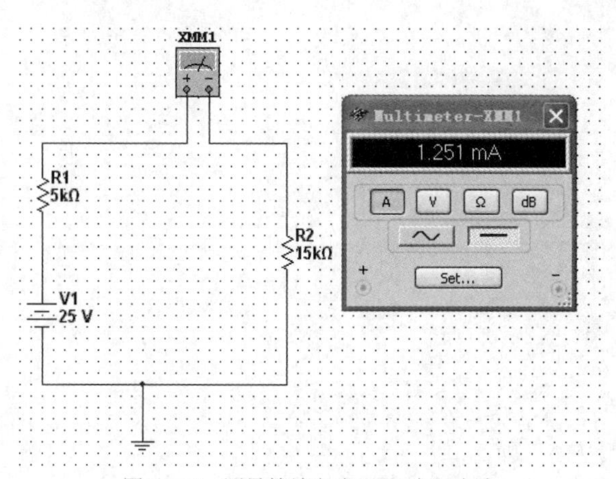

图 S2-13　测量等效电路 15kΩ电阻电流

将测试的实验数据填入表 S2-3 中。

表 S2-3　　戴维南等效电路测试实验数据

15kΩ电阻的电流 i_1/A	开路电压/V	等效电阻/Ω	等效电路 15kΩ电阻电流 i_2/A

（三）任务分析与总结

（1）复述戴维南定理的内容，并回答使用该定理求解问题时的局限性是什么。

（2）根据表 S2-3 测量数据说明是否能验证戴维南定理。

子任务四　验证叠加定理

（一）实施要求

（1）掌握 Multisim 的基本功能和操作。

（2）掌握使用仿真基本元件组建简单电路的方法，验证叠加定理。

（二）实施步骤

（1）打开软件 Multisim。

（2）选择合适的元器件，构建电路。

① 测量流过 R_1 电阻的电流，并测量 R_3 电阻两端的电压，如图 S2-14 所示。

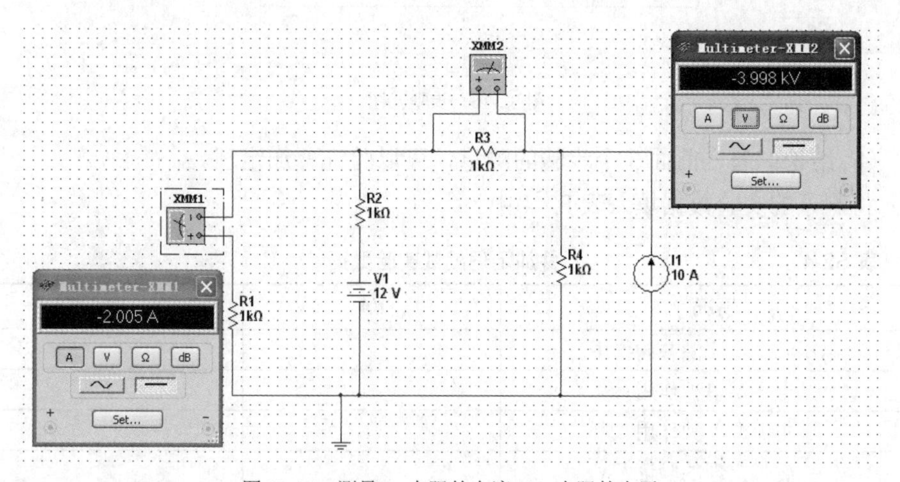

图 S2-14　测量 R_1 电阻的电流、R_3 电阻的电压

② 测量电压源单独作用时流过 R_1 电阻的部分电流，并测量 R_3 电阻两端的部分电压，如图 S2-15 所示。

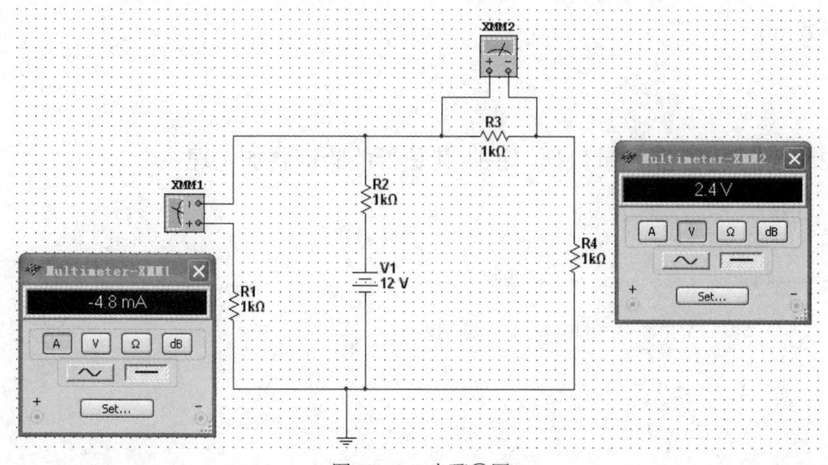

图 S2-15　步骤②图

③ 测量电流源单独作用时，流过 R_1 电阻的部分电流，并测量 R_3 电阻两端的部分电压，如图 S2-16 所示。

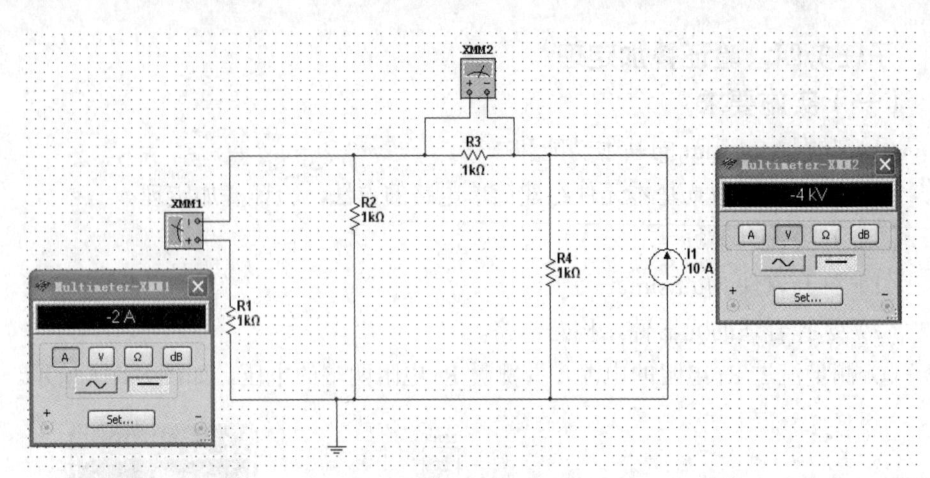

图 S2-16　步骤③图

④ 结论：通过前面3个步骤的测量，可以验证叠加定理。

将测试的实验数据填入表 S2-4 中。

表 S2-4　　叠加定理测试实验数据

情况	*i*/A	*u*/V
电压源、电流源共同作用		
电压源单独作用		
电流源单独作用		
叠加定理的验证 $\sum x_{单独}=X_{共同}$		

（三）任务分析与总结

（1）请复述叠加定理的内容，并回答该定理使用的局限性是什么，是否适用于功率叠加。

（2）根据表 S2-4 测量数据，说明其是否能验证叠加定理。

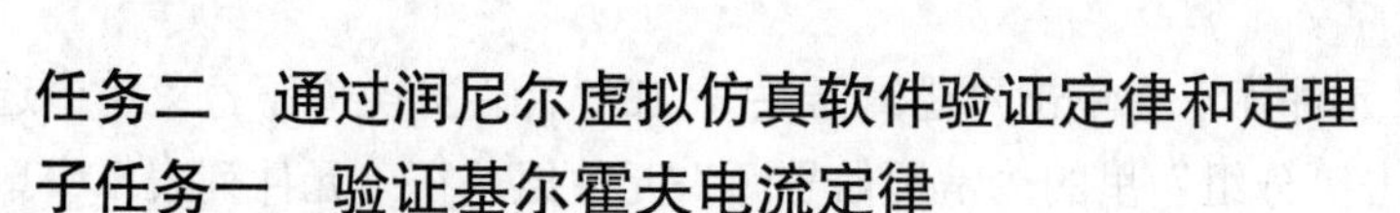

任务二　通过润尼尔虚拟仿真软件验证定律和定理

子任务一　验证基尔霍夫电流定律

（一）实施要求

（1）掌握润尼尔虚拟仿真软件的基本功能和操作。

（2）掌握使用仿真基本元件组建简单电路的方法，验证基尔霍夫电流定律。

（二）实施步骤

（1）打开润尼尔虚拟仿真软件，如图 S2-17 所示。

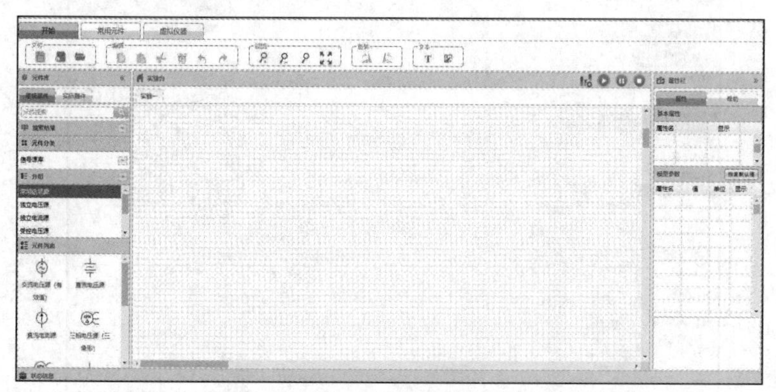

图 S2-17　软件面板

（2）选择合适的元器件。

① 在左侧“元件库”中单击“逻辑器件”，在“元件分类”下拉菜单中选择“信号源库”，单击“分组”里的“常用信号源”元件组，在“元件列表”中单击“直流电压源”，如图 S2-18 所示。在试验台中再次单击，即选择了所需的直流电压源器件，单击鼠标右键可以取消选择元件。单击选中直流电压源，在右侧“属性栏”中可以更改电压值和名称。

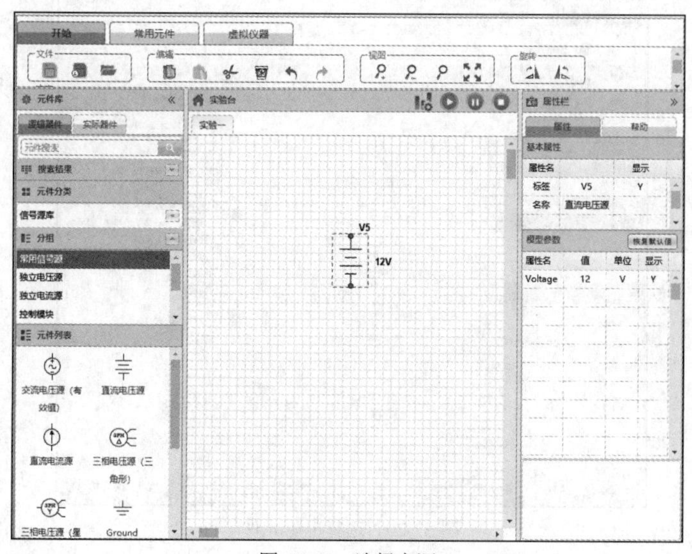

图 S2-18　选择电源

② 在左侧“元件库”中单击“逻辑器件”，在“元件分类”下拉菜单中选择“信号源库”，单击“分组”里的“常用信号源”元件组，在“元件列表”中单击“Ground”并放置到试验台，如图 S2-19 所示。在试验台中再次单击，即选择了所需的接地元件，单击鼠标右键可以取消选择元件。

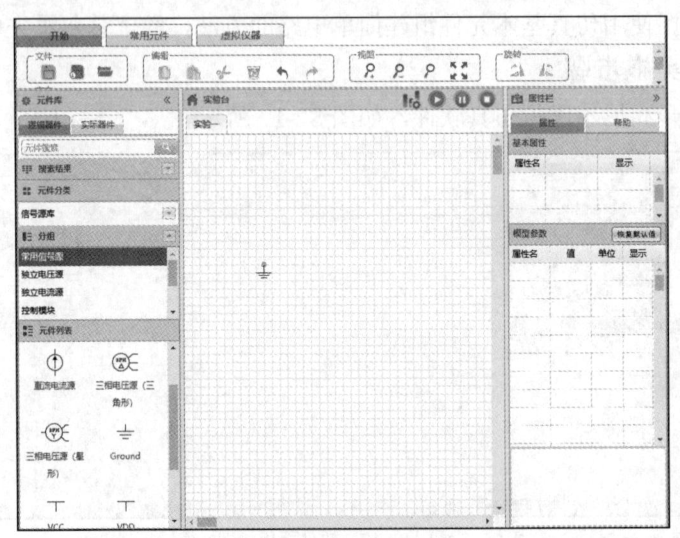

图 S2-19　选择接地元件

③ 在左侧“元件库”中单击“实际器件”，在“元件分类”下拉菜单中选择“基本元件库”，单击“分组”里的“电阻”元件组，在“元件列表”中单击“普通电阻”并放置到试验台，如图 S2-20 所示。在试验台中再次单击，即选择所需的普通电阻元件，单击鼠标右键可以取消选择元件。单击选中电阻，在右侧“属性栏”中可以更改电阻值等电阻属性。

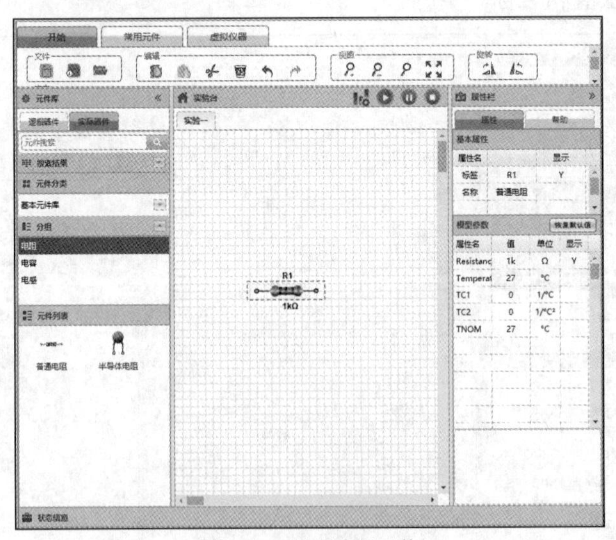

图 S2-20　选择电阻元件

④ 再在软件上方的菜单栏中，单击“虚拟仪器”，罗列常用的示波器、电流表、电压表、万用表、电压探针等虚拟仪器，单击其中的“直流电流表”，直流电流表左正右负，且右下角“-”代表直流，“～”代表交流。如图 S2-21 所示，在试验台中再次单击，即选择所需的直流电流表元件，多次单击，即可选用多个直流电流表，单击鼠标右键可以取消选择元件。

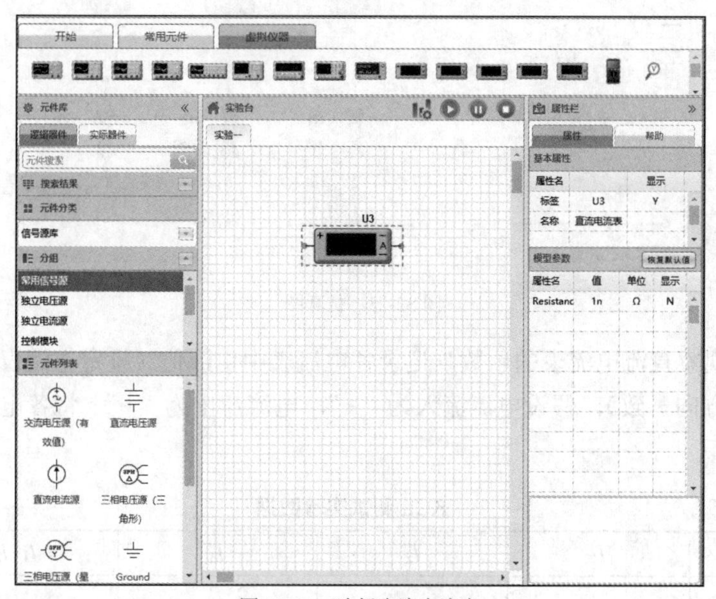

图 S2-21 选择直流电流表

（3）按图 S2-22 所示的电路进行连接，构建简单的电路。

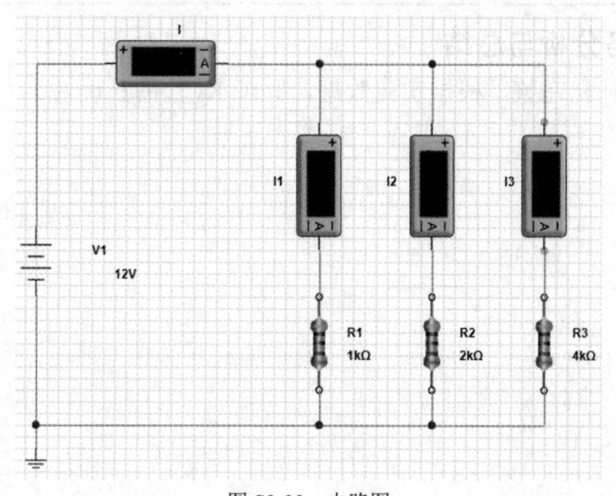

图 S2-22 电路图

（4）单击“运行”按钮，即可对电路进行仿真。通过仿真结果来验证基尔霍夫电流定律，如图 S2-23 所示。

$$I = I_1 + I_2 + I_3$$

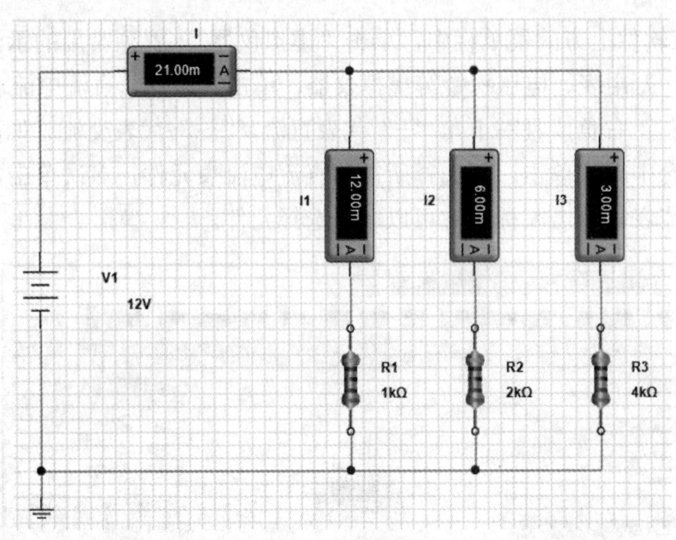

图 S2-23　仿真图

（5）观察直流电流表的示数，记录各电流表中电流值（设定电流表极性与电流的参考方向一致），假设电流流入为“+”，电流流出为“−”，将各电流值填入表 S2-5 中。

表 S2-5　　KCL 测试实验数据

电流	I_1	I_2	I_3	$I_1-I_2-I_3$
测量值/A				
理论值/A				
误差/A				

（三）任务分析与总结

将表 S2-5 补充完整，根据实验数据，验证 KCL 的正确性。

子任务二　验证基尔霍夫电压定律

（一）实施要求

（1）掌握润尼尔虚拟仿真软件的基本功能和操作。

（2）掌握使用仿真基本元件组建简单电路的方法，验证基尔霍夫电压定律。

（二）实施内容

基尔霍夫电压定律（KVL）描述电路中各电压的约束关系，又称为回路电压定律。基尔霍夫电压定律指出："在任何时刻，沿电路中的任一回路，所有支路电压的代数和恒等于零。"所以沿任一回路有

$$\Sigma u=0$$

上式在取代数和时，需要任意指定一个回路的绕行方向。凡支路电压的参考方向与回路绕行方向一致，该电压前面取"+"，支路电压参考方向与回路绕行方向相反，前面取"−"。以图 S2-24 为例，对于该闭合回路，电阻两端的电压参考极性如箭头所示，假设顺时针为"+"，应用 KVL 有

$$U_1+U_2+U_3-U_4-U_5=0$$

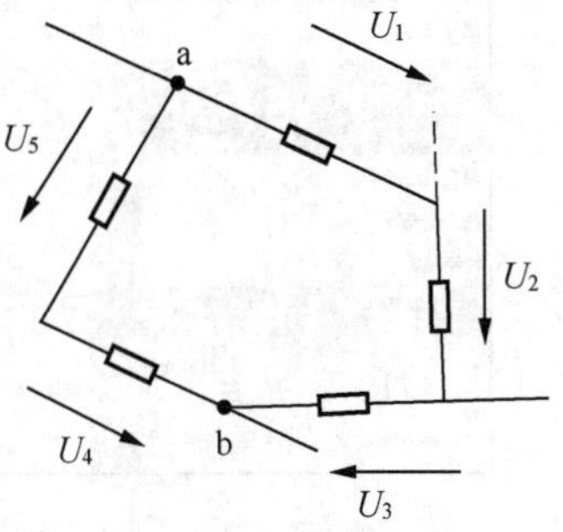

图 S2-24　闭合回路

（三）实施步骤

（1）打开软件平台，单击"开始"。

（2）选择合适的元器件。

① 按照逻辑器件→信号源库→常用信号源→直流电压源的顺序，在元件列表中单击"直流电压源"，如图 S2-25 所示。在右侧属性栏中可以修改电压值。

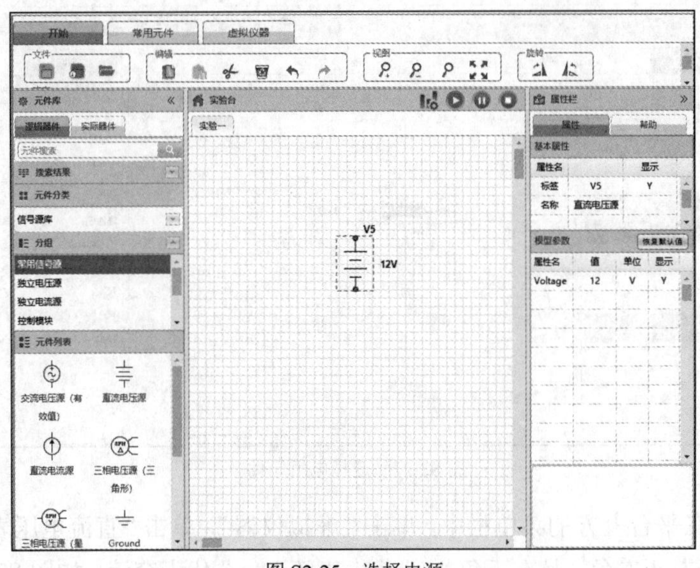

图 S2-25　选择电源

② 按照逻辑器件→信号源库→常用信号源→Ground 的顺序，在元件列表中单击“Ground”，如图 S2-26 所示。在试验台中再次单击，即选择了所需的接地元件，单击鼠标右键可以取消选择元件。

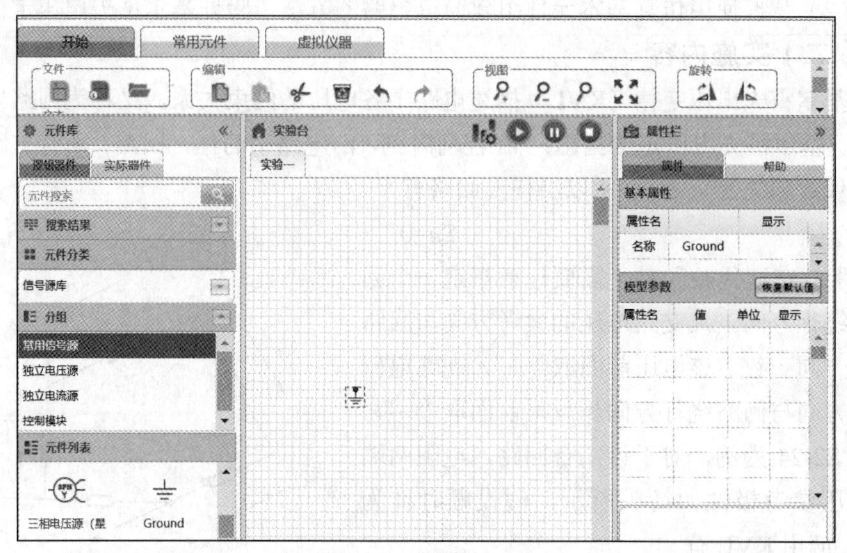

图 S2-26　选择接地元件

③ 按照实际器件→基本元件库→电阻的顺序，在元件列表中单击“普通电阻”放置试验台，如图 S2-27 所示。在右侧属性栏中可以更改电阻值等电阻属性。

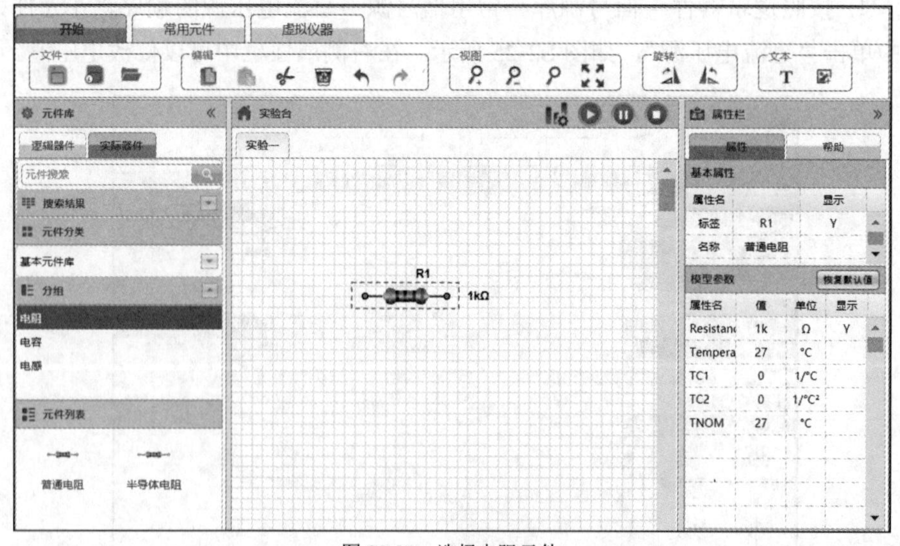

图 S2-27　选择电阻元件

④ 再在平台上方的菜单栏中，单击“虚拟仪器”，单击“直流电压表”，直流电压表左正右负，且右下角“-”代表直流，“~”代表交流。如图 S2-28 所示，

在试验台中放置直流电压表。

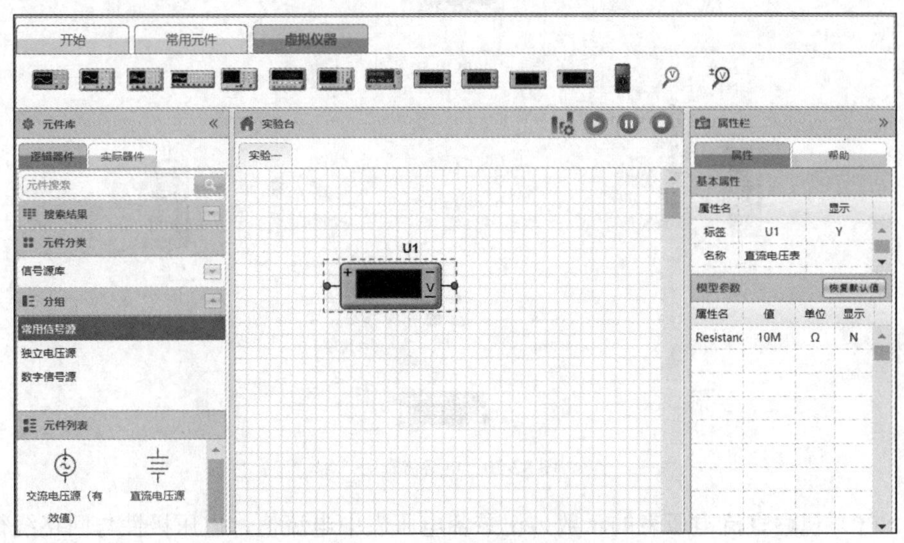

图 S2-28　选择直流电压表

（3）按图 S2-29 所示的电路进行连接，构建简单的电路。

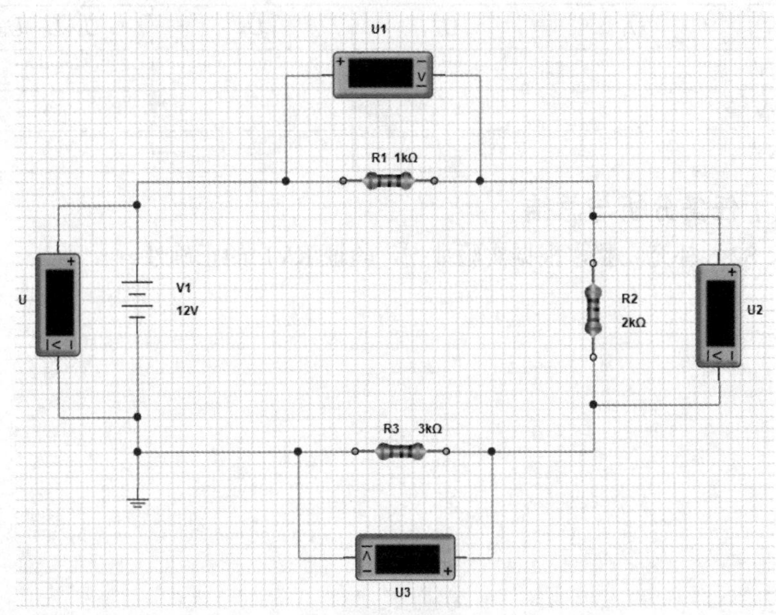

图 S2-29　电路图

（4）单击“运行”按钮，对电路进行仿真，观察直流电流表的示数。通过仿真结果来验证基尔霍夫电压定律，如图 S2-30 所示。

$$U = U_1 + U_2 + U_3$$

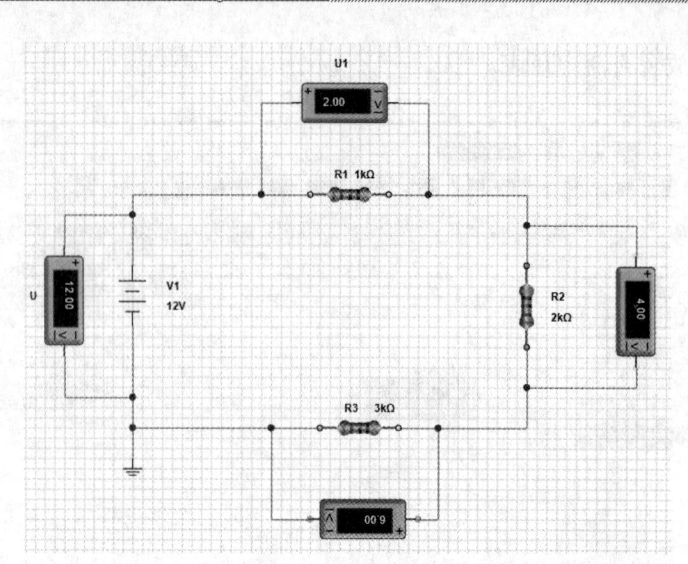

图 S2-30 电路仿真图

（5）观察直流电压表的示数，记录各电压表中电流值，电压极性与回路绕行方向一致，将各电压值填入表 S2-6 中。

表 S2-6 KVL 测试实验数据

电压	U_1	U_2	U_3	$U_1+U_2+U_3-U$
测量值/V				
理论值/V				
误差/V				

（四）任务分析与总结

将表 S2-6 补充完整，根据实验数据，验证 KVL 的正确性。

子任务三　验证戴维南定理

（一）实施要求

（1）掌握润尼尔虚拟仿真软件的基本功能和操作。

（2）掌握测量有源二端网络等效参数的一般方法。

（3）验证戴维南定理的正确性，加深对该定理的理解。

（二）实施步骤

（1）打开软件电工电子实验平台，单击“虚拟仪器”，如图 S2-31 所示。

（2）选择合适的元器件，构建电路。

① 按照逻辑器件→信号源库→常用信号源的顺序，在元件列表中单击“直流电压源”“Ground”，修改两个直流电压源输出电压值为 U_1=20V、U_2=30V；按照实际器件→基本元件库→电阻的顺序，在元件列表中单击“普通电阻”并放置到试验台。选中元件，在右侧属性栏中修改电阻标签“R1”“R2”“R3”，并分别将电阻值设置为 10kΩ、10kΩ、15kΩ；在“虚拟仪器”中选择直流电流表，如图 S2-32 所示。测量流过 15kΩ电阻的电流，并将测量数据记录到表 S2-7 中。

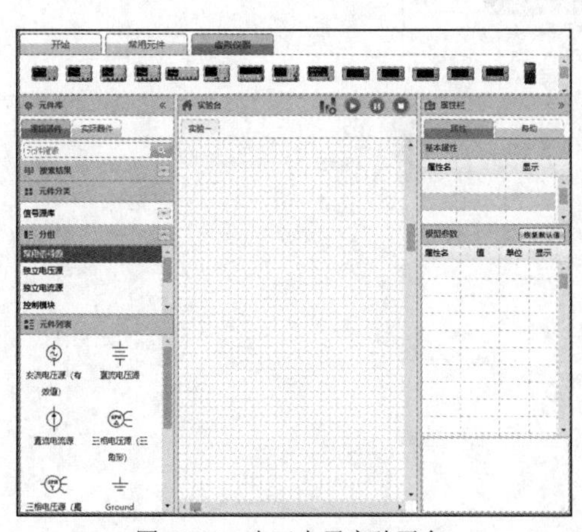
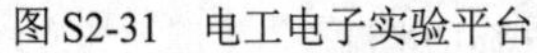
图 S2-31　电工电子实验平台

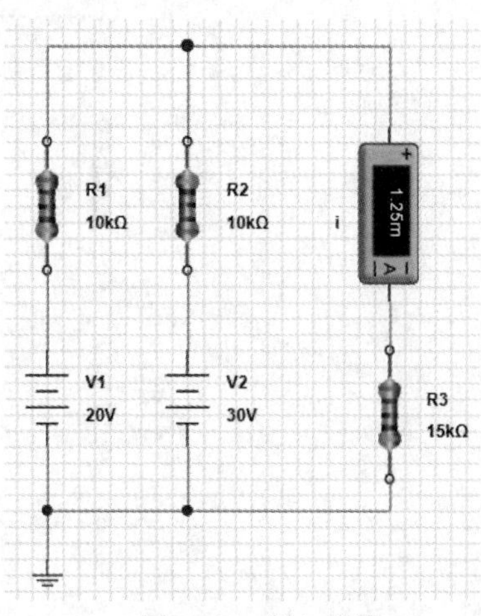

图 S2-32　测 R_3 电流

② 断开 15kΩ电阻支路，在“虚拟仪器”中选择直流电压表，测量其开路电压，如图 S2-33 所示。将测量数据记录到表 S2-7 中。

③ 在“虚拟仪器”中选择“胜利万用表”，双击万用表可打开仪器操作面板，在右侧属性栏中查看帮助可熟知万用表操作方法。将负极连线接入“COM”端口，正极连线接入 V/Ω/Hz 端口；将功能旋钮旋转至电阻量程上，测量等效电阻，如图 S2-34 所示，并将测量数据记录到表 S2-7 中。

④ 从实际器件中选择两个普通电阻，按照如图 S2-35 所示的电路搭建戴维南等效电路。测量流过 15kΩ电阻的电流，将测量数据记录到表 S2-7 中，并与步骤①所测的电流进行对比。

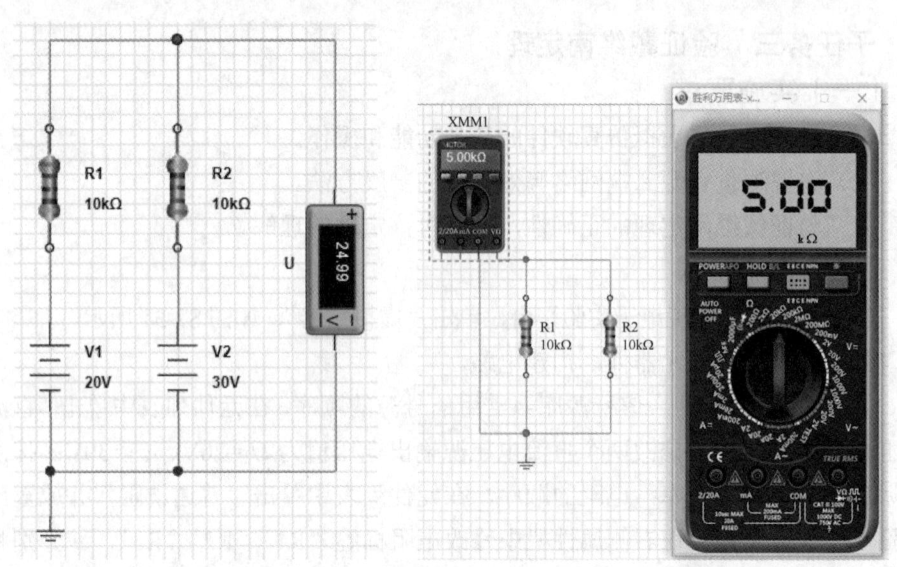

图 S2-33　测量开路电压　　　　图 S2-34　测量等效电阻

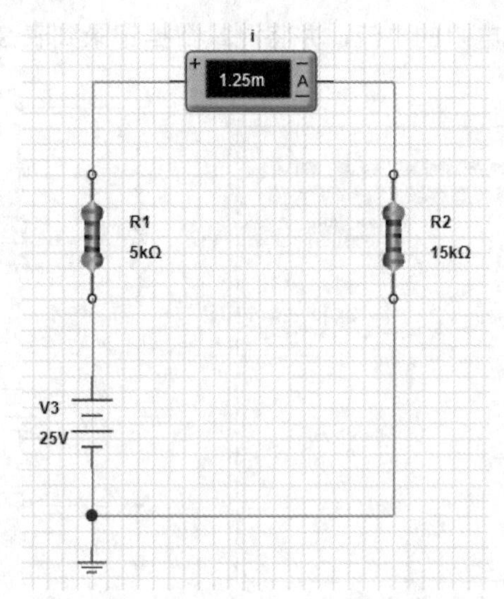

图 S2-35　测量等效电路 15kΩ电阻的电流

表 S2-7　　戴维南等效电路测试实验数据

15kΩ 电阻电流 i_1/A	开路电压/V	等效电阻/Ω	等效电路 15kΩ 电阻电流 i_2/A	i_1-i_2/A

（三）任务分析与总结

将表 S2-7 补充完整，根据实验数据，验证戴维南等效电路的正确性。

子任务四　验证叠加定理

（一）实施要求

（1）掌握润尼尔虚拟仿真软件基本功能和操作。

（2）掌握使用仿真基本元件组建简单线路，验证叠加定理。

（二）实施步骤

（1）打开润尼尔虚拟仿真软件电工电子实验平台。

（2）选择合适的元器件，构建电路。

① 从“实际器件”库中选择4个普通电阻，并设置阻值为R_1=1kΩ、R_2=1kΩ、R_3=1kΩ、R_4=1kΩ；在“逻辑器件”库信号源分组中选择直流电压源，修改其标签为“Us”，并设置其电压值为12V；选择直流电流源，修改标签为“Is”，并设置其输出电流为10A；按照图S2-36所示的连接电路，测量流过R_1的电流i，和测量R_3两端的电压u，并将测量值记录到表S2-8中。

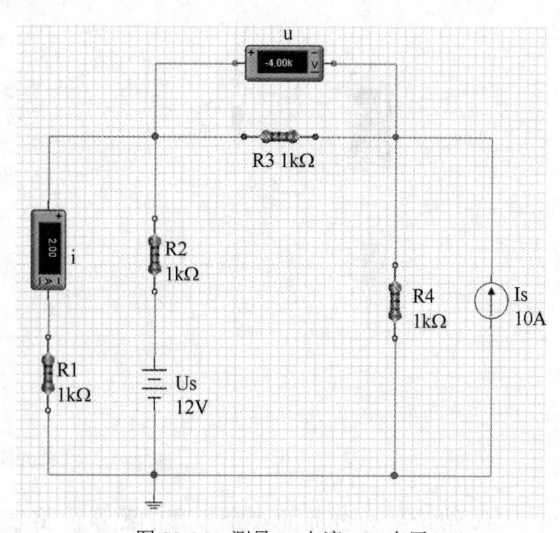

图S2-36　测量R_1电流、R_3电压

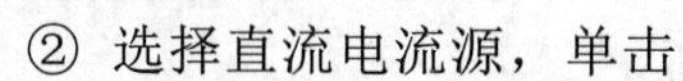

② 选择直流电流源，单击“删除”选项，测量电压源单独作用时，流过R_1的部分电流i和R_3两端的部分电压u，如图S2-37所示，并将测量值记录到表S2-8中。

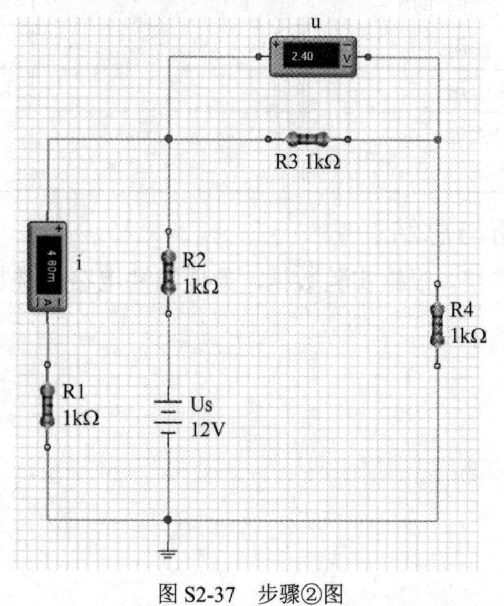

图S2-37　步骤②图

③ 按照同样的操作删除直流电压源，接入直流电流源，测量电流源单独作用时，流过 R_1 的部分电流 i 和 R_3 两端的部分电压 u，如图 S2-38 所示，并将测量值记录到表 S2-8 中。

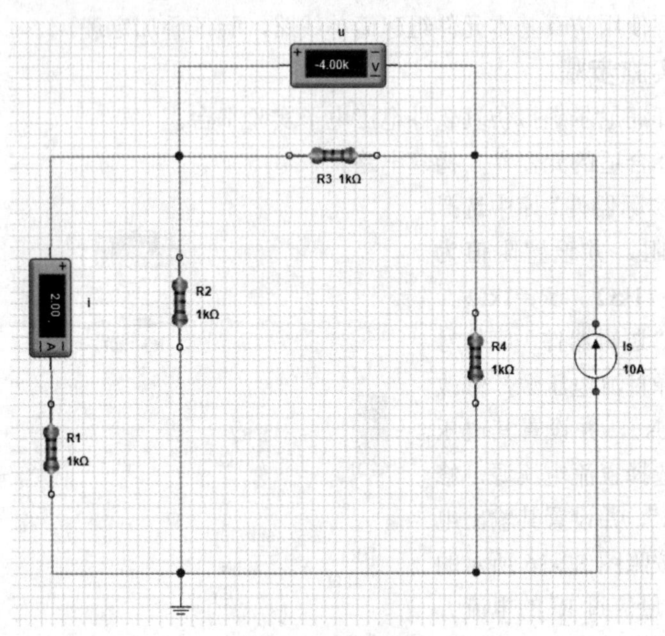

图 S2-38　步骤③图

④ 结论：通过前面 3 个步骤的测量，将表 S2-8 补充完整，验证叠加定理。

表 S2-8　　叠加定理测试实验数据

电压	i/A	u/V
电压源和电流源共同作用		
电压源单独作用		
电流源单独作用		
叠加定理的验证 $\sum x_{单独}=X_{共同}$		

（三）任务分析与总结

将表 S2-8 补充完整，根据实验数据，验证线性电路的叠加性，完成任务分析与总结。

任务三 通过 Proteus 软件仿真实验验证定律和定理

子任务一 验证基尔霍夫电流定律

（一）实施要求

（1）掌握 Proteus 软件的基本功能和操作。

（2）掌握使用仿真基本元件组建简单电路的方法，验证基尔霍夫电流定律。

（二）实验内容

（1）根据图 S2-39 所示的电路原理图，绘制仿真电路图。

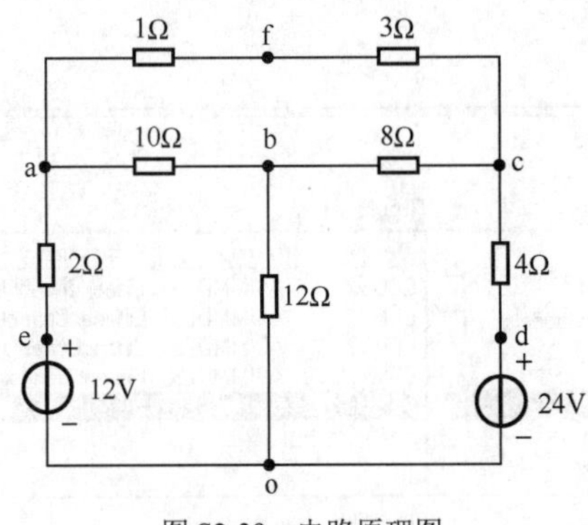

图 S2-39 电路原理图

（2）仿真运行后，得到各电阻上的电流值。

（3）验证 a、b、c 各点的电流之和是否满足 KCL。

（4）获取各电阻上的电压值，并验证各个回路中电压是否满足 KVL。

（三）实验步骤

1．打开 Proteus 软件。

2．选中“元件模式”，单击“P”弹出“Pick Devices”对话框，如图 S2-40 所示。

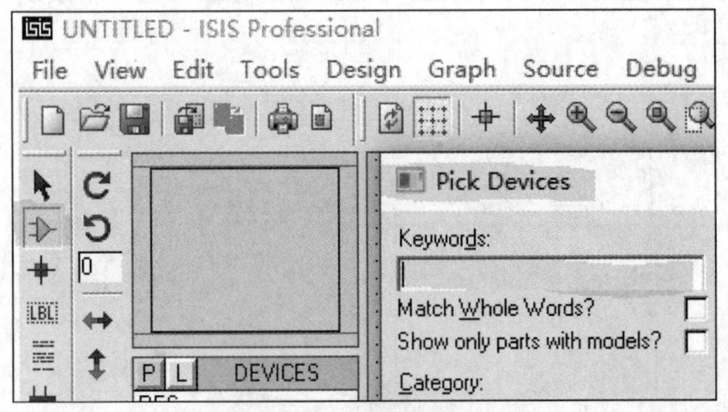

图 S2-40 输入关键字查找元器件

（1）电阻。在“Keywords”文本框中，输入“RES”，选取电阻元件，如图 S2-41 所示。

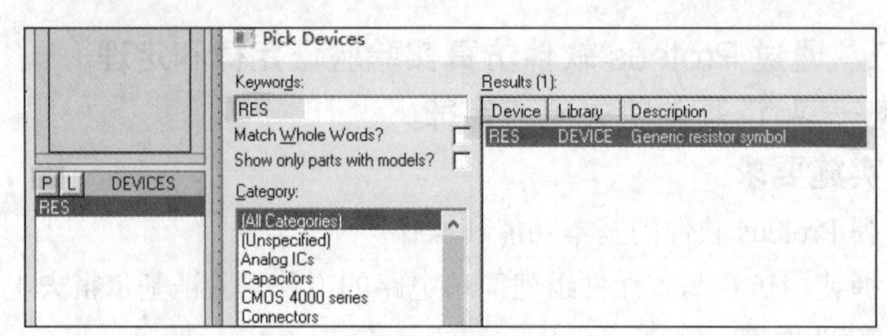

图 S2-41 选取电阻

（2）电压源。在“Keywords”文本框中，输入“VSOURCE”，选取电压源，如图 S2-42 所示。

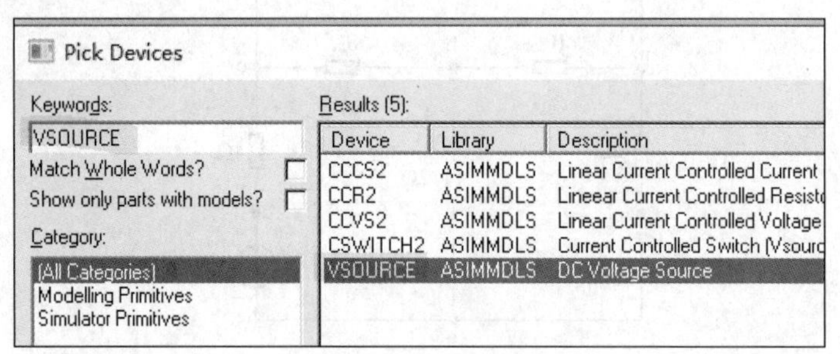

图 S2-42 选取电源

（3）检查元件列表，确定含有“RES”和“VSOURCE”元件，如图 S2-43 所示。

图 S2-43 检查元件

3．根据电路原理图，将元件放置到绘图区的适当位置，连接线路，电路图如图 S2-44 所示。

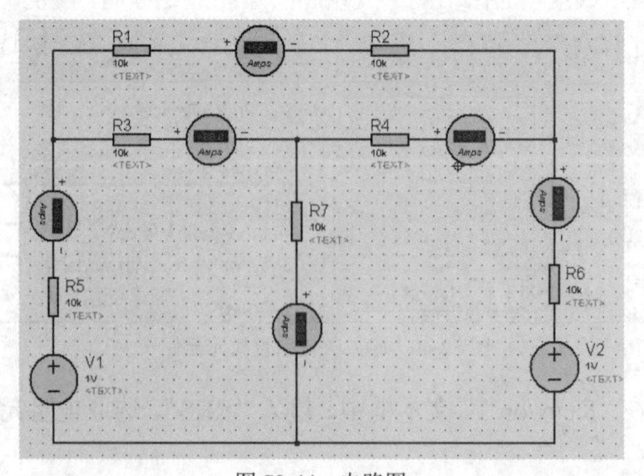

图 S2-44 电路图

4．设置参数。

（1）电阻值。依据电路原理图，双击各电阻元件，完成电阻阻值的设置。以电阻 R_1 为例，设置方法如图 S2-45 所示。

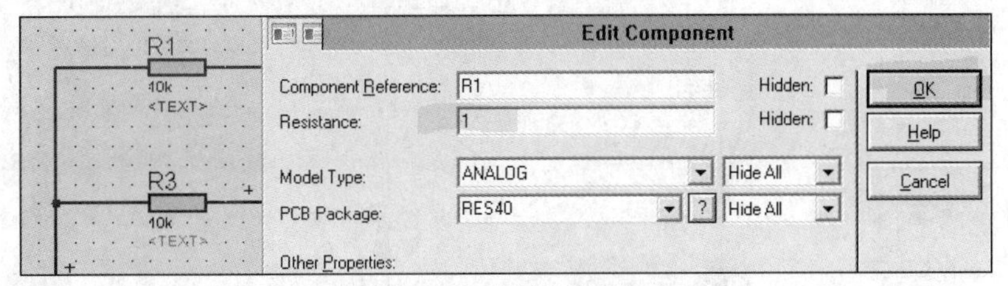

图 S2-45　设置电阻阻值

其他电阻的设置类似。完成电阻设置后的电路图如图 S2-46 所示。

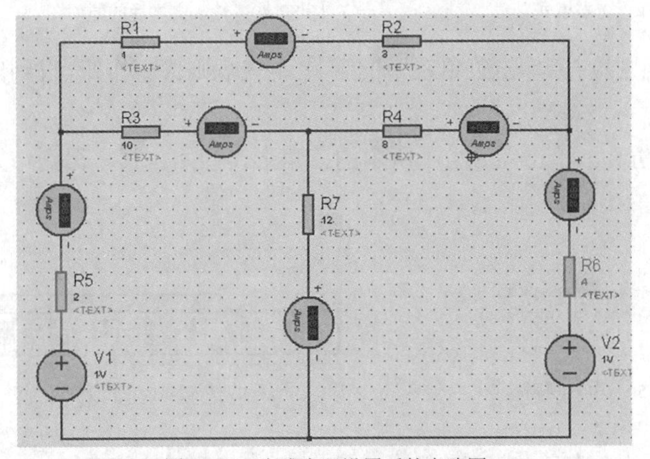

图 S2-46　完成电阻设置后的电路图

（2）电压源。双击电压源，出现电压源参数设置对话框，将电压值分别改为 12V、24V，如图 S2-47 所示。

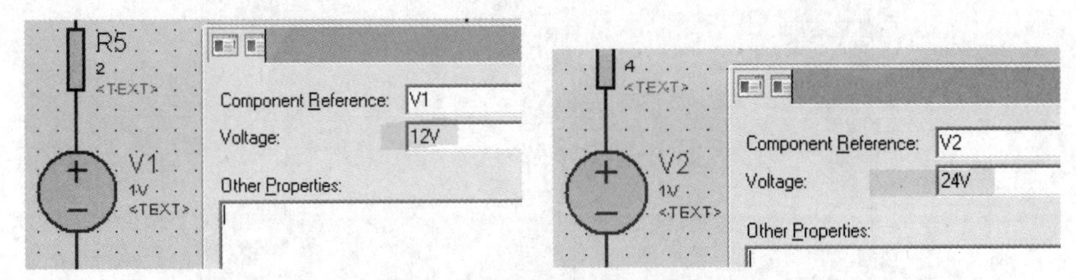

图 S2-47　修改两个电源电压值

（3）标出 a、b、c 点。选择“文本模式”，如图 S2-48 所示。在弹出的对话框中，分别输入 a、b、c，并放在恰当位置，如图 S2-49 所示。

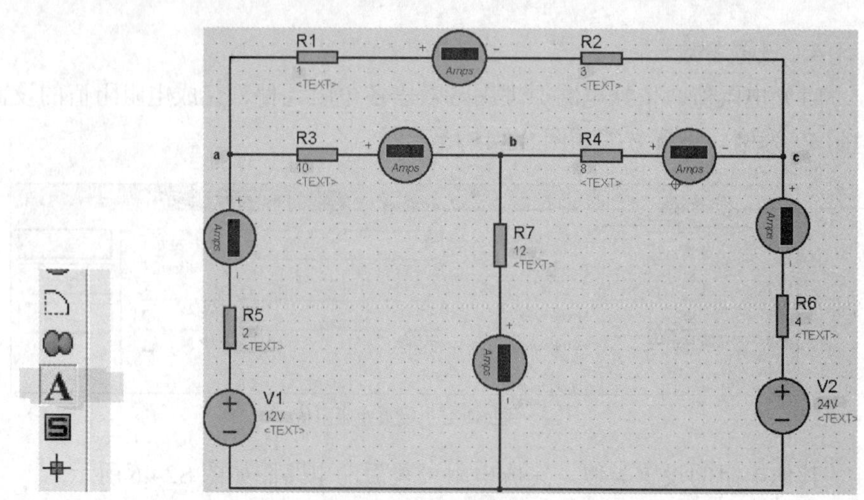

图 S2-48　选择“文本模式”　　　　图 S2-49　输入文本后的原理图

5. 电气规则检查。单击菜单栏中的工具/电气规则检查按钮，直到出现图 S2-50 所示的内容。

6. 运行仿真。单击图 S2-51 所示的三角形，开始仿真。得到结果如图 S2-52 所示。

```
Netlist generated OK.
No ERC errors found.
```

图 S2-50　电气规则检查　　　　图 S2-51　开始仿真

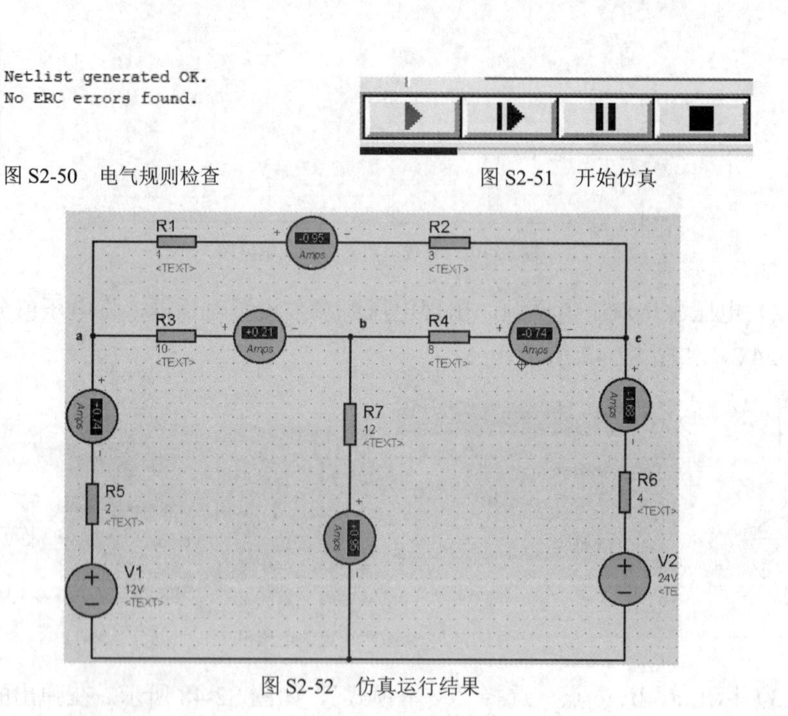

图 S2-52　仿真运行结果

7. 验证 KCL。

KCL 的内容是这样描述的：电路中，任何一个节点上的电流满足$\sum i_{流出}=\sum i_{流入}$。

分析：在图 S2-52 中的 a 节点，有 3 个支路与它相连，且 3 个支路的电流均流出 a 点（电流表从“+”到“−”的方向：R_1、R_3、R_5 上的电流方向），因此

$\sum i_{流出}$ =（　　　）A+（　　　）A+（　　　）A=（　　　）A

即　　　　　　　　　$\sum i_{流入}$ =（　　　）A

可见，满足$\sum i_{流出}=\sum i_{流入}$，即 a 节点电流________（是/否）遵守 KCL。

同理，分析：在图 S2-52 中的 b 点，有 3 个支路与它连结，且 R_3 上的电流流入 b 点，而 R_4 和 R_7 上的电流流出 b 点，因此

$$\sum i_{流出} = (\qquad)\,A + (\qquad)\,A$$

$$\sum i_{流入} = (\qquad)\,A$$

可见，满足$\sum i_{流出}=\sum i_{流入}$，即 b 点电流________（是/否）遵守 KCL。

（四）任务分析与总结

参考上述分析方法，分析图 S2-52 所示的 c 节点是否满足 KCL。

子任务二　验证基尔霍夫电压定律

（一）实施要求

（1）掌握 Proteus 软件的基本功能和操作。

（2）掌握使用仿真基本元件组建简单电路的方法，验证基尔霍夫电压定律。

（二）实施步骤

（1）绘制如下仿真电路，如图 S2-53 所示，并得到仿真结果。

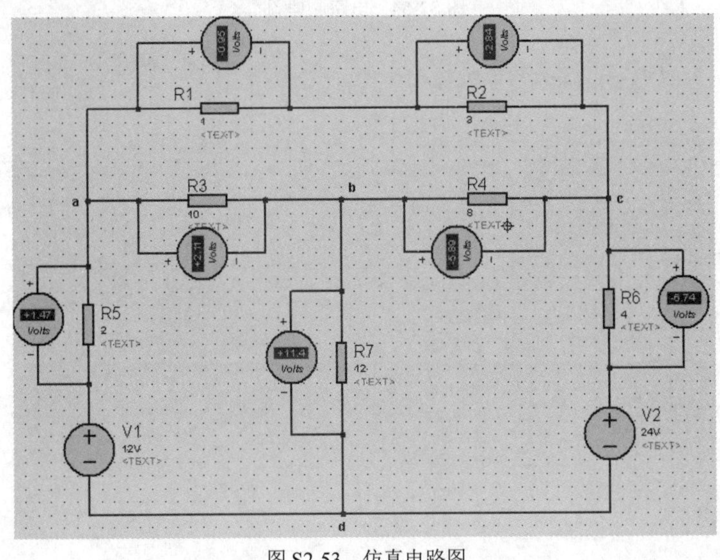

图 S2-53　仿真电路图

（2）验证 KVL。

KVL 的内容是这样描述的：电路中，任何一个回路，沿着回路顺时针（或者

逆时针）走一圈，满足$\sum u_{升高}=\sum u_{降低}$。

分析：abda 回路（顺时针）中，R_3、R_7上的电压降低（电压表的方向：从“+”到“−”），V_1、R_5上的电压升高，因此

$$\sum u_{升高}=(\qquad)\text{V}+(\qquad)\text{V}=(\qquad)\text{V}$$

$$\sum u_{降低}=(\qquad)\text{V}+(\qquad)\text{V}=(\qquad)\text{V}$$

可见，满足$\sum u_{升高}$ ____ $\sum u_{降低}$，即 abda 回路中的电压变化____（是/否）遵守 KVL。

（三）任务分析与总结

（1）参考上述分析方法，分别分析 bcdb 回路、abca 回路中的电压的变化是否满足 KVL。

（2）按照图 S2-54 所示的原理图，绘制仿真图，并进行 KCL 和 KVL 的验证。

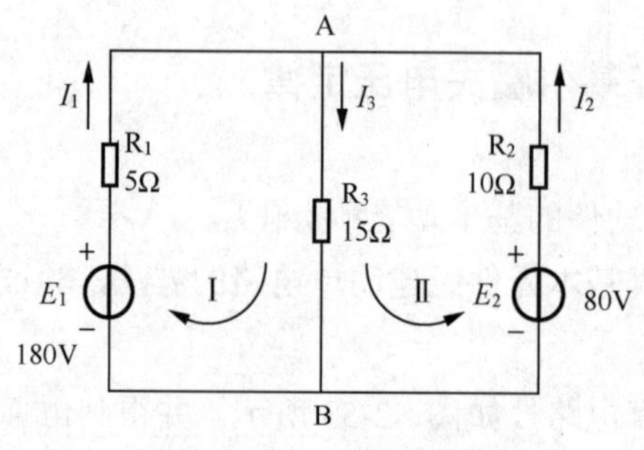

图 S2-54　电路原理图

子任务三 验证戴维南定理

（一）实施要求

（1）掌握 Proteus 软件的基本功能和操作。

（2）掌握使用仿真基本元件组建简单电路的方法，验证戴维南定理。

（二）实施内容

任何一个线性有源二端网络都可以等效为电压源模型，如图 S2-55 所示。

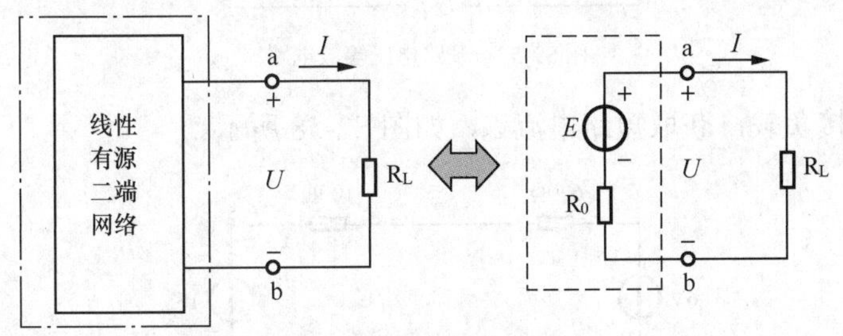

图 S2-55 戴维南定理等效电路

其中，电动势 E 等于该网络端口开路时的电压 U_{OC}；电阻 R_0 等于该网络内部所有的电源为零（即所有的电压源短路，所有的电流源开路）时的等效电阻。

电路原理图如图 S2-56（a）所示。要求：

（1）绘制 Proteus 仿真电路图；

（2）根据戴维南定理画出等效电路图，如图 S2-56（b）所示，并求出电流 I。

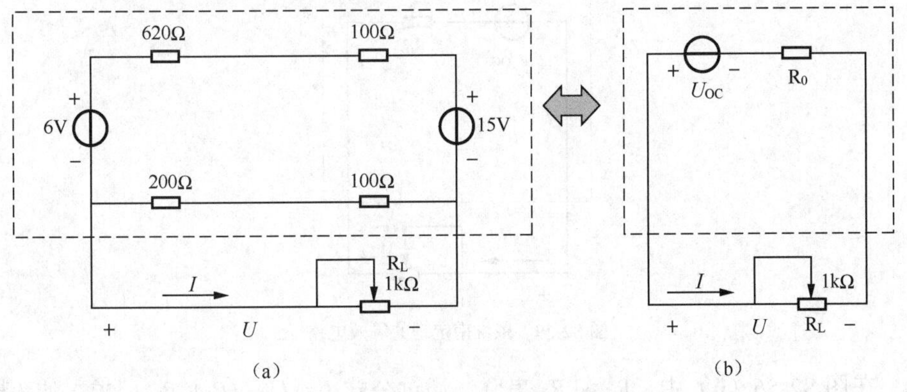

图 S2-56 戴维南定理等效电路原理图

分析，戴维南定理等效电路就是将图 S2-56（a）所示的虚线部分的电路等效变换为图 S2-56（b）所示的虚线部分，然后根据图 S2-56（b），求出负载上的电压 U 和电流 I。

（三）实施步骤

1．求取开路电压 U_{OC} 和等效电阻 R_0

（1）断开负载电阻 R_L，获取开路电压 U_{OC}，则开路电压等效电路如图 S2-57 所示。

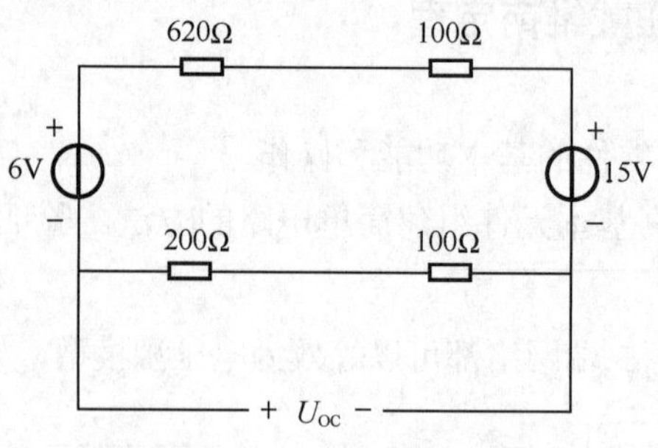

图 S2-57　开路电压等效电路

（2）短接负载，获取短路电流 I_S，如图 S2-58 所示。

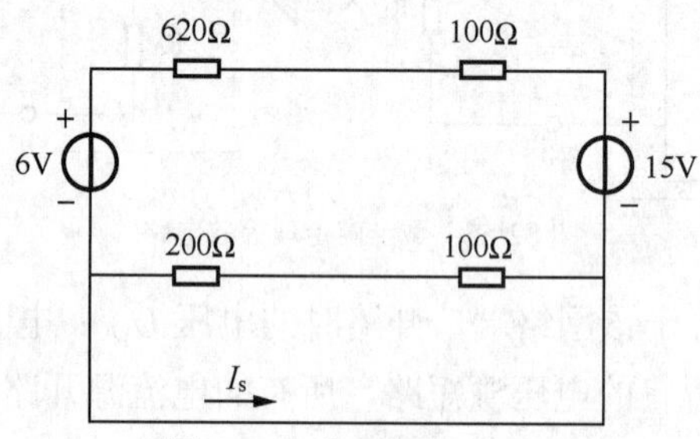

图 S2-58　获取短路电流 I_S

（3）得到戴维南定理的等效电路，如图 S2-59 所示。

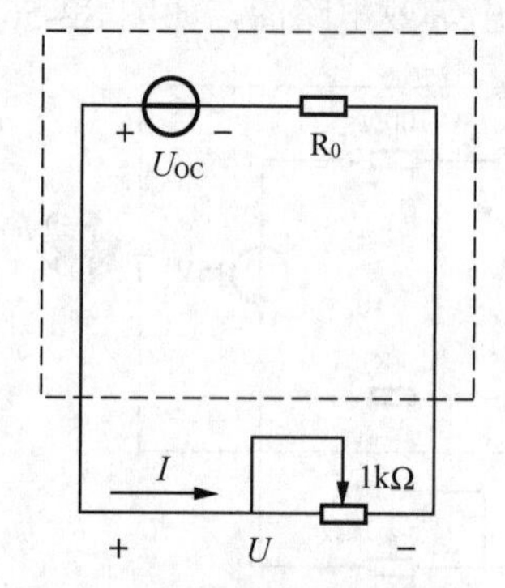

图 S2-59　戴维南定理的等效电路

在图 S2-56（b）中，R_0 和 R_L 串联，通过公式 $I = U_{OC}/(R_0 + R_L)$，求得的 I 与图 S2-58 获得的短路电流 I_s 进行比较。验证戴维南定理的等效电路。

2．仿真软件实施

（1）选择并添加元器件：电阻 RES、电位器 POT-HG、单刀单掷开关 SW-SPST、电源 VSOURCE。

（2）将元器件依次放置到绘图区适当的位置，并完成连线，如图 S2-60 所示。

（3）根据原理图，完成元件参数设置。

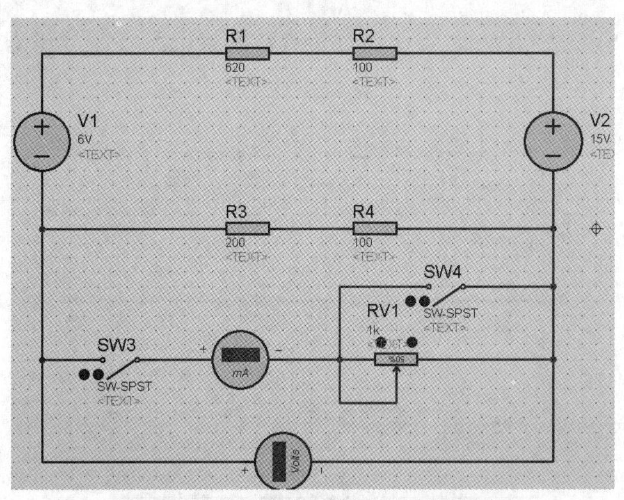

图 S2-60　按照原理图配置电子元器件参数

（4）断开 SW3、SW4（此时的电位器 RV1 开路），运行仿真电路，观察电压表可知 U_{OC}=2.65 V，如图 S2-61 所示。

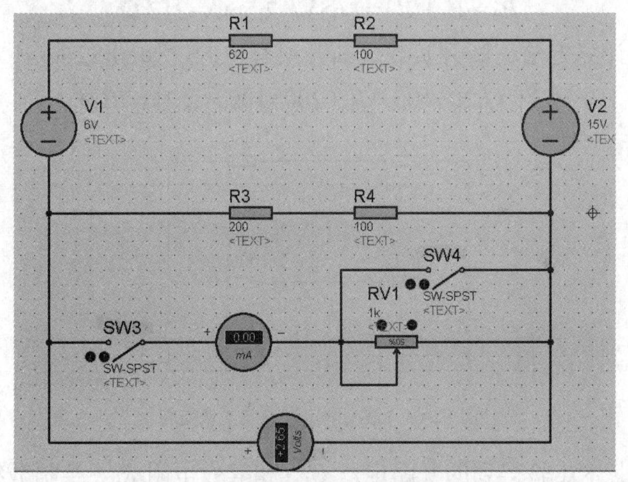

图 S2-61　利用仿真电路求得开路电压 U_{OC}

（5）双击电流表，将单位设置成 mA。将 Display Range 改成 Milliamps，如图 S2-62 所示。

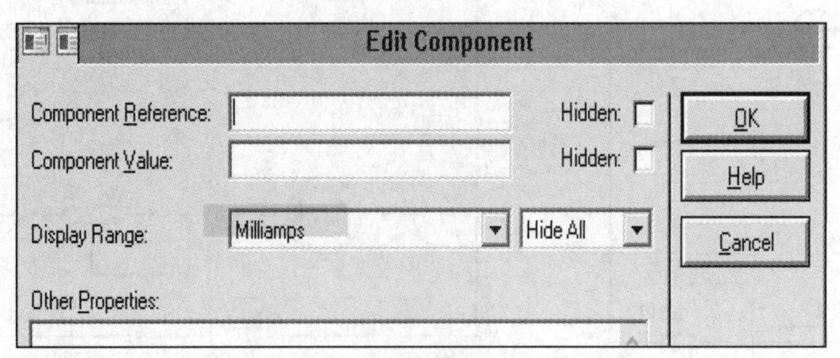

图 S2-62　设置电路表合适量程

闭合开关 SW3 和 SW4，再次运行仿真，观察电流表，可知 I_S =12.5mA，如图 S2-63 所示。

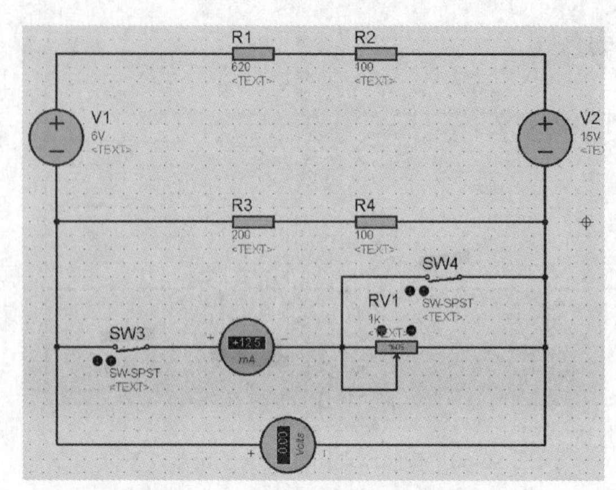

图 S2-63　仿真求得流过负载电流

（6）依据戴维南定理，可知等效电阻为

$$R_0 = U_{OC} / I_S = 2.65\text{V}/12.5\text{mA} = 212\ \Omega$$

R_0 的另一计算方法：断开负载，断开所有电源，如图 S2-64 所示。

$$R_0 = (620+100) \ // \ (200+100) \approx 211.7(\Omega)$$

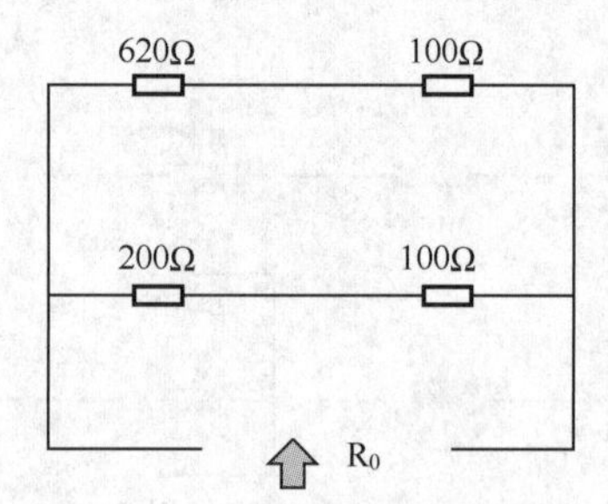

图 S2-64　戴维南定理等效变换电路

（7）依据上述实验得到的开路电压 U_{OC} 和等效电阻 R_0，绘制戴维南定理等效电路图，如图 S2-65 所示。

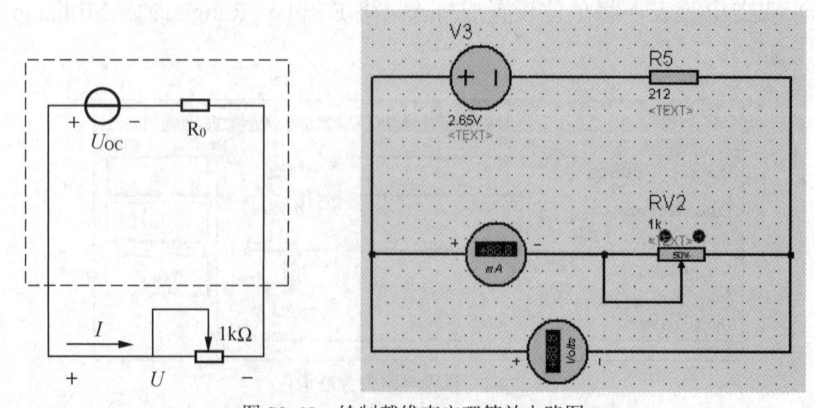

图 S2-65　绘制戴维南定理等效电路图

注意修改：

① 电源电压为2.65V、电阻值为212Ω；

② 电位器放置在50%，与图S2-63一致；

③ 电流表单位设置成mA。

（8）断开开关SW4。运行仿真，观察图S2-66中电流表和电压表的数值。发现了什么？

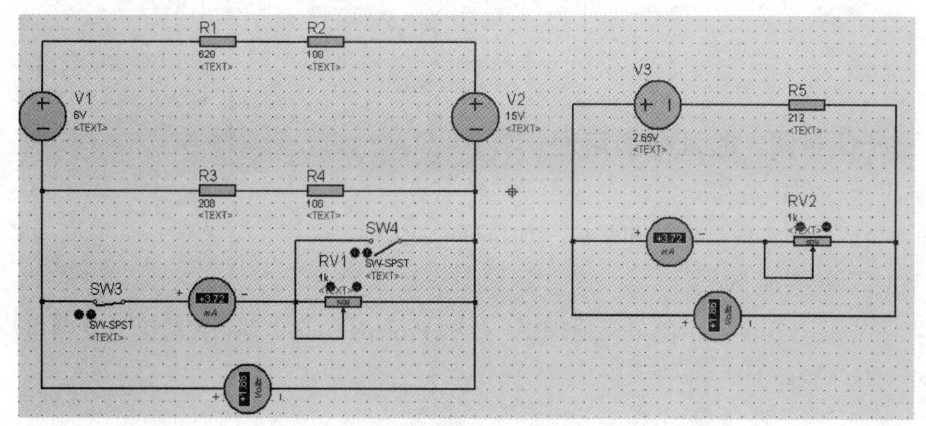

图 S2-66　观察戴维南定理等效电路仿真图

调整负载电阻阻值R_L为100Ω、500Ω、1 000Ω，将对应的电压表、电流表的测量值，记录到表S2-9中。

表 S2-9　　戴维南定理测试实验数据

R_L	100Ω		500Ω		1 000Ω	
电压表V、电流表A的测量值	V	A	V	A	V	A
原图						
戴维南定理等效图						

（四）任务分析与总结

（1）电路原理图如图S2-67所示。通过仿真软件，求出戴维南等效电路，并求出U_{OC}、I_S、R_0、I_3。

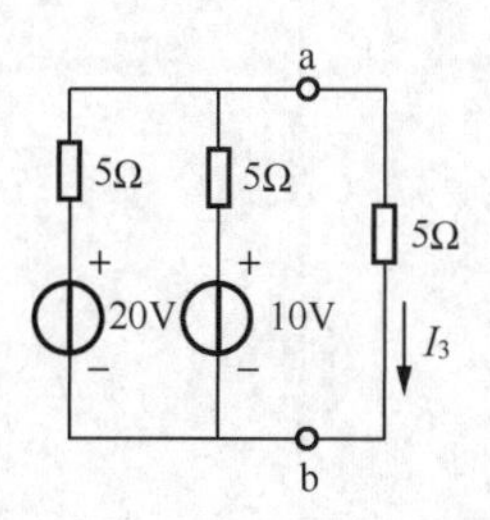

图 S2-67　电路原理图

（2）电路原理图如图S2-68所示。若已知R_L=1Ω，通过仿真软件，画出戴维南等效电路，并求出电流 I。

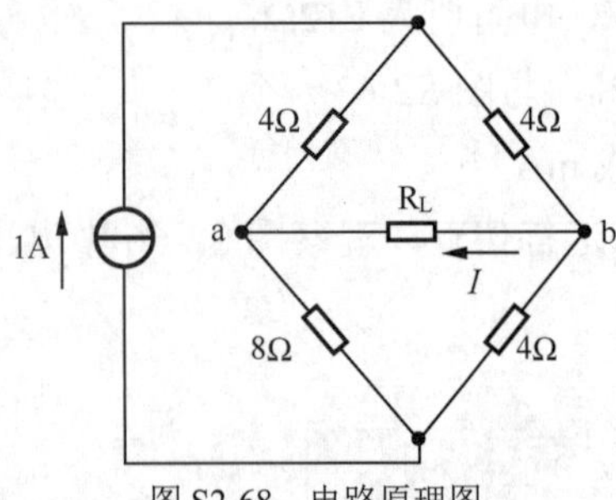

图 S2-68　电路原理图

子任务四　验证叠加定理

（一）实施要求

验证叠加定理，理解和掌握叠加定理的应用。

（二）实施内容

依据图 S2-69 所示的电路原理图，绘制 Proteus 仿真电路，并验证各支路电流 I_{R_1}、I_{R_2}、I_{R_3} 满足叠加定理。

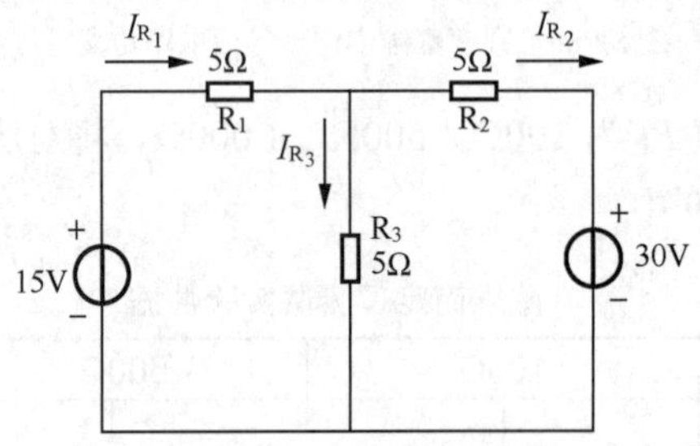

图 S2-69　叠加定理原理图

（三）实验步骤

1．选取电阻元件 RES、电压源 VSOURCE、单刀双掷开关 SW-SPDT。

2．绘制如图 S2-70 所示的仿真电路图。

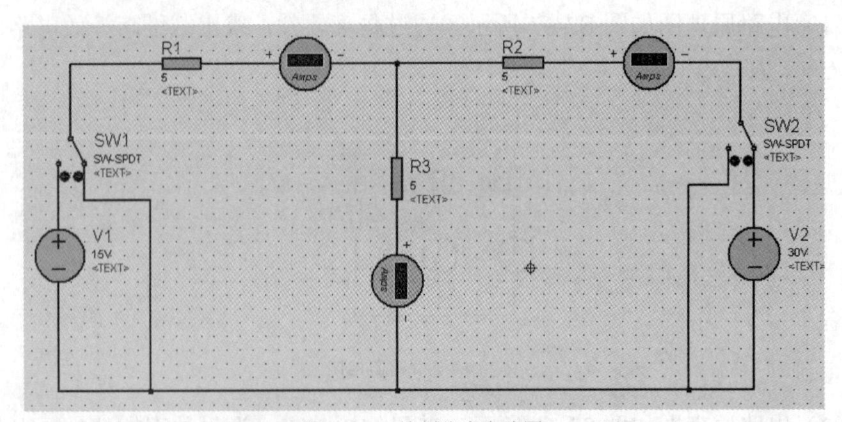

图 S2-70　绘制仿真电路图

（1）30V 电压源单独作用（15V 电压源被短接）时，注意 SW1 和 SW2 开关的状态，如图 S2-71 所示。

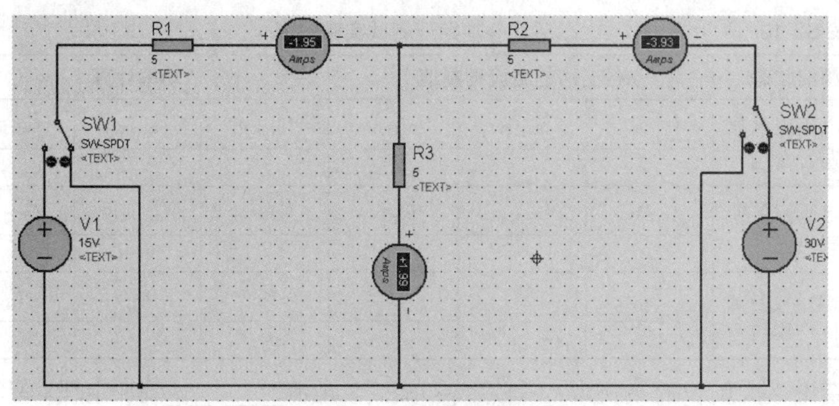

图 S2-71　30V 电压源单独作用

（2）15V 电压源单独作用（30V 电压源被短接）时，如图 S2-72 所示。

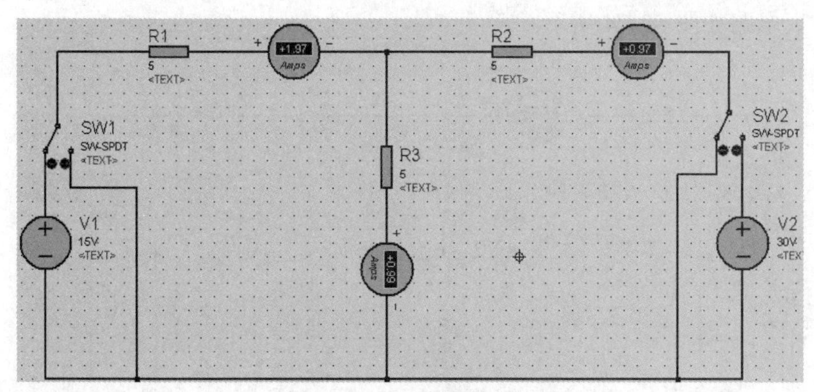

图 S2-72　15V 电压源单独作用

（3）30V 电压源和 15V 电压源共同作用时，如图 S2-73 所示。

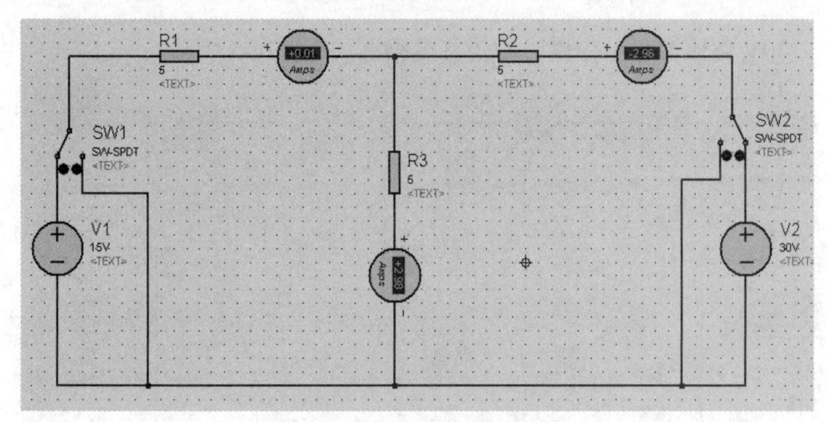

图 S2-73　两个电压源共同作用

3．验证叠加定理。将上述实验的仿真结果记录到表 S2-10 中，并完成结论的填写。

表 S2-10　验证叠加定理测试实验数据

电源的状态	各支路的电流测量值			功率计算		
30V 电压源单独作用时	$I_{R_1(30V)}$	$I_{R_2(30V)}$	$I_{R_3(30V)}$	$P_{R_1(30V)}$	$P_{R_2(30V)}$	$P_{R_3(30V)}$
15V 电压源单独作用时	$I_{R_1(15V)}$	$I_{R_2(15V)}$	$I_{R_3(15V)}$	$P_{R_1(15V)}$	$P_{R_2(15V)}$	$P_{R_3(15V)}$
30V 和 15V 电压源共同作用时	I_{R_1}	I_{R_2}	I_{R_3}	P_{R_1}	P_{R_2}	P_{R_3}

结论：以 R_1 支路为例，$I_{R_1}=I_{R_1(30V)}+I_{R_1(15V)}$，电流________叠加定理，但功率________叠加定理（适用/不适用）。

4．若将电阻 R_2 换成二极管元件 DIODE（非线性），则 15V 电压源单独作用时的仿真电路如图 S2-74 所示。

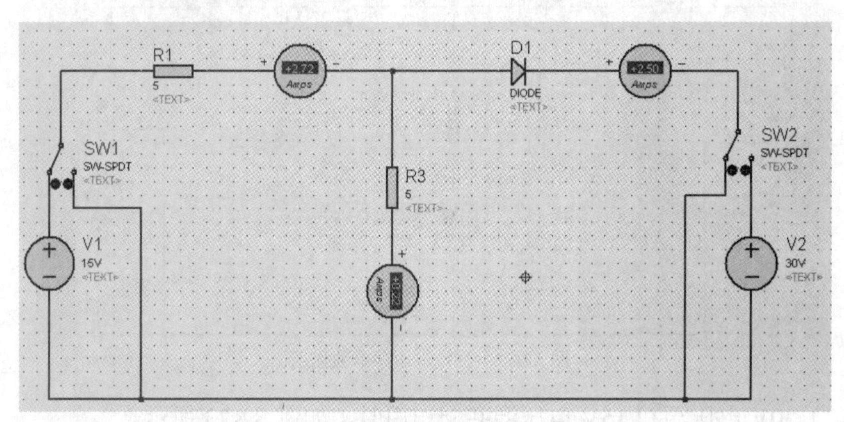

图 S2-74　15V 电压源单独作用时的仿真电路

（1）30V 电压源单独作用时的仿真电路图如图 S2-75 所示。

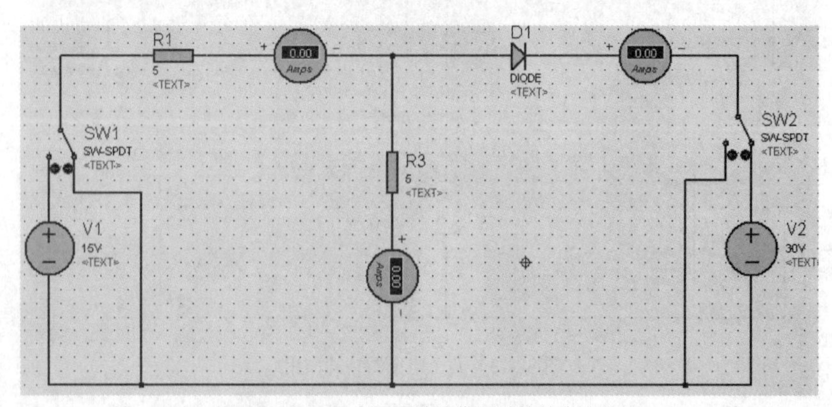

图 S2-75　30V 电压源单独作用时的仿真电路

（2）15V 电压源和 30V 电压源共同作用时的仿真电路图如图 S2-76 所示。

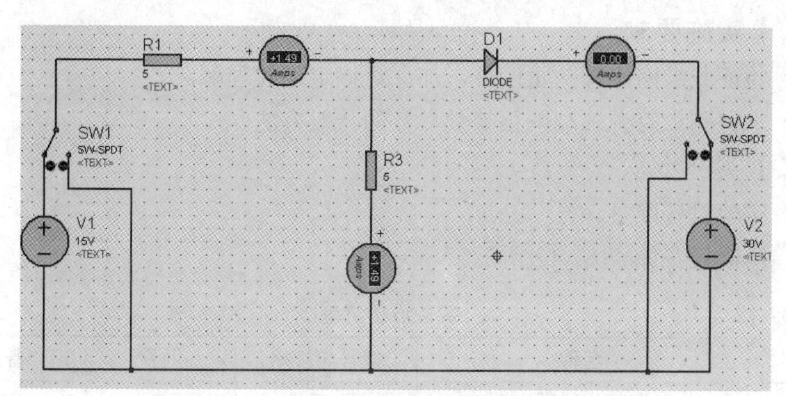

图 S2-76　15V 和 30V 电压源共同作用时的仿真电路图

结论：非线性电路__________（适用/不适用）叠加定理。叠加定理仅适用于________（线性/非线性）电路的________、________叠加。

（四）任务分析与总结

（1）根据图 S2-77，运用叠加定理计算流过电阻 R_1 的电流和电阻 R_3 两端的电压，写出计算过程。

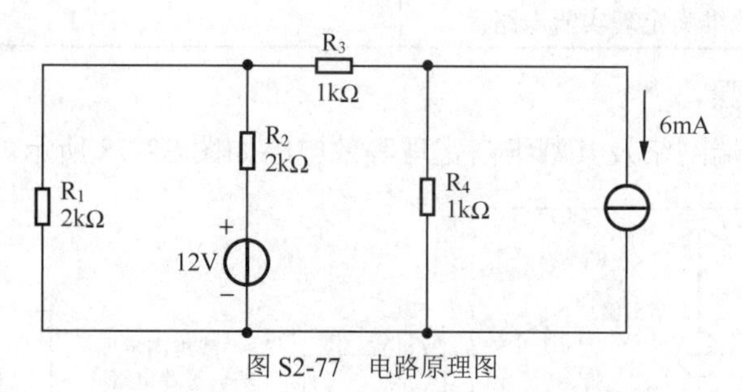

图 S2-77　电路原理图

（2）绘制 Proteus 仿真电路，利用叠加定理，分析流过电阻 R_1 的电流和电阻 R_3 两端的电压，并将实验数据填写到表 S2-11 中。

表 S2-11　仿真测试实验数据

电源的作用	R_1 的电流测量值/A	R_3 的电压测量值/V
12V 电压源单独作用时		
6mA 电流源单独作用时		
12V 电压源和 6mA 电流源共同作用时		

任务四　实际使用设备验证戴维南定理

（一）实施要求

（1）验证戴维南定理的正确性，加深对该定理的理解。

（2）掌握测量有源二端网络等效参数的一般方法。

（二）实施步骤

（1）实验设备准备。

实验所需设备如表 S2-12 所示。

表 S2-12　　实验设备清单

序号	名称	型号与规格	数量	备注
1	可调直流稳压电源	0～30V	1	
2	可调直流恒流源	0～500mA	1	
3	直流数字电压表	0～200V	1	
4	直流数字毫安表	0～200mA	1	
5	万用表	数字万用表	1	
6	可调电阻箱	0～99 999.9Ω	1	
7	电位器	1kΩ/2W	1	
8	戴维南定理实验电路板		1	

（2）操作步骤。

被测有源二端网络及其戴维南定理等效电路如图 S2-78 所示。

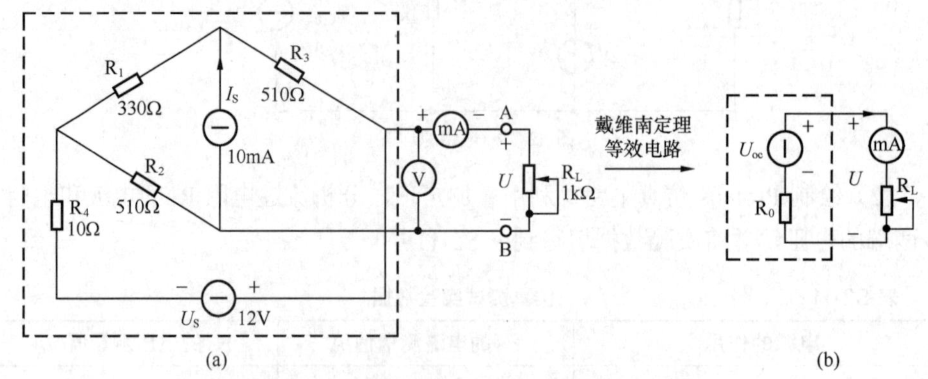

图 S2-78　有源二端网络及其戴维南定理等效电路

① 用开路电压、短路电流法测定戴维南定理等效电路的 U_{oc}、R_0。按图 S2-79（a）所示的方法接入稳压电源 $U_s = 12V$ 和恒流源 $I_s = 10mA$（以仪表测量值为准，注意电流源勿接反），不接入 R_L。测出 U_{oc} 和 I_{sc}，并计算出 R_0（测 U_{oc} 时，不接入毫安表）。将测量结果记录在表 S2-13 中。

表 S2-13　　U_{oc}、I_{sc}、R_0 测量结果

U_{oc}/ V	I_{sc}/mA	$R_0(=U_{oc}/I_{sc})/\Omega$

② 负载实验。按图 S2-79（a）所示的方法接入 R_L（电阻箱×100 挡）。改变 R_L 值，测量有源二端网络的外特性曲线，并将测量结果记录在表 S2-14 中。

表 S2-14　　外特性测量结果

U/V									
I/mA									

③ 验证戴维南定理。从电阻箱上取得按步骤①所得的等效电阻 R_0 的值，然后令其与直流稳压电源（调到步骤①所测得的开路电压 U_{oc} 的值）串联，如图 S2-79（b）所示，依照步骤②测其外特性，对戴维南定理进行验证。将结果填入表 S2-15 中。

表 S2-15　　电路的外特性测量结果

U/V										
I/mA										

（三）任务分析与总结

由表 S2-13、S2-14、S2-15 数据分析是否能验证戴维南定理，并复述戴维南定理内容。

实训项目三 连接单相正弦交流电路

任务一 通过 Multisim 仿真实验分析正弦稳态交流电路相量

（一）实施要求

（1）能分析正弦交流电路中电压、电流相量之间的关系。

（2）理解功率的概念，学会利用感性负载电路提高功率因数的方法。

（3）能分析日光灯电路的工作原理，熟练连接日光灯照明电路。

（4）熟练使用功率表。

（二）实施内容

1. RC 串联电路

在单相正弦交流电路中，用交流电流表测得各支路的电流值，用交流电压表测得回路各元件两端的电压值，它们之间的关系应满足相量形式的基尔霍夫定律，即

$$\sum \dot{I}=0\text{，}\ \sum \dot{U}=0$$

实验电路为 RC 串联电路，其原理图如图 S3-1（a）所示，在正弦稳态信号 $\dot{U}$ 的激励下，有

$$\dot{U}=\dot{U}_{\mathrm{R}}+\dot{U}_{\mathrm{C}}=\dot{I}(R-\mathrm{j}X_{\mathrm{C}})$$

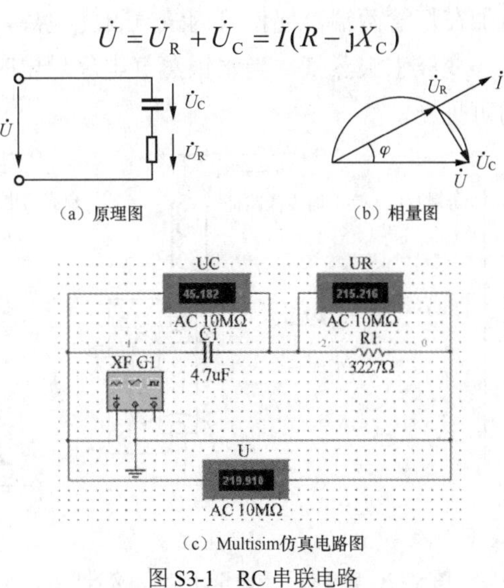

（a）原理图　　（b）相量图

（c）Multisim仿真电路图

图 S3-1 RC 串联电路

$\dot{U}$、$\dot{U}_R$ 与 $\dot{U}_C$ 相量图为一个直角电压三角形。当阻值 R 改变时，$\dot{U}_R$ 与 $\dot{U}_C$ 始终保持着 90° 的相位差，所以 $\dot{U}_R$ 的相量轨迹是一个半圆，其相量图如图 S3-1（b）所示。从图中可知，改变 C 或 R 值可改变 φ 角的大小，可达到移相的目的。

图 S3-1（c）所示为 Multisim 仿真电路图。

2. 日光灯电路及其功率因数的提高

（1）日光灯电路的组成。日光灯实验电路如图 S3-2（b）所示，日光灯电路由灯管、镇流器和启辉器 3 部分组成。

灯管是一根普通的真空玻璃管，管内壁涂上荧光粉，管两端各有一根灯丝，用以发射电子。管内抽真空后充氩气和少量水银。在一定电压下，管内产生弧光放电，发射一种波长很短的不可见光，这种光被荧光粉吸收后转换成近似日光的可见光。

镇流器是一个带铁芯的电感线圈，启动时产生瞬时高电压，促使灯管放电，点亮日光灯。在点亮后又限制了灯管的电流。

启辉器是一个充有氖气的玻璃泡，如图 S3-2（a）所示。其中装有一个不动的静触片和一个用双金属片制成的U形动触片，其作用是使电路自动接通和断开。在两电极间并联一个电容器，用以消除两触片断开时产生的火花对附近无线电设备的干扰。

（2）日光灯的点亮过程。当日光灯刚接通电源时，灯管尚未通电，启辉器两极也处于断开状态。这时电路中没有电流，电源电压全部加在启辉器的两电极上，使氖管产生辉光放电而发热，动触片受热变形，于是两触片闭合，灯管灯丝通过启辉器和镇流器构成回路，如图 S3-2（b）所示。灯丝通电加热发射电子，当氖管内两个触片接通后，触片间不存在电压，辉光放电停止，双金属片冷却复原，两触片脱开，回路中的电流瞬间被切断。这时镇流器产生相当高的自感电动势，它和电源电压串联后加在灯管两端，促使管内氩气首先电离，氩气放电产生的热量又使管内水银蒸发，变成水银蒸气。当水银蒸气电离导电时，激励管壁上的荧光粉发出近似日光的可见光。

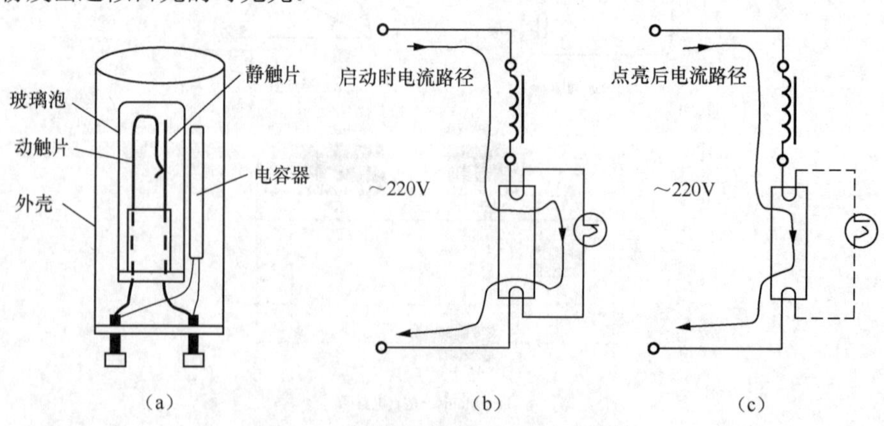

图 S3-2　启辉器示意图和日光灯点亮过程

灯管点亮后，镇流器和灯管串联接入电源，如图 S3-2（c）所示。由于电源电压部分降落在镇流器上，使灯管两端电压（也就是启辉器两触片间的电压）较低，不足以引起启辉器氖管再次产生辉光放电，两触片仍保持断开状态，因此，日光灯正常工作后，启辉器在日光灯电路中不再起作用。

（3）日光灯的相关参数。日光灯点亮后的等效电路如图 S3-2（b）所示，其中灯管相当于纯电阻负载 R，镇流器可用电阻器 r 和电感器 L 串联来等效。

若用低功率因数表测得镇流器所消耗的功率 P_{Lr}，也就是等效电阻所消耗的功率，又用电流表测得通过镇流器的电流 I_{Lr}，则可求得镇流器的等效电阻 r。由于 $P_{Lr}=I_{Lr}^2 r$，则 $r=\dfrac{P_{Lr}}{I_{Lr}^2}$。

用万用表的交流电压挡测得镇流器的端电压 U_{Lr}

$$U_{Lr}^2=I_{Lr}^2\cdot(X_L^2+r^2)$$

$$X_L=\sqrt{\left(\frac{U_{Lr}}{I_{Lr}}\right)^2-r^2}$$

则镇流器的等效电感为

$$L=\frac{X_L}{2\pi f}$$

式中，f——电源频率，f=50Hz。

日光灯灯管电阻 R 所消耗的功率为 P_R，电路消耗的总功率为 $P=P_R+P_{Lr}$。只要测出电路的总功率 P、总电流 I 和总电压 U，就能求出电路的功率因数，即

$$\cos\varphi=\frac{P}{UI}$$

日光灯的功率因数较小，当电容量 $C=0$ 时一般在 0.6 或 0.7 以下，且为感性电路，因此往往采用并联电容器来提高电路的功率因数。由于电容支路的电流 $\dot{I}_C$ 超前于电压 90°，抵消了一部分日光灯支路电流中的无功分量，使电路总电流减少，从而提高了电路的功率因数。当电容量增加到一定值时，电容电流等于感性无功电流，总电流下降到最小值，此时，整个电路呈现纯电阻性，$\cos\varphi=1$。若再继续增加电容量，总电流 I 反而增大了，整个电路呈现电容性，功率因数反而减小。

（三）实施步骤

1. 测量 RC 串联电路电压三角形

（1）用两只 32.27Ω的虚拟电阻器模拟两个 220V、15W 的日光灯，以及一个 4.7μF/450V 电容器，组成图 S3-3（a）所示的实验电路。测量 U、U_R、U_C 值，记入表 S3-1 中。

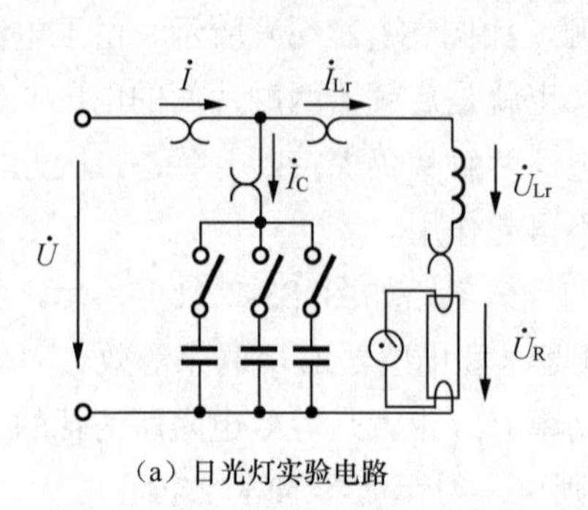

（a）日光灯实验电路

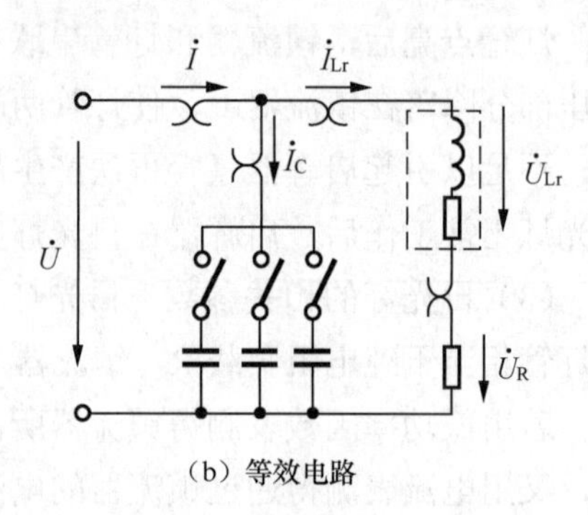

（b）等效电路

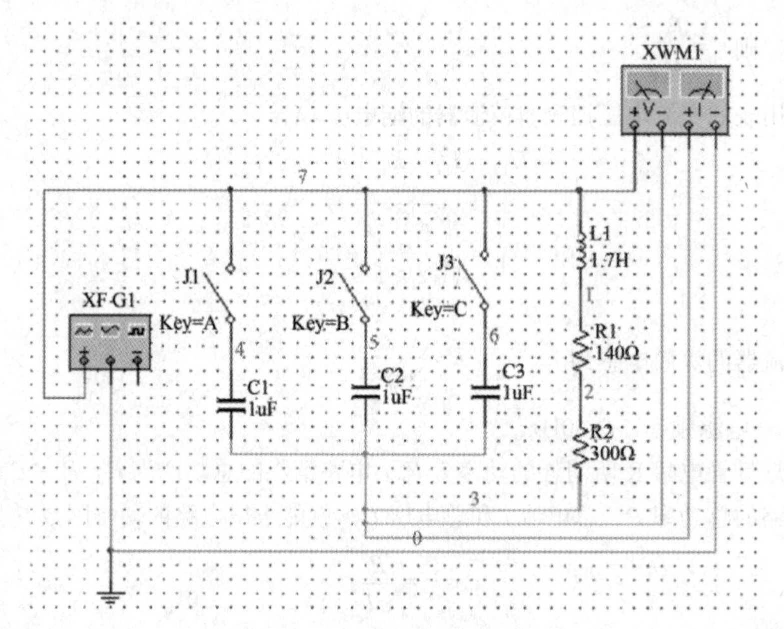

（c）日光灯等效电路Multisim仿真

图 S3-3　日光灯电路

表 S3-1　　RC 串联电路实验测试数据

日光灯盏数	测量值			计算值	
	U/ V	U_R/ V	U_C/ V	U/ V	φ
2					
1					

（2）改变阻值 R（用一只灯泡）重复步骤（1）的内容，验证 U_R 相量轨迹。

2．提高日光灯电路功率因数

分别测量未接入电容和并入电容时的各种参数，记入表 S3-2 中。

表 S3-2 未接入和并入电容时的日光灯电路参数

测试条件	测量项目									
	U/ V	U_{Lr}/ V	U_R/ V	I/A	I_{Lr}/A	I_C/A	P/ W	P_{Lr}/ W	P_R/ W	计算 $\cos\varphi$
$C=0$										
$C=1\mu F$										
$C=2.2\mu F$										
$C=4.7\mu F$										
$C=7.9\mu F$										

（四）任务分析与总结

（1）根据表 S3-2 中的实验数据，画出日光灯电路提高功率因数的电压、电流相量图。

（2）根据表 S3-2 中的实验数据，计算日光灯灯管的等效电阻 R、镇流器的电感 L 和电阻 r。

（3）讨论改善电路功率因数的意义和方法。

（4）实验电路的总电压 $\dot{U}$ 、灯管电压 $\dot{U}_R$ 及镇流器电压 $\dot{U}_{Lr}$ 之间存在什么关系？

（5）提高日光灯电路的功率因数为什么只采用并联电容器法，而不用串联法？所并联的电容器的值是否越大越好？

（6）日光灯支路并联电容器后，该支路的电流 $\dot{I}_{Lr}$ 和电路的总有功功率 P 是否改变？为什么？

任务二　通过润尼尔虚拟仿真软件分析正弦稳态交流电路相量

（一）实施要求

（1）验证交流串联电路中，各部分电压与总电压的关系，从而加深对相位概念的理解。

（2）学习交流电压表、交流电流表的使用方法。

（3）根据电压、电流值计算感抗、容抗及阻抗。

（4）提高日光灯电路功率因数。

（二）实施内容

1．实验仪器

一个1kΩ电阻器，一个1mH电感器，一个1μF电容器，4个交流电压表，一个交流电流表，一个220V交流电源。

2．实验原理

RLC串联电路如图S3-4所示，在角频率为ω的正弦信号的激励下，电感、电容、电阻串联组成回路，各元器件的电压相量分别为：$\dot{U}_L$、$\dot{U}_C$、$\dot{U}_R$。

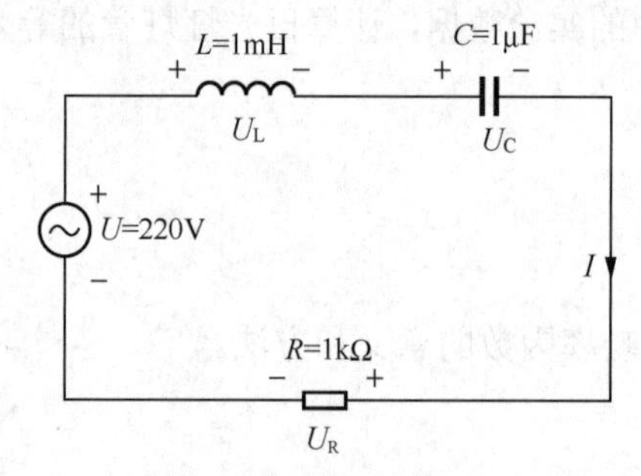

图S3-4　RLC串联电路

由相量模型及KVL的相量形式可得

$$\dot{U}=\dot{U}_R+\dot{U}_C+\dot{U}_L \tag{S3-1}$$

将3种元件约束的相量形式代入上式得

$$\dot{U}=\dot{I}R+\mathrm{j}\omega L\dot{I}-\mathrm{j}\frac{1}{\omega C}\dot{I}=\dot{I}\left[R+\mathrm{j}(X_L-X_C)\right] \tag{S3-2}$$

由阻抗的定义可知，RLC串联电路的等效阻抗为

$$\dot{Z}=R+\mathrm{j}(X_L-X_C) \tag{S3-3}$$

阻抗模为

$$|\dot{Z}|=\sqrt{R^2+\mathrm{j}(X_L-X_C)^2} \tag{S3-4}$$

由三角相量图可知电压的有效值为

$$U=I\sqrt{R^2+\mathrm{j}(X_L-X_C)^2} \tag{S3-5}$$

一般情况下，RLC串联正弦交流电路各部分电压和各支路电流存在相位差，此时电路的总电压有效值不等于各部分电压有效值之和，即

$$U\neq U_R+U_L+U_C=IR+I(X_L-X_C) \tag{S3-6}$$

（三）实验步骤

1. 按图 S3-4 连接电路

（1）打开软件 OWVLab。

（2）选择合适的元器件。

① 单击元件库中的“逻辑器件”，选择“元件分类”下拉菜单中的“信号源库”，在“元件列表”中选择“交流电压源（有效值）”，如图 S3-5 所示。

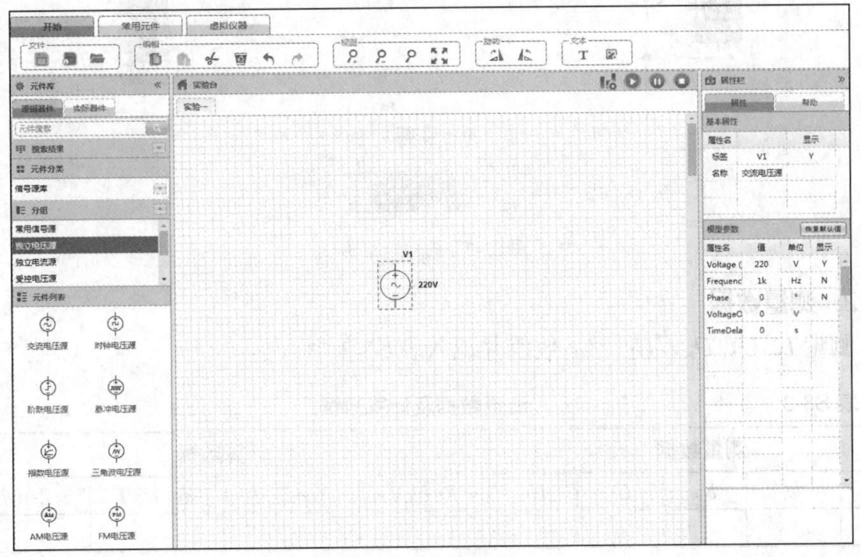

图 S3-5　软件操作界面（1）

② 单击元件库中的“实际器件”，选择“元件分类”下拉菜单中的“基本元件库”，在“元件列表”中分别选择“电阻”“电容”“电感”，并连接电路，如图 S3-6 所示。

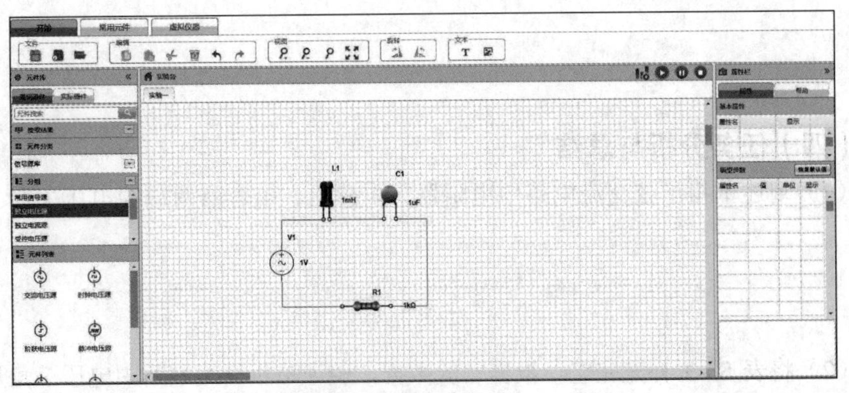

图 S3-6　软件操作界面（2）

③ 选择菜单“虚拟仪器”中的“交流电压表”、“交流电流表”，并按照图 S3-7 所示的方法连接电路。然后单击软件右上角的运行仿真按钮。

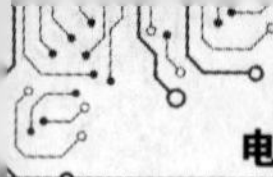

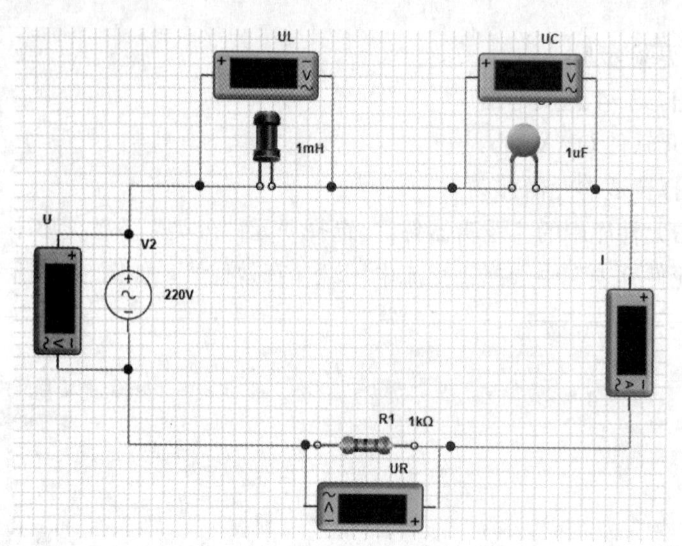

图 S3-7　软件电路图

2. 测量数据

测量I、U、U_R、U_L、U_C数值并记入表 S3-3 中。

表 S3-3　　测量数据及计算数据

测量数据					计算数据			
I	U	U_R	U_L	U_C	$R=U_R/I$	$X_C=U_C/I$	$X_L=U_L/I$	$Z=U/I$

3. 验证公式

根据测量数据验证式（S3-4）和式（S3-5）的正确性。

（四）任务分析与总结

（1）阐述单相正弦交流电路中电阻器、电感器、电容器两端的电压关系。

（2）将表 S3-3 补充完整，根据实验数据，验证单相交流电路中电压三角形的关系。

任务三　提高日光灯电路功率因数

（一）实施要求

（1）理解镇流器的作用及日光灯的工作原理。

（2）通过实验了解提高功率因数的意义和方法。

（二）实施内容

1. 实验仪器

镇流器（电感线圈）、日光灯、电容、电压表、电流表、功率表。

2. 实验内容

日光灯电路图如图 S3-8 所示。

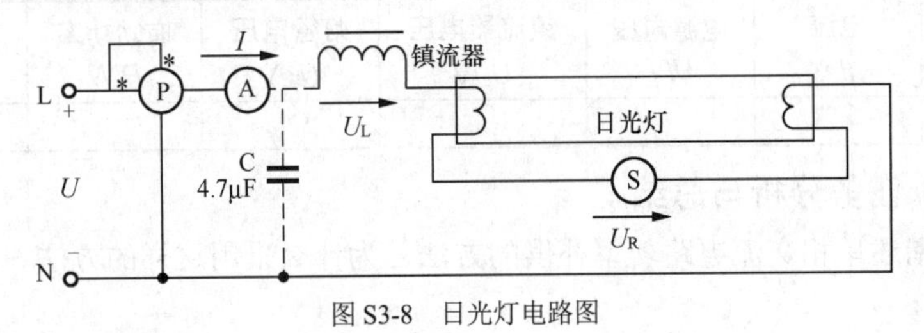

图 S3-8　日光灯电路图

（三）实验步骤

1. 按图 S3-8 连接线路

参考前面“任务二 ”中的“（三）实验步骤”，按图 S3-9 所示的方式添加元器件。选择菜单栏中添加“功率表”。

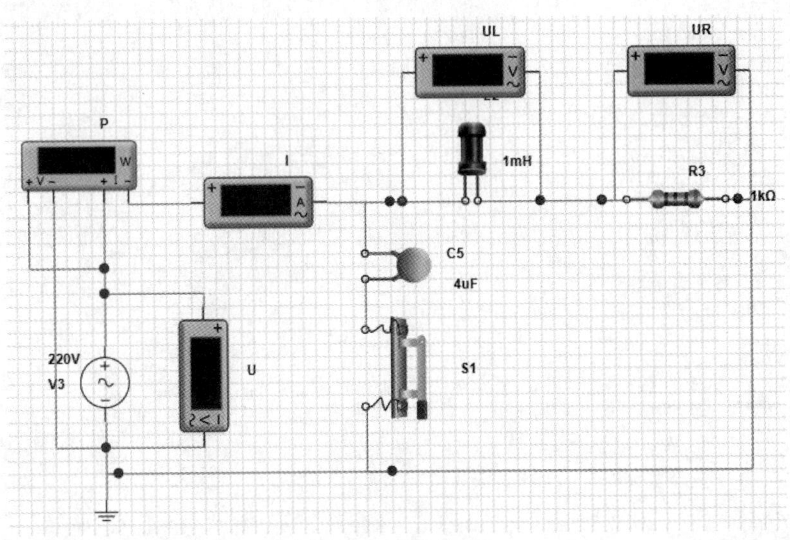

图 S3-9　软件电路图

2. 测量电容器开路时的参数

分别测量电流 I 以及电源电压 U、镇流器电压 U_L、灯管电压 U_R 和有功功率 P，计算功率因数 $\cos\varphi$，并将所得数据记入表 S3-4。

表 S3-4　　电容器开路时的参数

被测量值	电流 I/A	电源电压 U/V	镇流器电压 U_L/V	灯管电压 U_R/V	有功功率 P/W	功率因数 $\cos\varphi$
电容器开路						

3. 测量 C=4μF 时的参数

在图 S3-10 所示的电路中，接入一个 4μF、400V 的电容器，打开电源，观察各电压和电流的变化，计算功率因数 $\cos\varphi$，并将所得数据记入表 S3-5。

表 S3-5　　C=4μF 时的电路参数

被测量值	电流 I/A	电源电压 U/V	镇流器电压 U_L/V	灯管电压 U_R/V	有功功率 P/W	功率因数 $\cos\varphi$
C=4μF						

（四）任务分析与总结

（1）阐述单相交流电路功率补偿的方法，为什么采用这样的方法？

（2）根据表 S3-4、表 S3-5 所示的实验数据，验证功率补偿方法是否正确。

任务四　通过 Proteus 仿真实验分析正弦稳态交流电路

（一）实施要求

（1）分析单相正弦交流电路中电压、电流相量的关系。

（2）以日光灯电路为例，分析感性负载电路提高功率因数的方法。

（3）熟悉 Proteus 软件中示波器的使用方法。

（二）实施内容

以日光灯的等效电路作为感性负载，在感性负载电路中并联不同的电容器并记录电路的功率因数的变化。日光灯电路原理图如图 S3-10 所示。

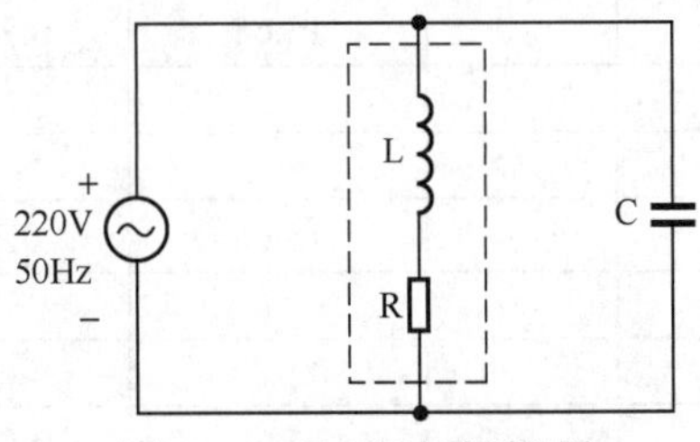

图 S3-10　日光灯电路原理图

（三）实施步骤

1. 绘制 RL 串联感性电路图，并联电容器提高功率因数

添加元器件：电阻器（或灯泡）、电感器、电容器、开关 SW-SPST。连接电路图，并完成各元件的参数设置，如图 S3-11 所示。（30W 日光灯等效为 200Ω 电阻器与 1.66H 电感器串联，补偿电容器分别为 0.5μF、1.5μF、2.5μF、3.5μF。）

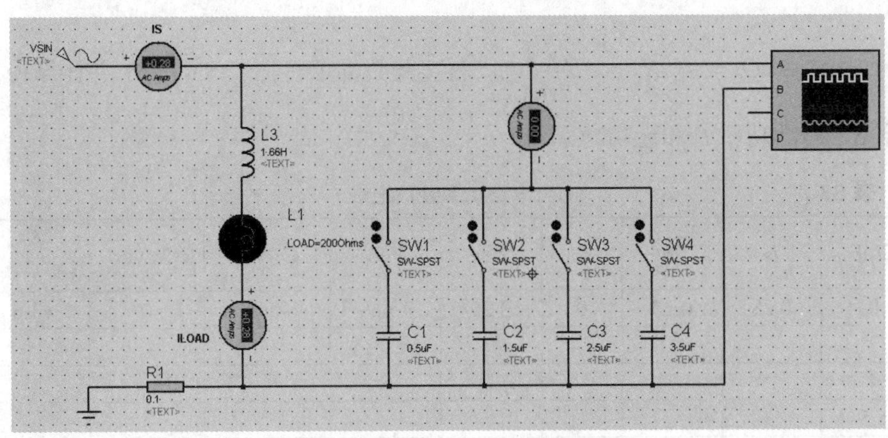

图 S3-11　日光灯 Proteus 仿真电路图

示波器只能测量电压波形，图 S3-11 中设置 R_1（0.1Ω，很小）是为了获取总电流的波形（电阻器上的电流与电压同相位）。

2. 运行仿真

将实验数据记录在表 S3-6 中，并分析电路性质。

表 S3-6　　在 RL 串联感性电路中串联电容器的实验参数

补偿电容 C/μF	总电流 I_s/A	负载电流 I_R/A	电容电流 I_C/A	有功功率 P/W	功率因数 $\cos\varphi$	电路性质	电路状态
0	0.28	0.28	0	15.68	0.25	感性	无补偿
0.5							
1.5							
2	0.19			15.68	0.37	感性	欠补偿
2.5							
3.5							
4.5	0.1			15.68	0.7	感性	欠补偿
5							
5.5							
8	0.17			15.68	0.42	容性	过补偿

由此可知：感性负载上并联合适的电容器，可提高功率因数，提高有功功率。但是，并联的电容器 C 值过大会导致过补偿，电路从感性变成容性，从而导致功率因数下降。

3. 计算分析电路中的视在功率 S、有功功率 P 和无功功率 Q

已知电源的视在功率 $S = U_S \cdot I_S$，电感器的无功功率 $Q_L = I^2 X_L = I^2 \omega L$，电容器的无功功率 $Q_C = -I^2 X_C = -I^2 (\frac{1}{\omega C})$，将实验数据填写在表 S3-7 中，并计算视在功率 S、有功功率 P 和无功功率 Q。

表 S3-7　　电路功率参数记录

C/μF	I_S	I_R	I_C	$\cos\varphi$	P/W	Q_L/var	Q_C/var	S/(V·A)
0	0.28	0.28	0	0.25	15.68	40.86	0	61.6
2								
4								
5.5								
8								

4. 改变电路中并联电容器，观察、分析示波器的波形

当补偿电容分别为 $C = 0\mu F$、$2\mu F$、$4.5\mu F$、$8\mu F$ 时，观察输入波形的变化，如图 S3-12 所示。

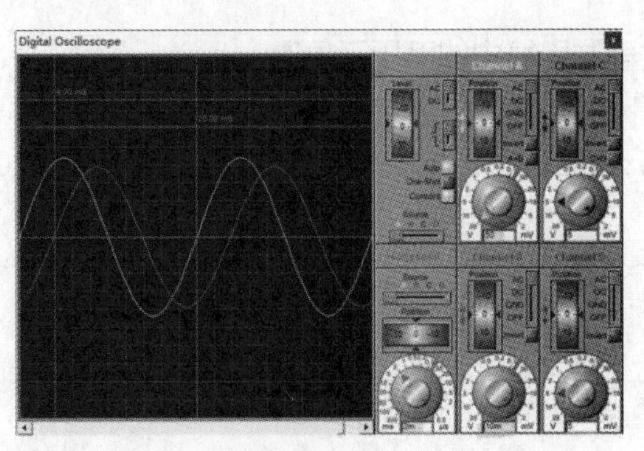

（a） $C = 0\mu F$，感性负载

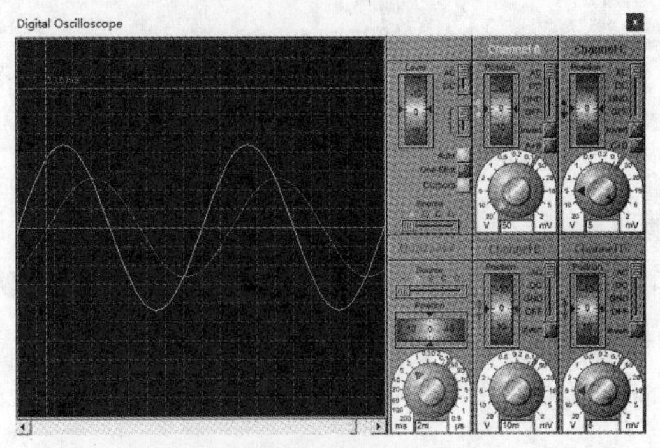

（b） $C = 2\mu F$，感性负载

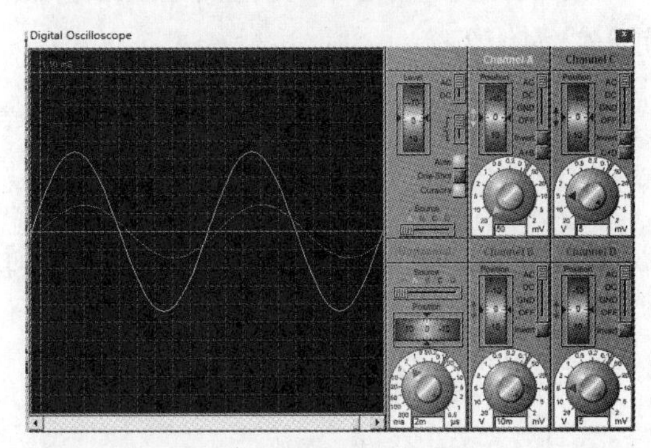

（c） $C = 4.5\mu F$，感性负载

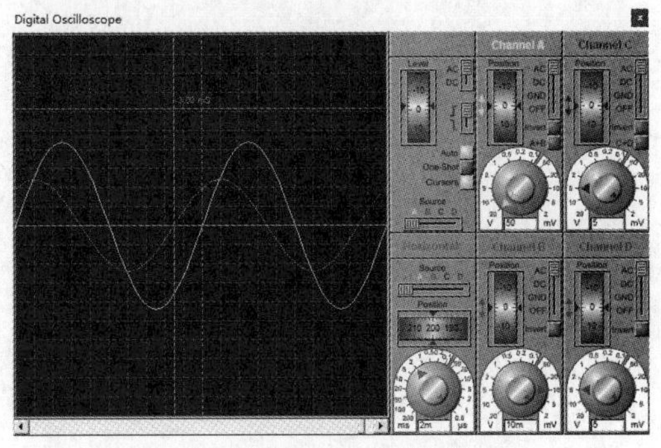

（d） $C = 8\mu F$，容性负载

图 S3-12　并联不同电容器时输出波形的变化

5. 验证 RLC 串联电路中的电压三角形

（1）建立 RLC 串联电路的仿真电路，如图 S3-13 所示，并设置电源电压为 220V，频率为 5kHz，电阻为 3.3kΩ，电感为 100mH，电容为 0.022μF。

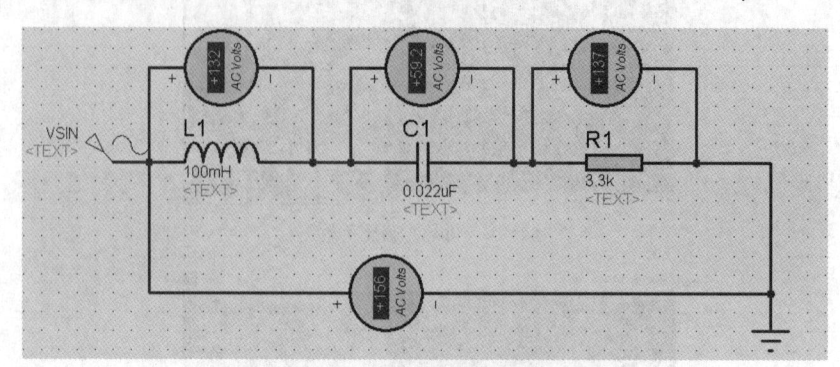

图 S3-13　RLC 串联电路的仿真电路

（2）单击“仿真”按钮，得到仿真结果。

观察电压表，可知 RLC 串联的单相正弦交流电路中 $U_{\mathrm{L}}+U_{\mathrm{C}}+U_{\mathrm{R}}\neq U$，而满足 $U=\sqrt{U_{\mathrm{X}}^{2}+U_{\mathrm{R}}^{2}}$，这称为电压三角形。

（四）任务分析与总结

（1）根据表 S3-6 所示的数据，请总结提高功率因数的方法，并思考是否并联的电容器的值越大越好，为什么？

（2）根据表 S3-7 数据，请总结功率因数与视在功率、有功功率和无功功率的关系。

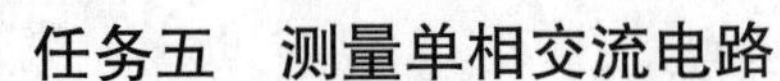

任务五　测量单相交流电路

（一）实施要求

（1）能熟练连接单相交流电路。

（2）能熟练使用交流电流表、电压表、功率表及自耦调压变压器等。

（3）学会使用交流电流表、电压表、功率表来测定线圈参数 R_L 及 L 的方法。

（二）实施内容

电感线圈（参数为 R_L、L）和滑线电阻 R 串联后，组成图 S3-14 所示的感性负载电路，接在自耦调压变压器的输出端。电路中自耦调压变压器的输出电压 U 不等于线圈端电压 U_1 和滑线电阻端电压 U_2 的代数和，而是它们的相量和，即 $\dot{U}=\dot{U}_1+\dot{U}_2$，其电压相量图如图 S3-15 所示。

图 S3-16 中滑线电阻端电压 $\dot{U}_2$ 与电流 $\dot{I}$ 同相，因为电感线圈本身具有电阻 R_L，所以端电压 $\dot{U}_1$ 比电流 $\dot{I}$ 超前 φ_L（φ_L<90°）。根据电压相量图可以求出以下数值。

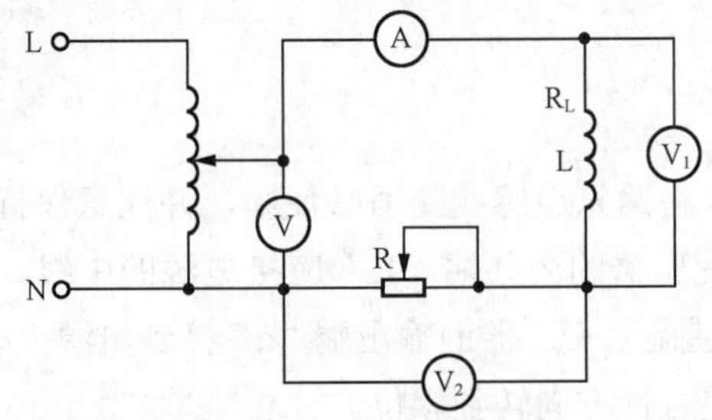

图 S3-14　RL 串联实验电路

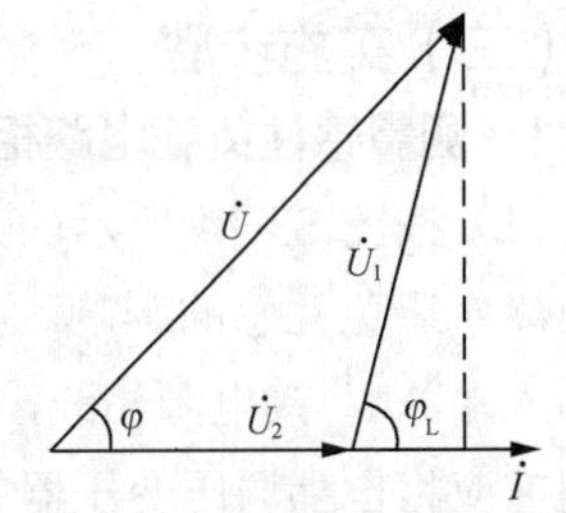

图 S3-15　RL 串联电路的相量图

电路总功率因数

$$\cos\varphi=\frac{U^2+U_2^{\ 2}-U_1^{\ 2}}{2UU_2}$$

电感线圈功率因数

$$\cos\varphi_L=\frac{U^2-U_1^{\ 2}-U_2^{\ 2}}{2U_1U_2}$$

电感线圈阻抗

$$Z_L=\frac{U_1}{I}$$

电感线圈电阻

$$R_L=\frac{U_1\cos\varphi_L}{I}$$

电感线圈感抗

$$X_L=\sqrt{Z_L^2-R_L^2}$$

电感线圈电感

$$L = \frac{X_L}{2\pi f} \approx \frac{X_L}{314}(f=50\text{Hz})$$

因此，测量得到 U、U_1、U_2、I 的数值，利用上述公式就可以求出各个电路参数。如果把电感线圈单独接在自耦调压变压器的输出端，并用电流表、电压表、功率表测量电路的电流 I、电压 U、功率 P，电路如图 S3-16 所示，也可以利用以下公式求出线圈参数。

$$Z_L = \frac{U}{I}$$

$$R_L = \frac{U\cos\varphi}{I} = \frac{P}{I^2}$$

$$X_L = \sqrt{Z_L^2 - R_L^2} = \frac{U}{I}\sqrt{1-\cos^2\varphi}$$

$$L = \frac{X_L}{2\pi f}$$

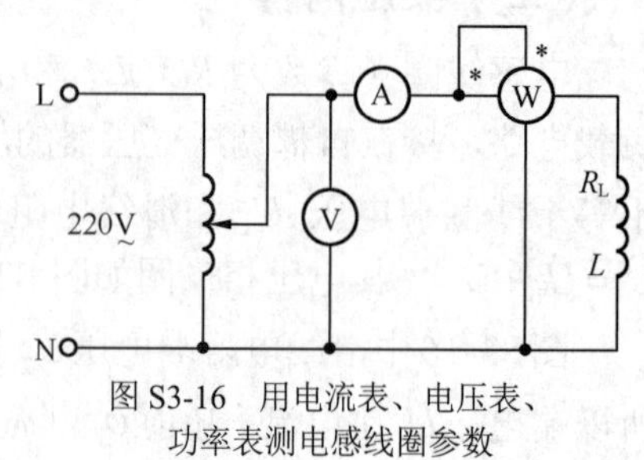

图 S3-16　用电流表、电压表、功率表测电感线圈参数

（三）实施步骤

1．测量感性负载电路相量图

（1）按图 S3-14 所示的方法接线，将两只电感线圈串联使用，并注意保持一定距离，避免互感的影响。自耦调压变压器的公共端“X”应接电源的中线，电源输入端“A”接电源相线，禁止把自耦调压变压器的输出端“a”接到电源上去。合闸前应将自耦调压变压器的手盘按逆时针方向转到零位。

（2）接通电源，调节自耦调压变压器输出电压到 100V 左右，用电压表测量 U_1 和 U_2，并调节滑线电阻器的阻值 R，使 $U_1 \approx U_2$。

（3）再调节调压变压器输出电压，使电流表读数 I 为 1A，然后用电压表测量，将数据填入表 S3-8 中并根据实验数据计算线圈参数。

表 S3-8　　电感线圈参数的测量结果

U/ V	U_1/ V	U_2/ V	I/ A	$\cos\varphi_L$	Z_L/Ω	R_L/Ω	X_L/Ω	L/H

2．用电流表、电压表、功率表法测线圈参数

（1）按图 S3-16 所示的方法接线，注意功率表的两组电流线圈引出端应并联，以得到电流大量程，电压线圈与电流线圈的“*”号端应一起接到自耦调压变压器的负载端“a”。

（2）接通电源，调节自耦调压变压器输出电压，使线圈电流为 1A，读取电流表、电压表、功率表的读数，记入表 S3-9 中，并计算出线圈参数。

表 S3-9　　用电流表、电压表、功率表测量电感线圈参数

P/ W	U/ V	I/A	R_L/Ω	Z_L/Ω	X_L/Ω	L/H

（四）任务分析与总结

（1）注意人身安全，严禁在通电的情况下接线、改接线路和拆除电路。

（2）调压变压器的输入端、输出端不能接错。

（3）调压变压器在接通电源前，应注意把调压变压器的手盘按逆时针方向旋转到零位，即输出电压为零的位置。

（4）思考根据表 S3-9 所示的实验数据，列出计算公式并计算结果。

（5）线圈的端电压是否等于线圈中的感应电动势？为什么？

实训项目四 使用电工测量仪表及安全工具

任务一 正确使用电工工具

（一）实施要求

电工工具的使用是电工作业中必不可少的技能，在特殊工种作业培训和考试中的电工操作证中，这部分内容占 15%。整个项目的实施最好能在相关的电工操作证培训实验室或者在相关的符合条件的测试环境中进行。

（二）实施步骤

正确检查和穿戴相关绝缘防护用具，使用高压验电器验电。按照相关知识点（验电器的知识点），选出与验电器配套的一些防护工具，并正确使用验电器进行验电。

验电器是用来判断电气设备或线路上有无电源存在的工具，分为低压和高压两种。

（1）低压验电器的使用方法如下。

① 必须采用正确的方法握住笔身，并使氖管透窗背光面朝向自己，以便于观察。请在下列选项中选择正确电笔握笔方法（　　　　）。（多选题）

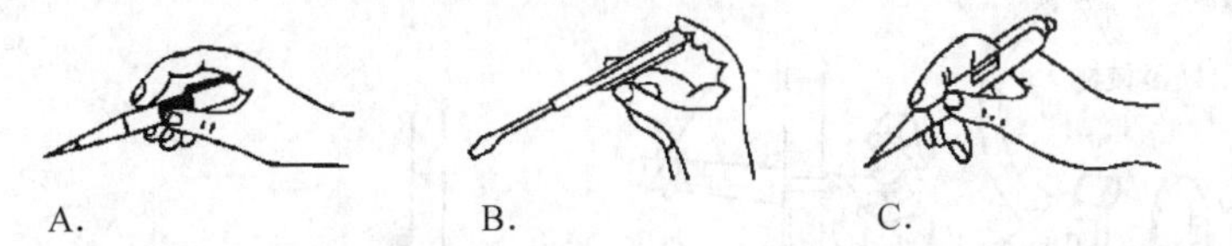

② 为防止笔尖金属体触及人手，在螺丝刀式验电笔杆上必须套上绝缘套管，仅留出刀口部分供测试需要。

③ 验电笔不能受潮，不能随意拆装或受到严重振动。

④ 应经常在带电体上测试，不可靠的验电笔不准使用。

⑤ 检查时如果氖管内的金属丝单根发光，则是________（直流/交流）电；如果是两根都发光，则是________（直流/交流）电。

（2）高压验电器的使用方法如下。

① 使用时应两人操作，其中一人进行验电操作，另一人进行监护。

② 在户外时，必须在晴天的情况下使用。

③ 进行验电操作的人员要正确穿戴和使用绝缘保护器具，如图 S4-1 所示，请列出高压电工户外使用或穿戴器具有哪些？

④ 高压验电笔握法正确，如图 S4-2 所示。使用前应在带电体上测试，不可靠的验电器不准使用。高压验电器应每 6 个月进行一次耐压试验，以确保安全。

图 S4-1　绝缘保护器具的穿戴

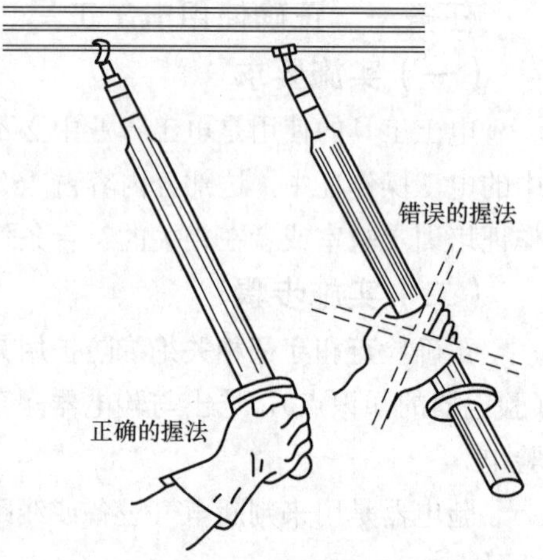

图 S4-2　高压验电笔的正确使用指示

⑤ 正确使用脚扣或登高板和腰绳等登高作业工具进行模拟登高作业。具体操作过程参考图 S4-3 和图 S4-4。

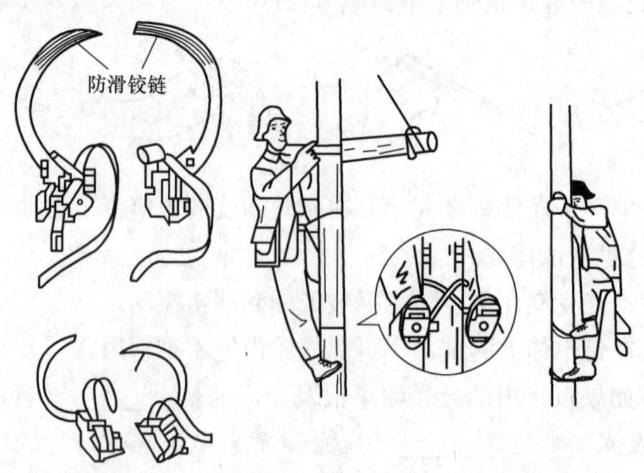

图 S4-3　脚扣的结构

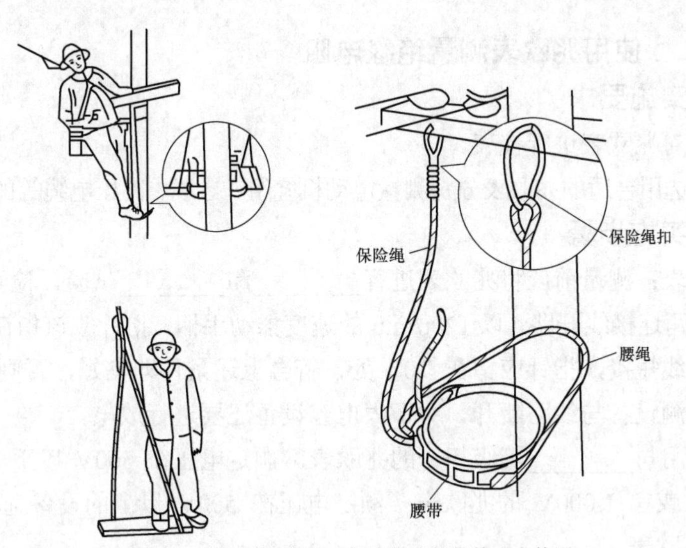

图 S4-4　登高板、腰绳、保险绳和腰带的配合使用

(三)任务分析与总结

请复述低压验电器和高压验电器的使用方法和注意事项。

任务二　使用兆欧表测量绝缘电阻

（一）实施要求

（1）能对兆欧表进行校表。

（2）会选用合适的兆欧表分别测量电动机绕组、导线、高压电缆等的绝缘电阻。

（二）实施步骤

（1）校表：测量前应将兆欧表进行________和________试验，检查兆欧表是否良好。将两连接线开路，以120r/min的速度摇动手柄，指针应该指在“∞”处，再将两连接线短接，指针应指在“0”处，符合上述条件即良好，否则不能使用。

（2）被测设备与线路断开，对于大电容设备还要进行放电。

（3）选用与________等级相符的兆欧表。额定电压在500V以下的设备，应选用500V或者1 000V的兆欧表；额定电压在500V以上的设备选用1 000～2 500V的兆欧表。

（4）测量绝缘电阻时。

① 测量电动机的绝缘电阻。将兆欧表E接线柱接________（即接地），L接线柱接到电动机某________上，如图S4-5（a）所示。测出的绝缘电阻就是某相的对地绝缘电阻。（提示：填写“机壳”“一相绕组”。）

② 测量电缆的绝缘电阻，如图S4-5（b）所示。一般只用______和______端，但在测量电缆对地的绝缘电阻或者被测设备的漏电流较严重时，就要使用______端，并将________端接屏蔽层或者外壳。（提示：填写L、E、G。）

（5）接好线路后，摇动手柄1min后边摇手柄边读数，读数时不能摇手柄。

（6）拆线放电。读数完毕，一边慢摇，一边拆线，然后将被测设备放电。放电的方法是将测量时使用的地线从兆欧表上取下来与被测设备短接一下（不是兆欧表放电，是被测设备放电）。

按照兆欧表的相关知识点，选用合适的兆欧表分别测量电动机绕组、导线、高压电缆等的绝缘电阻，测量接线可参考图S4-5所示的接线方法。

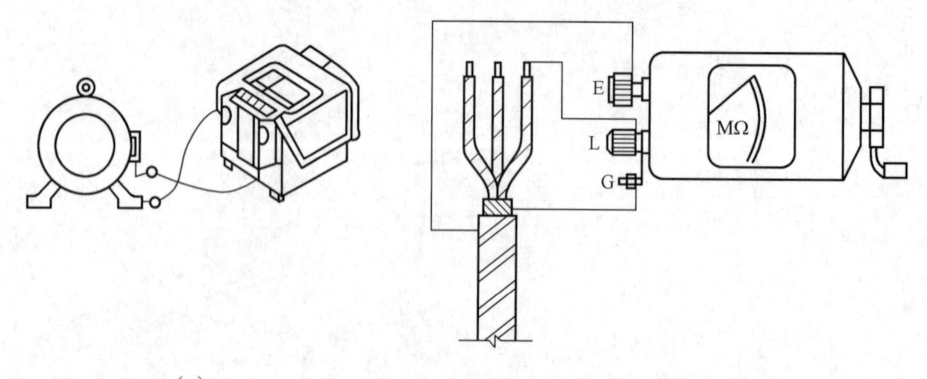

图S4-5　兆欧表测量绝缘电阻示意图

(三)任务分析与总结

请总结兆欧表的校表方法和测量变压器、电动机绝缘电阻的方法。

任务三　安装和使用电能表

（一）实施要求

（1）能对电能表进行正确安装。

（2）理解电能表正确安装的两种方法。

（二）实施步骤

只对单相电能表进行正确安装。单相电能表接线法可参考图 S4-6 所示的电路。

（1）直接接入法：如果负载的功率在电能表允许的范围内，即流过电能表线圈的电流不至于导致线圈烧坏，就可以采用直接接入法。单相电能表的安装可参考图 S4-6（a）所示的电路。

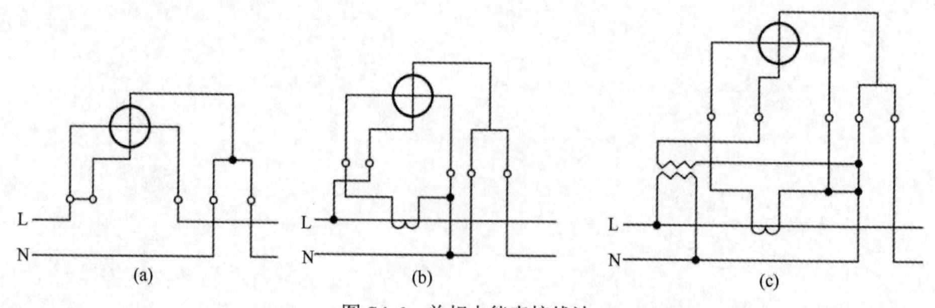

图 S4-6　单相电能表接线法

单相电能表共有 4 个端子，从左到右按 1、2、3、4 编号。接线有两种方法：一种是________、________接进线，________、________接出线，如图 S4-6（a）所示；另一种是________、________接进线，________、________接出线，如图 S4-6（b）所示。无论哪种接法，相线（火线）必须接电能表的电流线圈端子。由于有些电能表的接线特殊，具体的接线方法应参照端子盖板上的接线图。（提示：填写 1、2、3、4 编号）

（2）经互感器接入法：在用单相电能表测量大电流的单相电路的用电量时，应使用电流互感器进行电流变换，电流互感器接电能表的电流线圈。接法有如下两种。

① 单相电能表内 5 和 1 端未断开时的接法。由于表内短接片没有断开，所以互感器的 K2 端子禁止接地。单相电能表的安装可参考图 S4-6（b）所示的电路。

② 单相电能表内 5 和 1 端短接片已断开时的接法。由于表内短接片已断开，所以互感器的 K2 端子应该接地，同时，电压线圈应该接于电源两端。单相电能表的安装可参考图 S4-6（c）所示的电路。

（三）任务分析与总结

请复述单相电能表正确的安装步骤和注意事项。

任务四　测量接地电阻

（一）实施要求

（1）能具体测量楼房的避雷接地电阻。

（2）能具体测量电线塔的防雷接地电阻、土壤电阻率。

（二）实施步骤

根据接地电阻测量仪的相关知识，具体测量楼房的避雷接地电阻、电线塔的防雷接地电阻、土壤电阻率等。可参考图 S4-7 所示的接线方法。

1. 接地电阻测试要求

（1）交流工作接地，接地电阻不应大于________Ω。

（2）安全工作接地，接地电阻不应大于________Ω。

（3）直流工作接地，接地电阻应按系统具体要求确定。

（4）防雷保护地的接地电阻不应大于________Ω。

（5）对于屏蔽系统如果采用联合接地，接地电阻不应大于________Ω。

2. 接地电阻测量仪

接地电阻测量仪由手摇发电机、电流互感器、滑线电阻及检流计等组成，全部结构装在塑料壳内，外有皮壳便于携带。附件有辅助探针、导线等，装于附件袋内。其工作原理采用基准电压比较式。

3. 测试仪部件准备

（1）接地电阻测试仪一台。

（2）辅助接地棒两根。

（3）导线 5m、20m、40m 各一根。

4. 使用与操作

测量接地电阻时，如图 S4-7 所示，接线方式规定仪表上的________端钮接 5m 导线，________端钮接 20m 导线，________端钮接 40m 导线，导线的另一端分别接被测物接地极 E′、电位探针 P′和电流探针 C′，且 E′、P′、C′应保持直线，其间距为________m。（提示：填写 E、P、C 端。）

图 S4-8 所示为用接地电阻测量仪测量土地电阻率的示意图。

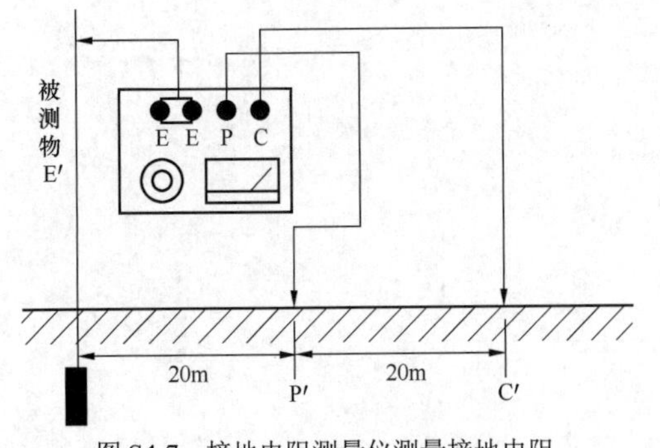

图 S4-7　接地电阻测量仪测量接地电阻

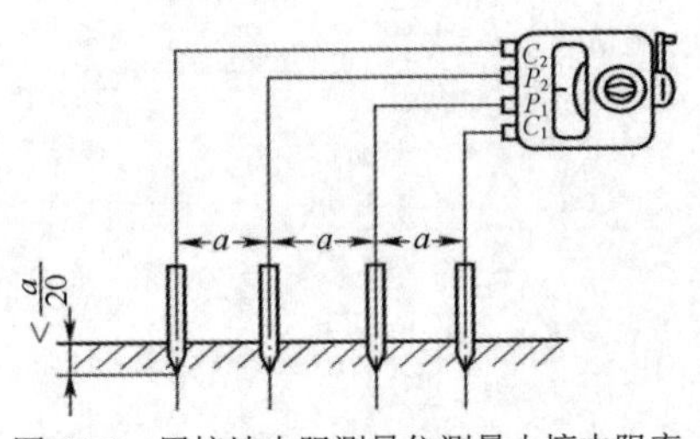

图 S4-8　用接地电阻测量仪测量土壤电阻率

（三）任务分析与总结

复述用接地电阻测量仪测量楼房的避雷接地电阻、电线塔的防雷接地电阻、土壤电阻率的方法。

实训项目五　认识变压器

任务一　用万用表判别变压器的同名端

（一）实施要求

（1）复习变压器同名端的概念。

（2）实验设备准备：一个直流电压源（12V 左右），一个万用表，一个开关，一个单相电源变压器，若干连接导线。

（二）实施步骤

（1）先用万用表的电阻挡测量出同一变压器两边绕组的电阻值，并指出哪端是高压侧、哪端是低压侧。判断方法是：电阻值高的是________侧，电阻值低的是________侧。

（2）再用试验的方法判定不同绕组的同名端。按图 S5-1 所示的方法连接电路。

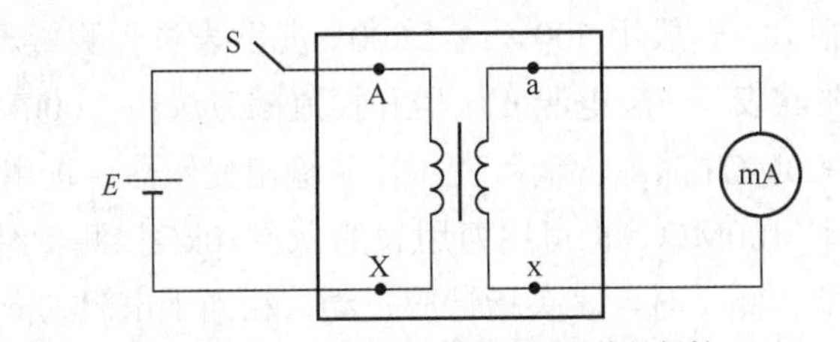

图 S5-1　用直流法测定变压器绕组极性

在开关 S 闭合的瞬间，观察万用表（电流挡）的指针偏转情况，若指针正向偏转，则 A 和 a 是________端；若反向偏转，则 A 与 x 是________端。（提示：填写同名或异名）

（三）任务分析与总结

请总结采用直流测量法和交流测量法判断变压器同名端的方法和步骤。

任务二　测量变压器直流电阻、绝缘电阻

（一）实施要求

1. 认识变压器直流电阻、绝缘电阻测量的意义和方法

（1）变压器绕组直流电阻的检测是一项重要的试验项目，通过检测可以发现绕组回路是否有短路、开路或接错线现象，检查绕组导线接头焊接是否牢固、电压切换开关的接触是否良好。

测量变压器直流电阻一般采用电桥法，由于变压器的直流电阻较小，也能用万用表的电阻挡来测量。

使用万用表测量变压器直流电阻时应注意两点。

① 表笔接触良好，以表头指针稳定不动时的值为准。

② 测量后注意放电。

测量时，应分别测量变压器高、低压绕组的直流电阻。变压器工作时，高压绕组匝数多而流过的电流________，用________的导线绕制，直流电阻较________；低压线圈匝数少而流过的电流________，使用较________的导线绕制，直流电阻相对而言较________。这也是判定高压绕组和低压绕组的一种方法。

（2）绝缘电阻是表征变压器绝缘性能的一个参数，测量绝缘电阻是判断绕组绝缘状况简单而有效的方法。绝缘电阻包括绕组之间、绕组与铁芯及绕组与外壳之间的电阻值。

由于绝缘电阻很大，一般用500V或1 000V兆欧表进行测量。根据不同的变压器，选择不同的兆欧表。一般电源变压器和扼流圈应选用1 000V兆欧表，其绝缘电阻应不小于1 000MΩ；晶体管输入变压器和输出变压器应选用500V兆欧表，其绝缘电阻应不小于 100MΩ。也可用万用表的 $R\times10\text{k}\Omega$挡测量绝缘电阻，大致判断变压器绝缘性能，测量时，表头指针应不动（相当于电阻为∞），否则，说明变压器绝缘性能不好。

绝缘电阻合格值：绝缘电阻与变压器的容量、电压等级有关，与绝缘体受潮情况等多种因素有关。使用兆欧表检查高压侧对地和低压侧对地的绝缘电阻不应小于以下值：高压侧对地阻值大于等于250MΩ，低压侧对地阻值大于等于50MΩ，高压侧/低压侧大于等于250MΩ。

2. 实验设备准备

准备500V或1 000V兆欧表一个，万用表一个，电源变压器一个。

（二）实施步骤

（1）用万用表的电阻挡（$R\times1\text{k}\Omega$）分别测量变压器高、低压绕组的直流电阻，记录有关的测量值。

（2）用兆欧表测量变压器的绝缘电阻，并记录有关的测量值。

对于双绕组变压器，要分别测量高、低压绕组对地（即变压器外壳）绝缘电阻，高、低压绕组间的绝缘电阻，共测量3次。

用兆欧表测量变压器高压绕组对地（即变压器外壳）绝缘电阻的方法和步骤如下。

① 在测量前必须切断电源，被测设备与线路断开，必要时将被测设备充分放电。

② 测量前，对兆欧表做一次________和________试验，检查兆欧表是否良好。试验时先将兆欧表两连接线（线路端 L 和接地端 E）开路，摇动手柄，指针指在________位置，然后将两连接线短路，轻轻摇动手柄，指针指在________，说明兆欧表功能良好，可以使用。

③ 接线。测量绝缘电阻一般只用兆欧表的 L 和 E 端，________端接被测物高压绕组，________端接地（即变压器外壳）。注意：兆欧表的接线端与被测设备间连接的导线不能用双股绝缘线和绞线，应用单股线分开且单独连接，以免因绞线绝缘不良而引起误差。另外被测对象的表面应清洁、干燥，不得有污物（如漆等），以免造成测量数据不准确。

④ 测量，读数。测量时，兆欧表放平稳，按顺时针方向转动兆欧表的手柄，摇动的速度应由慢而快，当转速达到约 120r/min 时，保持匀速转动，1min 后读数，并且要边摇边读数，不能停下来读数。注意：如果被测设备短路，指针指到“0”点时应立即停止摇动手柄，以免烧坏仪表。另外在测量绝缘电阻的过程中，不许接触带电体或拆接兆欧表线，以防止触电。

⑤ 拆线放电。读取绝缘值之后，不应立即停止摇动，应先撤出“L”测线后再停止摇动兆欧表，以防止电气设备向兆欧表反向充电导致兆欧表损坏。然后将变压器绕组放电。

⑥ 记录测量的绝缘电阻值。

改变接线，分别完成上述步骤并对其他绕组绝缘电阻进行测量。

（3）用万用表的 $R \times 10\text{k}\Omega$挡测量变压器各绝缘电阻，大致判断变压器绝缘性能。

（三）任务分析与总结

请总结变压器直流电阻、绝缘电阻测量的方法和意义。

任务三　变压器的故障检修

（一）实施要求

1. 了解电力变压器故障的一些检查方法

（1）看、触、闻。通过观察、感知或闻变压器故障发生时的颜色、温度、气味等异常现象，由外向内认真检查变压器的各处。

（2）听。正常运行时，变压器发出均匀的“嗡嗡”响声。如果产生不均匀响声或其他响声，都属于不正常现象。

（3）测。依据声音、颜色及其他现象对变压器事故的判断，只能作为现场的初步判断，要想准确地找出故障原因，提出较完备合理的处理办法，还要进行测量并综合分析。测量内容有对变压器绝缘电阻和直流电阻的测量。

2. 了解变压器常见故障的现象和原因

例如，变压器接上电源而没有电压输出，可能是变压器绕组（高压绕组或低压绕组）发生了开路或短路现象，也可能是有关的连接导线或绕组引线虚焊等。

3. 实验设备准备

准备500V或1 000V兆欧表一个，万用表一个，电源变压器一个，电烙铁一个等。

（二）实施步骤

（1）将电源变压器设置故障，如高压绕组或低压绕组开路或短路。

（2）用兆欧表和万用表测量检查，找出故障部位，提出处理办法。

（3）对电源变压器进行维修处理，消除故障，使之能正常工作。

（三）任务分析与总结

请总结变压器常见故障有哪些，并列出检查方法。

实训项目六 连接三相交流电路

任务一 通过 Proteus 软件仿真实验测量三相照明电路

（一）实施要求

（1）分析三相正弦交流电路中电压、电流相量的关系。

（2）使用 Proteus 软件中的示波器观测三相正弦交流电相量关系。

（二）实施步骤

1. 测量负载星形连接的三相电路

所需元件：三相对称电源 V3PHASE、电阻器、单刀单掷开关 SW-SPST。

（1）负载星形连接有中线，如图 S6-1 所示。

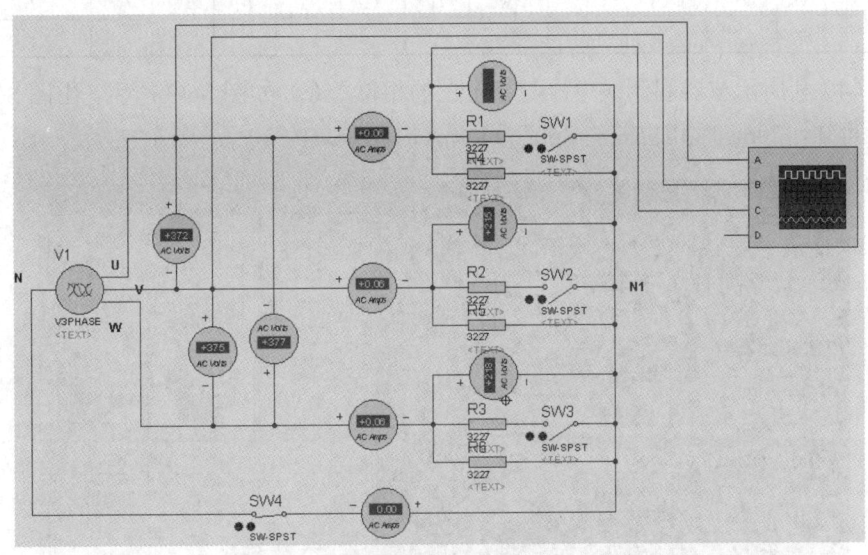

图 S6-1 负载星形连接、有中线的三相电路

（2）设置参数。三相对称交流电源 V3PHASE：幅值为 311V，频率为 50Hz，如图 S6-2 所示。电阻为 3 227Ω。

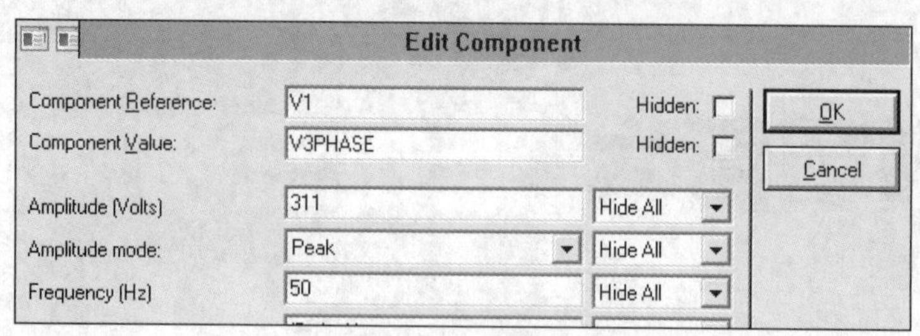

图 S6-2　参数设置

提示：若幅值为311V，有效值约为220V（相电压），线电压约为380V。三相对称交流电路，且负载星形连接，线电流等于相电流，$I=U_P/R=220/3\ 227\approx 0.068$(A)，如表S6-1所示。

表 S6-1　　三相对称交流电路实验数据

V3PHASE 幅值	理论值			
311V	相电压/V	线电压/V	相电流/A	线电流/A

（3）SW1、SW2、SW3均断开或均闭合时，根据仿真结果，填写表S6-2。

表 S6-2　　SW1、SW2、SW3 均断开或闭合时的仿真数据（星形连接）

实测相电压/V			实测线电压/V			实测相电流/A			实测线电流/A			中线电流/A
U_U	U_V	U_W	U_{UV}	U_{VW}	U_{WU}	I_1	I_2	I_3	I_U	I_V	I_W	I_N

（4）利用示波器观测线电压与相电压的相位关系，如图S6-3所示。由图S6-3分析可知，20ms时相位差约360°，1.6ms时相位差约30°。

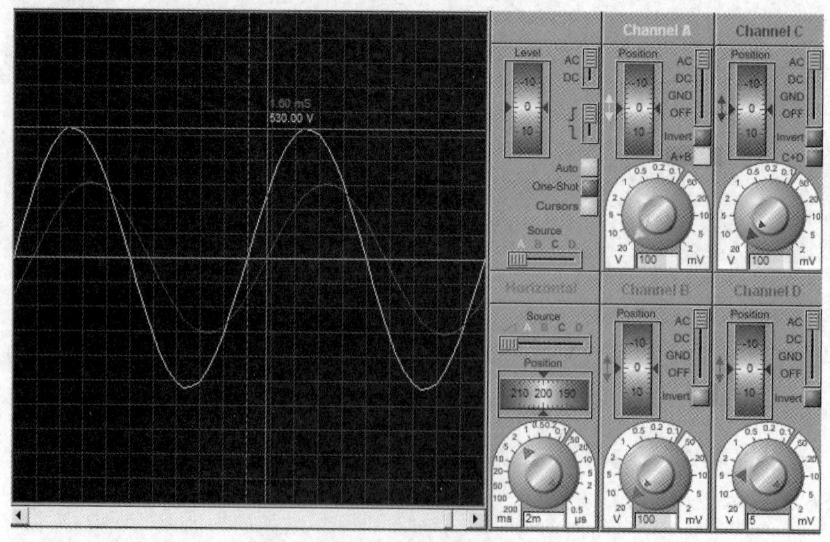

图 S6-3　线电压与相电压的相位关系

可见，在三相对称电路中，负载星形连接时，线电压与相电压、线电流与相电流是什么关系？若此时去掉中线（SW4 断开），上述数据会有变化吗？

（5）任意接通一个或两个开关，形成不对称负载。比如 SW1 接通，SW2、SW3 断开。完成表 S6-3 的数据填写，并给出仿真截图。

表 S6-3　　不对称负载时的数据（星形连接）

实测相电压/V			实测线电压/V			实测相电流/A			实测线电流/A			中线电流/A
U_U	U_V	U_W	U_{UV}	U_{VW}	U_{WU}	I_1	I_2	I_3	I_U	I_V	I_W	I_N

（6）此时，若去掉中线，仿真结果有何变化？给出仿真截图和实测的数据表格。

2. 负载三角形连接的三相电路

（1）负载三角形连接的三相电路如图 S6-4 所示。其中，三相对称电源为 V3PHASE：幅值为 311V，频率为 50Hz，电阻为 3 227Ω。

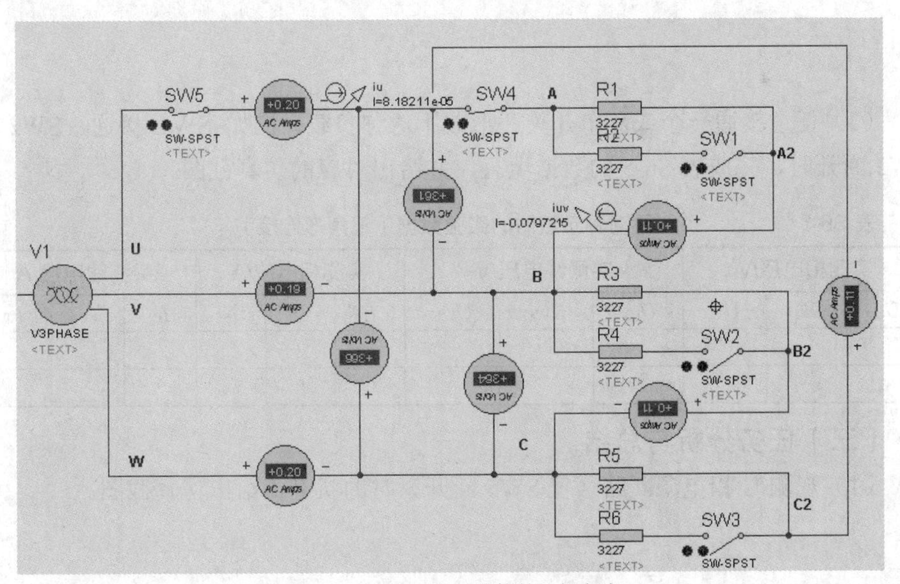

图 S6-4　负载三角形连接的三相电路

（2）SW1、SW2、SW3 均断开或均闭合时，根据仿真结果，填写表 S6-4。

表 S6-4　SW1、SW2、SW3 均断开或闭合时的仿真数据（三角形连接）

实测相电压/V			实测线电压/V			实测相电流/A			实测线电流/A		
U_U	U_V	U_W	U_{UV}	U_{VW}	U_{WU}	I_1	I_2	I_3	I_U	I_V	I_W

添加电流探针，利用图表工具，观测线电流与相电流的相位关系（见图 S6-5）。

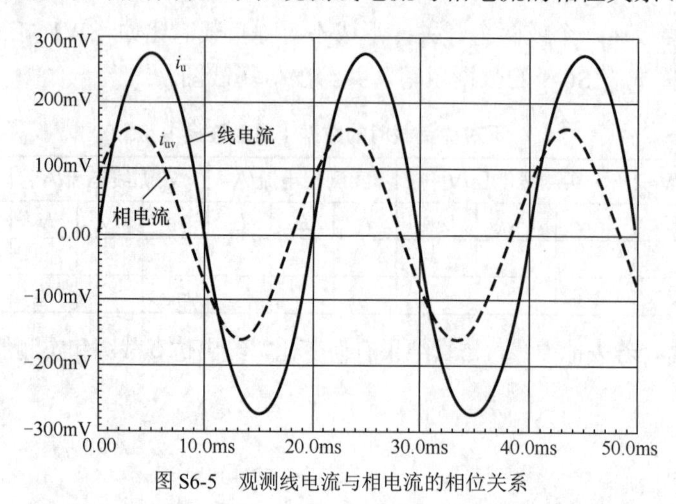

图 S6-5　观测线电流与相电流的相位关系

可见，三相对称电路中负载三角形连接时，线电压与相电压、线电流与相电流是什么关系？

（3）任意接通一个或两个开关，形成不对称负载。比如 SW1 接通，SW2、SW3 断开时，完成表 S6-5 的数据填写，并给出对应的仿真截图。

表 S6-5　不对称负载时的实验数据（三角形连接）

实测相电压/V			实测线电压/V			实测相电流/A			实测线电流/A		
U_U	U_V	U_W	U_{UV}	U_{VW}	U_{WU}	I_1	I_2	I_3	I_U	I_V	I_W

（三）任务分析与总结

（1）观测 U 相电源断路（仅 SW5 断开）时的状态，给出仿真截图。

（2）观测 U 相负载断路（仅 SW4 断开）时的状态，给出仿真截图。

任务二　实际使用设备测量三相照明电路

（一）实施要求

（1）能熟练使用对称三相电压的表达式。

（2）会测试三相电路有功功率。

（3）巩固对星形连接对称电源相电压与线电压关系的认识。

（二）实施内容

在三相电源和三相负载组成的三相动力电路中，电源和负载各自的连接方式是什么？在电力系统中，电源一般是对称的，而负载的不对称是经常出现的。三相负载除了三相电动机等对称负载外，还有照明电路等单相负载。由于用户的分散性和用电时间的不同，这些单相用电设备很难做到三相完全对称。此外，当对称三相电路发生一相负载短路或断线故障时，也会形成三相负载不对称。导致各相负载电压有的高于电源相电压，有的低于电源相电压，从而影响负载的正常工作。供电采取什么样的连接方式可以使单相负载都能正常工作呢？

（1）三相四线制不对称电路。如图S6-6所示，设三相电源电压对称，三相负载不对称，但有中线存在，且中线的阻抗 $Z_N=0$，所以 $\dot{U}_{N'N}=0$。由于电源电压对称且有中线，因此加在负载上的电压依然是对称的。

当 $Z_l=0$ 时：$\dot{U}'_U=\dot{U}_U$，$\dot{U}'_V=\dot{U}_V$，$\dot{U}'_W=\dot{U}_W$。

由于 $Z_U \neq Z_V \neq Z_W$，则每相的电流为

$$\dot{I}_U=\frac{\dot{U}_U}{Z_U},\quad \dot{I}_V=\frac{\dot{U}_V}{Z_V},\quad \dot{I}_W=\frac{\dot{U}_W}{Z_W}$$

且 $I_U \neq I_V \neq I_W$，相位差也不是120°，中线电流 $\dot{I}_N=\dot{I}_U+\dot{I}_V+\dot{I}_W \neq 0$。

（2）三相三线制不对称电路。如图S6-7所示，设不对称的三相三线制Y–Y电路中，Z_U、Z_V、Z_W 不相等，应用节点电压法求得

$$\dot{U}_{N'N}=\frac{\dfrac{\dot{U}_U}{Z_U}+\dfrac{\dot{U}_V}{Z_V}+\dfrac{\dot{U}_W}{Z_W}}{\dfrac{1}{Z_U}+\dfrac{1}{Z_V}+\dfrac{1}{Z_W}}$$

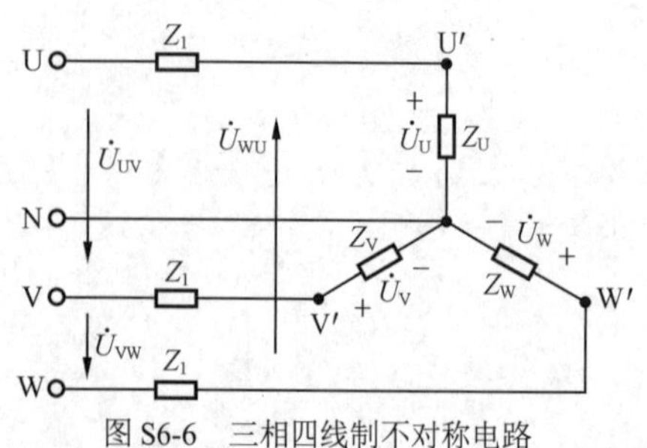

图S6-6　三相四线制不对称电路

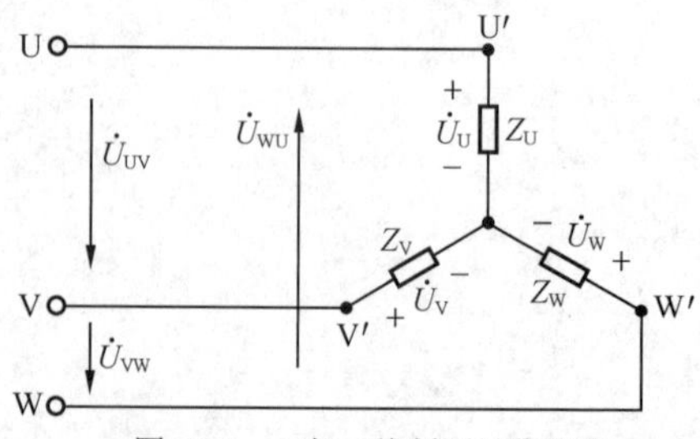

图S6-7　三相三线制不对称电路

由于 Z_U、Z_V、Z_W 不相等，那么 $\dot{U}_{N'N} \neq 0$，这种现象称为中性点位移。中性点

间的电压$\dot{U}_{N'N}$叫中性点位移电压。

那么根据 KVL 列出方程

$$\dot{U}'_U = \dot{U}_U - \dot{U}_{N'N}$$
$$\dot{U}'_V = \dot{U}_V - \dot{U}_{N'N}$$
$$\dot{U}'_W = \dot{U}_W - \dot{U}_{N'N}$$

可以看出，$\dot{U}'_U$、$\dot{U}'_V$、$\dot{U}'_W$是一组不对称的电压，在负载上产生的电流为

$$\dot{I}_U = \frac{\dot{U}'_U}{Z_U},\quad \dot{I}_V = \frac{\dot{U}'_V}{Z_V},\quad \dot{I}_W = \frac{\dot{U}'_W}{Z_W}$$

也是不对称的。

从相量图上看出，负载上的电压某一相高于电源相电压，某一相低于电源相电压。由于电压过高造成设备损坏，电压过低设备不能正常工作，故负载不对称电路一般采用三相三线制，从而避免中性点位移现象产生。

采用三相四线制时，中线应有足够的机械强度，同时中线上不应安装熔断器或开关。

（3）三相电路有功功率测量。

① 三瓦特表法和一瓦特表法。三相四线制星形连接负载，用 3 只瓦特表分别测量各相负载的有功功率，如图 S6-8 所示。三相功率之和为三相负载的总有功功率。

对称三相交流电路中，用一只功率表测出其中一相的功率，乘以 3 就是三相总功率。

三瓦特表法的连接特点：每一表的电流线圈串联在每一相负载上，其极性端接在靠近电源侧；电压线圈的极性端各自接在电流线圈的极性端上，电压线圈的非极性端均接到中线上。

② 二瓦特表法。三相三线制负载不论是否对称，都可采用两瓦特表测量三相负载的总有功功率，如图 S6-9 所示。

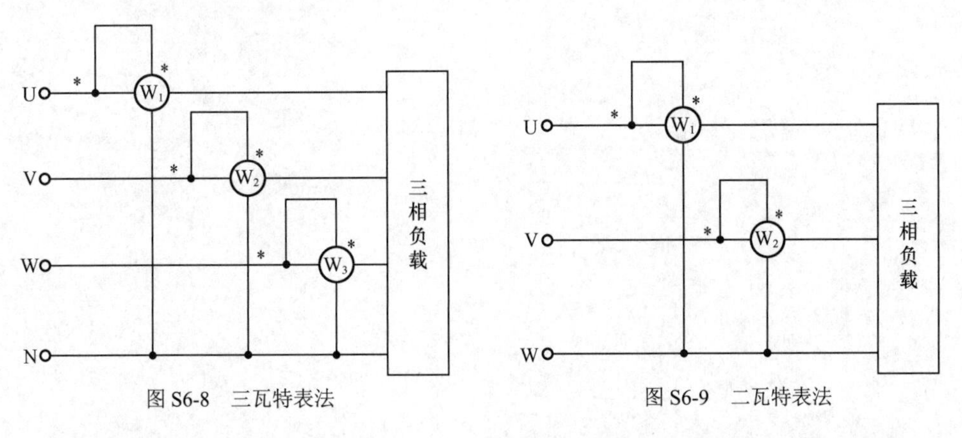

图 S6-8　三瓦特表法

图 S6-9　二瓦特表法

二瓦特表法接线原则：二只功率表的电流线圈分别串联于任意两根端线上，

电压线圈分别并联在本端线与第三根端线之间。两只功率表读数的代数和就是三相电路的总功率（注意电压线圈与电流线圈同名端的连接）。当功率表的读数为负值时，求总功率时应将负值代入。

需要注意的是：二瓦特表法中任一功率表的读数是没有意义的；除对称三相电路外，二瓦特表法不适用于三相四线制电路。

（三）实施步骤

（1）根据三相三线制电路图在实训台上搭接电路，观测灯泡对称和不对称时的亮度，并测出相电压、相电流，把数据记入表 S6-6 中。

表 S6-6　三相三线制电路实验数据

测量数据 / 负载情况	开灯盏数			相电流/A			相电压/V		
	U 相	V 相	W 相	I_U	I_V	I_W	U_{U0}	U_{V0}	U_{W0}
星形连接对称负载	3	3	3						
星形连接不对称负载	1	2	3						

（2）在三相三线制电路中把中线连上，再观测负载对称和不对称时的灯泡亮度，并测出不对称时的相电流、相电压。

（3）根据观测的现象和测得的数据分析电路中中线的作用。

（四）任务分析与总结

三相四线制中对称三相正弦电源线电压 $U=380\text{V}$，无中线阻抗，不对称星形连接负载 $Z_U=(3+\text{j}2)\Omega$、$Z_V=(4+\text{j}4)\Omega$、$Z_W=(2+\text{j}1)\Omega$，求中线电流和线电流。若存在复阻抗为 $Z_N=5\Omega$ 的中线，求各负载的电压。

实训项目七 连接异步电动机及控制电路

任务一 连接电气控制电路

（一）实施要求

（1）认识电气控制电路常用的图形和文字符号。

（2）正确识读电气控制原理图，并描述电气原理图功能。

（3）正确按照电气控制原理图进行接线。

（二）实施步骤

为了表达电气控制系统的设计意图，分析系统的工作原理，方便设备的安装、调试、检修以及工程技术人员之间的相互交流，乃至国际科学技术的引进与流通，工程电气控制图纸必须采用一定的格式系统和统一的图形和文字符号来表达。《电气简图用图形符号》（GB/T 4728）等标准，是我国现行的、规范的电力拖动控制系统技术标准，该标准内容基本沿用了国际电工委员会（IEC）的技术标准。

1. 认识电气控制电路常用的图形符号和文字符号

电气控制电路中，各种控制元件、器件的图形符号、文字符号必须符合《电气简图用图形符号》标准。

在具体绘制电气控制电路时还应注意以下问题。

（1）线条粗细可依国家标准放大或缩小，但同一张图纸中，同一符号的尺寸应保持一致，各符号间及符号本身比例应保持不变。

（2）标准中给出的符号方位，在不改变符号含义的前提下，可根据图面布置的需要旋转或镜像放置，但文字和指示方向不得倒置。

（3）大多数符号都可以附加补充说明标记。

（4）有些具体器件的符号可以由设计者根据国家标准的符号要素，用一般符号和限定符号组合而成。

（5）国家标准未规定的图形符号，可根据实际需要，按特殊特征、结构简单、便于识别的原则进行设计，但需要报国家有关管理部门备案。当采用其他来源的符号或代号时，必须在图解和文字上说明其含义。

2. 认识电气控制电路的回路标号

为了便于安装施工和故障检修，电气主电路和控制电路都必须加以标号。

（1）主电路各节点常用标号。

三相交流电源引入线采用 L_1、L_2、L_3 标记。

电源开关之后的三相交流电源主电路分别用 U、V、W 加阿拉伯数字 1、2、3 加以标记。

分级三相交流电源主电路采用在三相文字代号前加阿拉伯数字 1、2、3 标记。如 1U、1V、1W 和 2U、2V、2W 等。

电动机三相绕组分别用 U、V、W 标记。

（2）控制电路各节点标号。

控制电路采用阿拉伯数字编号，一般由 3 位或 3 位以下的数字组成。标注方法按“等电位”原则进行。在垂直绘制的电路中，标号顺序一般由上至下编号，凡是被线圈、绕组触点和电阻器或电容器等元件所间隔的线段，都应标以不同的电路标号。

3. 看懂电气原理图

用图形和文字符号（及节点标号）表示电路各个电气元件连接关系和电气工作原理的图称为电气原理图。由于电气原理图结构简单、层次分明，适用于研究和分析电路工作原理，在设计部门和生产现场得到广泛的应用。

绘制电气原理图时应遵循以下一些原则。

（1）电气原理图中所有电气元件的图形、文字符号必须采用国家规定的统一标准。

（2）电气元件采用分离画法。同一电气元件的各部件可以不画在一起，但必须用同一文字符号标注。若有多个同一种类的电气元件，可在文字符号后加上数字序号以示区别，如 KM1、KM2 等。

（3）所有按钮或触点均按没有外力作用或线圈未通电时的状态绘制。当图形垂直放置时，触点状态以“左开右闭”的原则绘制，即垂线左侧的触点为“动合触点”，垂线右侧的触点为“动断触点”；当图形水平放置时则以“上开下闭”的原则绘制，即在水平线上方的为“动合触点”，水平线下方的为“动断触点”。

（4）原理图上应标注各个电源电路的电压值、极性或频率及相数，某些元器件还应标注其特性（如电阻、电容的数值等），不常用的电器（如位置传感器、手动开关触点等）要标注操作方式和功能等。

（5）电气控制电路通过电流的大小分为主电路和控制电路。主电路包括从电源到电动机的电路，是大电流通过的部分，画在原理图的左边。控制电路通过的电流较小，由按钮、电气元件线圈、接触器辅助触点、继电器触点等组成，画在原理图的右边。

（6）动力电路的电源电路绘成水平线，主电路则应垂直于电源电路。直流电源和单相交流电源线用水平线绘制，直流电源的正极画在上方、负极画在下方；三相五线制交流电源线的相序自上而下依次为L_1、L_2、L_3、N（中线）、PE（保护线）。

（7）控制电路应垂直地绘在两条或几条水平电源线之间。耗能元件（如线圈、电磁铁、信号灯等）应直接绘在下面电源线一侧，控制触点则绘在上方电源线与耗能元件之间。

（8）为方便阅读，图中自左至右、从上至下表示动作顺序，并尽可能减少线条数量和避免线条交叉。

（9）在原理图上将图分成若干区域，并标明每一区域电路的用途。通过图纸下方的区域数字，可以快速地找到相关元件各部件的对应位置，达到方便、快速读图的目的；通过图纸上方相关区域文字的说明，快捷了解该区域电路的用途、作用、功能等。

图 S7-1 所示为 CW6132 普通车床电气原理图。

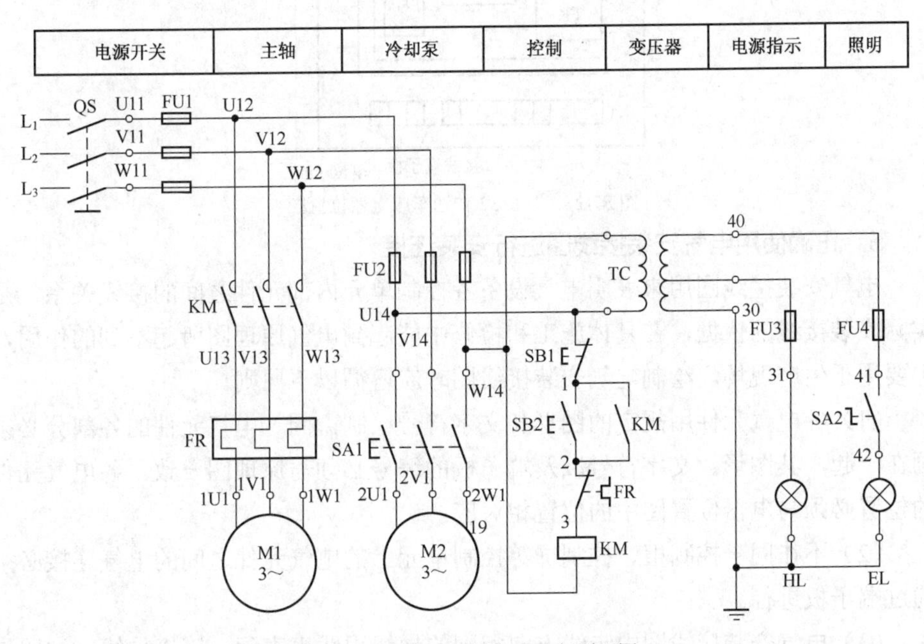

图 S7-1　CW6132 普通车床电气原理图

4．正确使用电气安装图（电器位置图、电气安装接线图和电气互连图）等进行电气系统的连接

（1）正确阅读电气安装图。电气安装图用来表示电气控制系统中各电气元件的实际安装位置和接线情况。它有电器位置图、电气安装接线图和电气互连图 3 部分，主要用于施工和检修。

（2）正确阅读电器位置图。电器位置图反映各电气元件的实际安装位置，各电气元件的位置根据元件布置合理、连接导线经济以及检修方便等原则安排。控制系统的各控制单元电气元件布置图应分别绘制。

电器位置图中的电气元件用实线框表示，不必绘制实际图形或图形代号。图中各电器代号应与相关电路和电器清单上所列元器件代号相同。在图中往往留有10%以上的备用面积及导线管（槽）的位置，以供走线和改进设计时用。图中还需标注必要尺寸。

图 S7-2 所示为 CW6132 普通车床电器位置图。图中 FU1～FU4 为熔断器，KM 为接触器，FR 为热继电器，TC 为照明变压器，XT 为接线端子板。

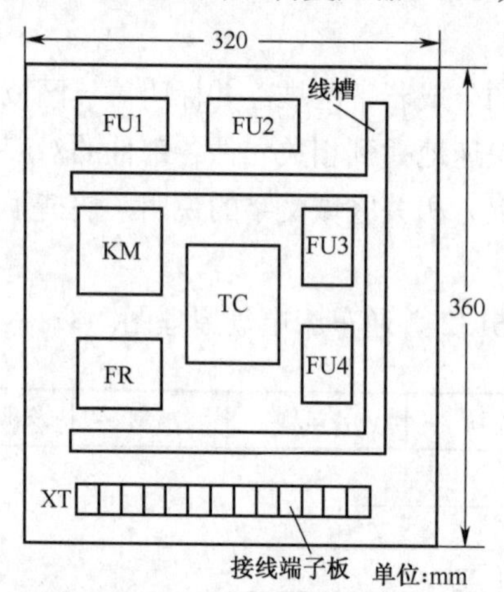

图 S7-2　CW6132 普通车床电器位置图

5. 正确使用电气安装接线图进行安装连接

电气安装接线图用来表明电气设备各控制单元内部元件之间的接线关系，是实际安装接线的依据，在具体施工和检修中能起到电气原理图所起不到的作用，主要用于生产现场。绘制电气安装接线图时应遵循以下原则。

（1）各电气元件用规定的图形和文字符号绘制，同一电气元件的各部分必须画在一起，其图形、文字符号以及端子板的编号必须与原理图一致。各电气元件的位置必须与电器位置图中的位置相对应。

（2）不在同一控制柜、控制屏等控制单元上的电气元件之间的电气连接必须通过端子板进行。

（3）电气安装接线图中走线方向相同的导线用线束表示，连接导线应注明导线规格（数量、截面积等）；若采用线管走线时，须留有一定数量的备用导线，还应标明线管尺寸和材料。

（4）电气安装接线图中导线走向一般不表示实际走线途径，施工时由操作者根据实际情况选择最佳走线方式。图 S7-3 所示为 CW6132 普通车床控制板电气安装接线图。

6. 正确使用电气互连图进行各控制单元的连接

电气互连图是反映电气控制设备各控制单元（控制屏、控制柜、操作按钮等）

与用电的动力装置（电动机等）之间电气连接的图。它清楚地表明了电气控制设备各单元的相对位置及它们之间的电气连接情况。当电气控制系统较为简单时，可将各控制单元电气安装接线图和电气互连图合二为一，统称为安装接线图。

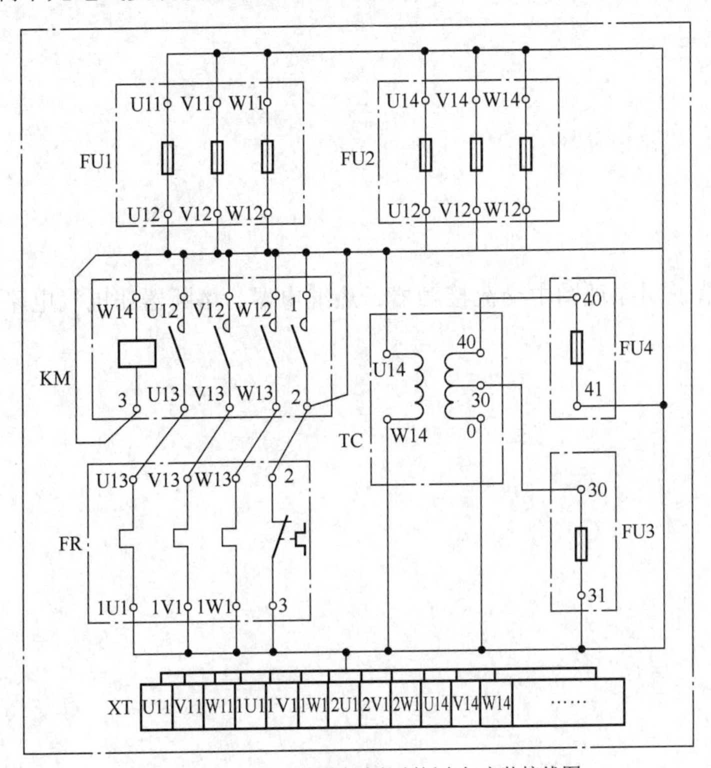

图 S7-3　CW6132 普通车床控制板电气安装接线图

绘制电气互连图时应遵循以下原则。

（1）电气控制设备各控制单元可用点画线框表示，但必须标明接线板端子的编号。

（2）电气互连图上应标明电源的引入点。

其他原则与电气安装接线图绘制原则中的（3）、（4）相同。图 S7-4 所示为 CW6132 普通车床电气互连图。

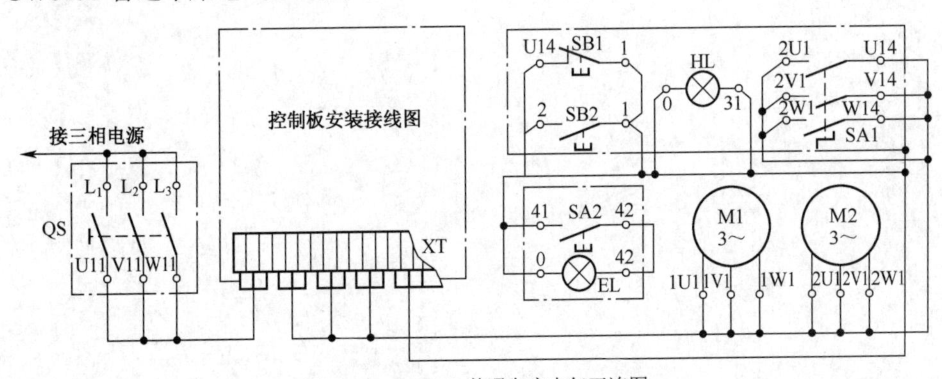

图 S7-4　CW6132 普通车床电气互连图

（三）任务分析与总结

（1）图 S7-1 所示为 CW6132 普通车床电气原理图，请描述该电气原理图的工作过程，并列出使用过的低压电器。

（2）请说明原理图中交流接触器、热继电器、熔断器在电气电路中的保护作用。

任务二　连接三相异步电动机直接起动控制电路

（一）实施要求

（1）正确描述三相异步电动机的控制电路工作过程。

（2）正确进行三相异步电动机控制电路的连接。

（二）实施步骤

三相异步电动机的起动方法有直接起动和降压起动两种。直接起动是指电动机直接在额定电压下起动。直接起动的线路具有结构简单、安装维护方便等优点。当电动机容量较小时，应优先考虑采用这种起动方法。常用的直接起动控制电路有手动控制和自动控制两类。

1．正确进行三相异步电动机的直接起动控制电路的连接

所谓手动控制是指用手动电器进行电动机直接起动操作。可以使用的手动电器有刀开关、断路器、转换开关和组合开关等。

图 S7-5 所示为电动机直接起动的手动控制电路。图 S7-5（a）所示为刀开关控制电路。当采用胶壳开关控制时，电动机的功率最大不要超过 5.5kW；若采用铁壳开关控制，由于铁壳开关电流容量大、动作迅速以及触点装有灭弧机构等特点，因此可控制 28kW 以下的电动机直接起动。用刀开关控制电动机时，无法利用双金属片式热继电器进行过载保护，只能利用________进行短路和过载保护，同时电路也无失电压保护和欠电压保护，使用时要注意这一点。

图 S7-5（b）所示为断路器控制电路。断路器除可手动操作外，还具有自动跳闸保护功能。断路器带过电流脱扣器和热脱扣器，用以对电路进行________和________保护。

图 S7-5（c）所示为组合开关（倒顺开关）控制电动机________电路。倒顺开关是一种专门用于对电动机正反转进行控制的手动电器，由于其触点无灭弧机构，因此电动机功率最大不要超过 5.5kW。正反换向操作时速度不要太快，以免引起过大的反接制动电流的冲击而影响使用寿命。

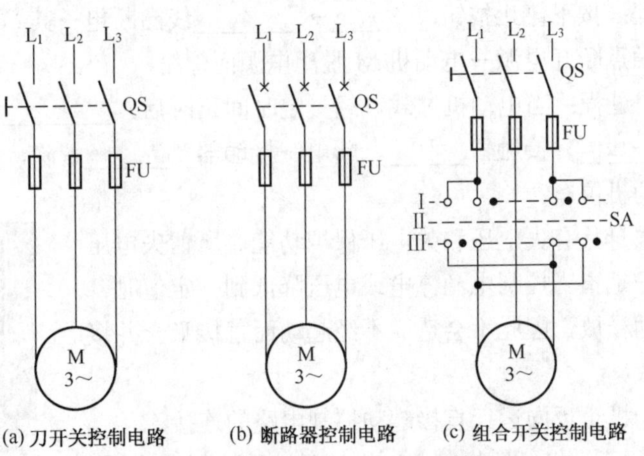

(a) 刀开关控制电路　(b) 断路器控制电路　(c) 组合开关控制电路

图 S7-5　电动机直接起动的手动控制电路

用手动电器直接控制电动机起动时，操作人员是通过手动电器直接对主电路进行接通和断开操作的，安全性能和保护性能较差，操作频率也受到限制。因此，当电动机功率较大（一般超过 10kW）和操作频繁时，就应该考虑采用接触器控制。

2. 使用接触器的直接起动控制电路的连接

接触器具有电流通断能力大、操作频率高以及可实现远距离控制等特点。在自动控制系统中，主要承担接通和断开主电路的任务。

（1）电动机单方向运行直接起动的控制电路的连接。

图 S7-6 所示为接触器控制电动机单方向运行的控制电路。电路的操作过程和工作原理简单分析如下。

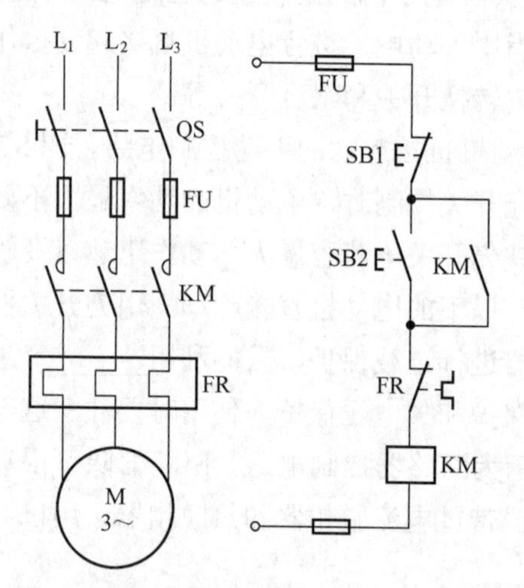

图 S7-6　接触器控制电动机单方向运行的控制电路

起动过程：合上电源开关________→按下起动按钮________→接触器________通电→其________自锁、主触点接通电源→________在全电压下直接起动转入正常运行。

停车过程：按下停止按钮________→________线圈断电→其________断开解除自锁、主触点断开电源→电动机 M 脱离电源而停车。

过载保护过程：当电动机过载，经一定时间延时后，________的动断触点断开→切断________→接触器________断电→接触器________解除，同时主触点切断电源、电动机停车。

接触器本身具有失电压和欠电压保护功能。所谓失电压和欠电压保护是指当控制电源停电或电压降低到一定值时，接触器将自动释放，因此不会造成不经起动而直接吸合并接通电源的事故。

（2）电动机正反向运行直接起动控制电路的连接。

图 S7-7 所示为接触器控制电动机正反转的控制电路。图中无任何联锁，电动机在进行正反转换接时，必须先使电动机停转，才允许反方向接通，若两个接触器 KM1、KM2 同时通电，则会造成相间短路事故。

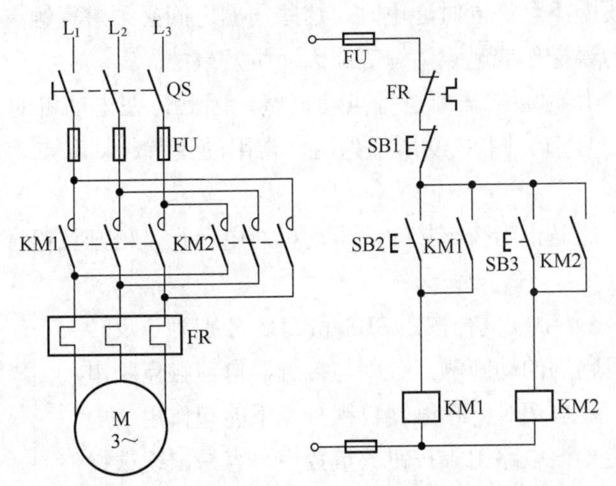

图 S7-7　接触器控制电动机正反转的控制电路

由于该电路工作时可靠性很差，一旦出现误操作（例如，同时按下 SB2 和 SB3，或电动机换向时不按停车按钮 SB1 而直接进行换向操作）时，就会发生相间短路，因此该电路不能应用于实际控制。

图 S7-8 所示为用接触器互锁的两地控制的正反转控制电路。该电路进行了接触器互锁，避免了由于误操作和接触器触点熔焊而可能引发的相间短路事故，使电路的可靠性大大增加，但该电路不能对电动机进行直接正反转控制。它主要用于无须直接正反转换接的场合。

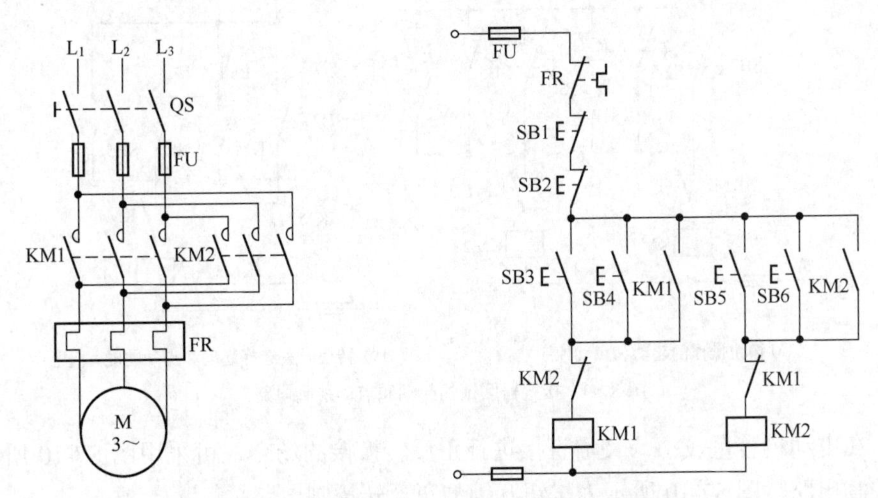

图 S7-8　接触器互锁的两地控制的正反转控制电路

两地控制是指操作人员在两个不同的位置均可对电动机进行控制，因此需要将两组控制按钮分别装在不同的地方。连接时，停车按钮互相串联（图中 SB1 和

SB2），作用相同的起动按钮（图 S7-8 中 SB3 和 SB4、SB5 和 SB6）互相并联。

接触器自锁或互锁是保证电路可靠性和安全性而采取的重要措施。在控制电路中，当几个线圈不允许同时通电时，这些线圈之间必须进行触点互锁；否则，电路可能会因为误操作或触点熔焊等原因而引发事故。

电气设备工作时通常需要进行点动调整，因此，在电动机的控制电路中常常设置点动操作环节。图 S7-9 所示为两个常用的具有起动和点动操作功能的控制电路。

点动操作功能是指当按下按钮时电动机通电运行，松开按钮时电动机断电停转的操作功能。

在图 S7-9（a）中，复合按钮 SB3 和 SB5 分别为正反转点动按钮。由于它们的动断触点分别与接触器自锁触点相串联，因此操作点动按钮时，接触器自锁触点不能起作用，电路上有点动功能。该电路由于按钮数量较多，容易出现误操作。在实际应用中，通常采用图 S7-9（b）所示的控制电路。

在图 S7-9（b）中，由转换开关 SA 来决定电路起动和点动功能，当 SA 闭合时，电路中的接触器自锁触点作用，电路具有起动功能。当 SA 断开时，电路中的接触器自锁触点被断开，电路的功能为点动功能。按钮 SB2 和 SB3 既是起动按钮又是点动按钮。

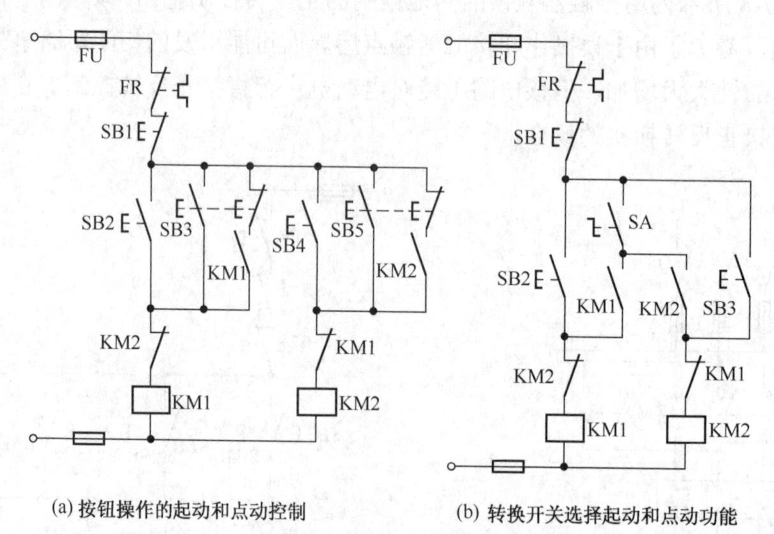

(a) 按钮操作的起动和点动控制　　(b) 转换开关选择起动和点动功能

图 S7-9　接触器联锁的起动和点动控制电路

在电动机容量较小，又需直接进行正反转换接的场合，可采用图 S7-10 所示的控制电路。图 S7-10 所示为按钮互锁的正反转控制电路。

电动机直接进行换向操作时工作原理简单分析如下（假设此时电动机已正向运行）。

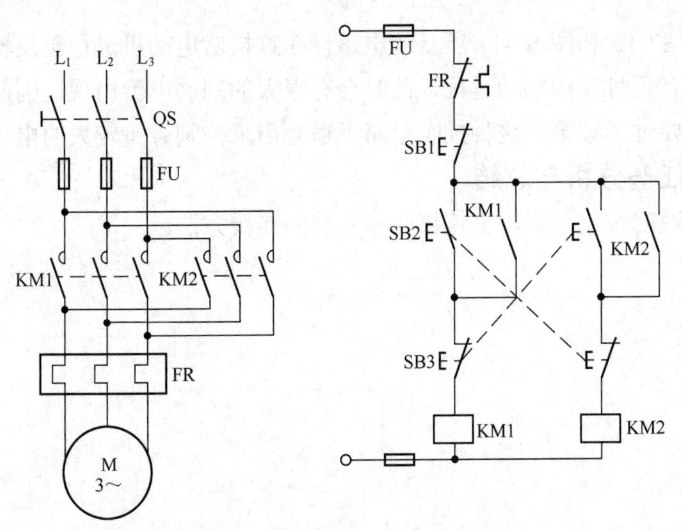

图 S7-10 按钮互锁的正反转控制电路

按下反向起动按钮 SB3→SB3 的动断触点先断开接触器 KM1 线圈，然后 SB3 动合触点接通接触器 KM2 线圈→KM1 主触点断开正向电源，KM2 主触点接通反向电源→电动机经短时反接制动后反向起动并转入正常运行。

该电路没有设置接触器互锁，一旦运行，会使接触器主触点熔焊，而这种故障又无法在电动机运行时判断出来，此时若再进行直接正反向换接操作，将引起主电路电源短路。

由于该电路存在上述缺陷，安全性和可靠性较差，因此不能用于实际工程中。

图 S7-11 所示为在按钮互锁的基础上增加了________互锁后构成的双重互锁控制电路。由于采用了接触器互锁，因此保证了两个接触器线圈不能同时通电，使电路的可靠性和安全性大大增加，同时又保留了正反向直接操作的优点，因而使用广泛。

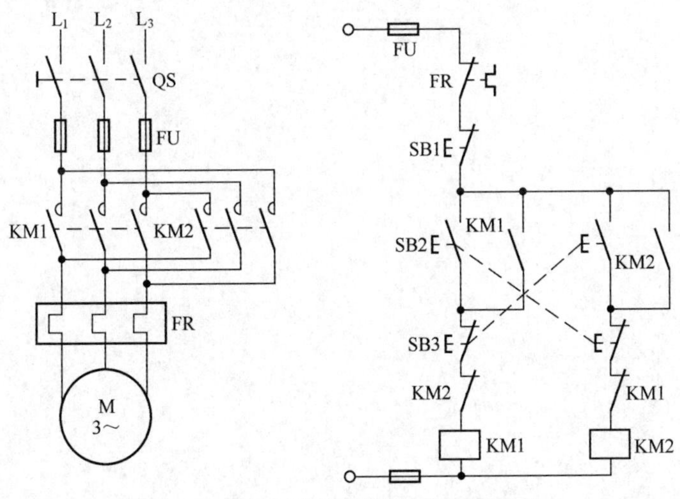

图 S7-11 按钮互锁与接触器互锁的控制电路

对于图 S7-10 和图 S7-11 所示的电路，在直接对电动机进行正反转换接操作时，电动机有短时反接制动过程，此时会有很大的制动电流出现，因此，正反向换接操作不要过于频繁。这种控制电路不适合用来控制容量较大的电动机。

（三）任务分析与总结

（1）请说明按钮互锁与交流接触器互锁的连接方法。

（2）三相异步电动机正转控制电路为什么要采用互锁连接方式？